中国银耳产业发展蓝皮书

主　编 / 孙淑静

副主编 / 李佳欢　彭卫红　金文松　庄学东

BLUE BOOK OF CHINA'S TREMELLA INDUSTRY DEVELOPMENT

本书由古田县人民政府、福建农林大学共同组织编写

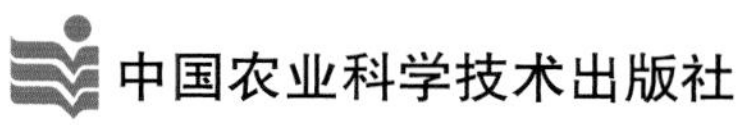

图书在版编目 (CIP) 数据

中国银耳产业发展蓝皮书 / 孙淑静主编 . -- 北京：中国农业科学技术出版社，2023.5
ISBN 978-7-5116-6093-0

Ⅰ . ①中… Ⅱ . ①孙… Ⅲ . ①银耳—产业发展—研究—中国 Ⅳ . ① F326.13

中国版本图书馆 CIP 数据核字 (2022) 第 240643 号

责任编辑 于建慧
责任校对 李向荣
责任印制 姜义伟 王思文

出 版 者 中国农业科学技术出版社
北京市中关村南大街 12 号 邮编：100081
电　　话 （010）82109708（编辑室）（010）82109702（发行部）
（010）82109709（读者服务部）
网　　址 http://castp.caas.cn
发　　行 各地新华书店
印 刷 者 北京中科印刷有限公司
开　　本 210 mm × 285 mm 1/16
印　　张 13.5
字　　数 261 千字
版　　次 2023 年 5 月第 1 版 2023 年 5 月第 1 次印刷
定　　价 268.00 元

支持单位

古田县人民政府

福建农林大学

中国食品土畜进出口商会食用菌及制品分会

全国银耳标准化工作组

福建省现代农业食用菌产业技术体系

福建省协同创新院食用菌（古田）分院

中国菌物学会木耳类产业分会

中国食用菌协会银耳产业分会

福建农林大学（古田）菌业研究院

中国菌物学会食用真菌专业委员会

中国农学会食用菌分会

顾　　问：（以姓氏笔画为序）

许　锋　古田县人民政府

刘自强　中国食品土畜进出口商会

张成慧　中国共产党古田县委员会

郭红东　浙江大学

黄晨阳　中国农业科学院

黄志龙　福建省食用菌技术推广总站

鲍大鹏　上海市农业科学院

胡开辉　福建农林大学生命科学学院

编写委员会

主　　编： 孙淑静

副 主 编： 李佳欢　彭卫红　金文松　庄学东

编写人员：（以姓氏笔画为序）

门庆永　马　涛　王丽芬　王国英　王天娇　方世文
占观平　刘　永　刘自强　刘如县　刘佳琳　刘建辉
祁亮亮　许瀛引　孙伯渝　严少妹　李东起　李临春
李晓玉　李俐颖　余新敏　杨　洋　杨小山　杨　彬
吴小建　吴伟杰　张凌姗　张海洋　张琪辉　陈田章
陈代科　陈利丁　陈　影　陈剑秋　陈启桢　郎　宁
周　翔　林　铃　林少玲　林俊义　郑永德　郑　峻
郑瑜婷　赵东明　赵树海　赵伟超　赵承刚　胡　丹
钱　鑫　徐乃萱　徐春花　高　霞　高铁树　唐　杰
席美娟　黄亚东　崔　慧　曹继璇　谢家成　彭传尧
赖谱富　裴晓东　谭　伟　谭国良　魏涛涛　Anon Auetragul

序一

银耳，也称雪耳、五鼎芝，是道地的原产中国食药两用的珍馐。《礼记》中30余种珍品就有“芝，栭”的记载，后人注解“燕食所加庶羞，有芝、栭”被近现代多处引用，只是把逗号点在了庶和羞之间，谬传成“食所加庶，羞有芝栭”。其实杜甫诗中早有“斑白居上列，酒酣进庶羞”（见《后出塞五首》）和“内愧突不黔，庶羞以赒给”（见《送率府程录事还乡》）的句子，不知为何逗号前移至庶羞之间。庶羞本意指多种美味，上溯至《仪礼·公食大夫礼》以及《荀子·礼论》中“祭，齐大羹而饱庶羞”，曹植《箜篌引》中“乐饮过三爵，缓带倾庶羞”等乃至诗圣之后唐宋及明清多人也都是如此，其中作为美味之一的“栭”应对应于当代的“耳”，古人对这类胶质菌的推崇由此可见一斑。应该说对银耳的认知到美食乃至大量栽培历经数代，“发轫于盛唐，食用于宋元，入药于明清”此言不虚！黄庭坚《答永新宗令寄石耳》诗云“雁门天花不复忆，况乃桑鹅与楮鸡。”陶谷所撰《清异录·蔬》中有“北方桑上生白耳，名桑鹅，贵有力者咸嗜之，呼五鼎芝”。清代女官德龄在《御香飘渺录》中写道，银耳那样的东西，它的市价贵极了，往往一小匣子银耳就要花一二十两银子才能买到。像曾国藩这样的高层重臣在其家书中写道，上半年只能寄鹿茸，下半年乃再寄银耳。至于《红楼梦》第44回中所描写的“银耳鸽蛋”可能留下的是更为生动的印象！李渔在《闲情偶记》中更少不了相关描写。到清后期，许多地方也开始了大量栽培。1832年，四川通江陈河乡烟家沟娃娃岩的石碑就有了明确记载。随着银耳的大量栽培，以乡规民约形式的行业规范开始出现。我在通江曾拜读过清光绪二十四年（公元1898年）存留至今的“银耳碑”的碑文，写道“一则会从同以协众志，一则举领袖以求正直，一则联贫富以保出入，一则去奸贪以崇公正，一则支差役以定章程，一则弥盗贼以明善恶，一则讲孝悌以惩忤逆，一则尊学俊以赏奋典，一则卫弱女以防欺辱，一则济公钱以修善行”。直击社会层面上的诸多问题更生动地反映了当时银耳生产的重要性！及至现代，老一辈蕈菌学家杨新美、陈梅明、杨庆尧、黄年来、徐碧如、姚淑先、戴维浩等，都为了银耳生产的现代化作出了历史性的贡献！

一轮又一轮的技术革新与创新浪潮推进我国银耳产业的发展，从1960年年产不足10 t干品发展到年产超5万t的富民产业，历经60年以5 000倍的发展速度使中国真正成为了世界银耳生产的第一大国！但是在面向“绿色、生态、高质量”发展的道路上，银耳产业还存在一些不容忽视的问题！

一是种质资源保护严重缺失，种业创新落后、是银耳产业面临的首要问题，也是当前食用菌产业发展的共性问题。对银耳种质资源的收集与保藏工作做得太少。大多数菌种保藏中心主要保藏银耳芽孢，而保藏菌丝体极少，大家都知道银耳生产离不开香灰菌，但对其却更是知之甚少，一些机构甚至忽视对这类群的研究。虽然目前已经获得了银耳的全基因组数据，但是品种都不是分子技术改良而是传统的系统选育或杂交育种，基于优质性状关联基因的筛选标记及高质量的品种选育工作迫在眉睫。

二是缺乏绿色优质产品的评价标准。常说通江银耳、本草银耳好，有些也戴上了各种诸如“绿帽子”“蓝帽子”，但真正明确指出好在哪里，依目前现有的质量检测标准就无法讲清这些问题，也缺乏好的标准与监管，导致市面上参差不齐的产品质量和波动的价格。消费者更无从判断孰优孰劣。而真正优质、绿色产品也就容易被忽视。

三是全产业的相关产品开发乏力，产业附加值低。目前，我国食用菌加工率仅有6%，远远低于东洋及西洋诸国高达75%的加工水平。近年来，市面上出现冻干银耳和不同款式的饮品，但是在习近平总书记提出的“大食物观”的指导下，如何围绕绿色、安全、方便、快捷、营养、健康的社会需求，真正面向人民健康，使银耳在大健康产业中发挥优势，有待深度挖掘！

四是品牌建设薄弱。随着人民生活水平的逐步提高，对品牌产品、品质生活的追求也呈现出越来越大的渴望，我国银耳产业虽然有深厚的文化底蕴，也拥有“通江银耳”“古田银耳”这些宝贵的招牌，但是现有的品牌影响力还没有凸显，而与银耳相关的企业品牌和产品品牌更是凤毛麟角，特别是和中国传统的银耳文化相结合的品牌建设亟待开发！

中国的银耳产业面临着新的机遇，新的挑战！在进入新发展阶段，在新时代、新征程中如何使“中国银耳”这朵“银花”绽放出更加绚丽的光彩，成为开遍祖国大地上的“乡村振兴之花”是我一直在思考的问题！如何集中力量，系统总结各个产地的经验，规划未来十年、二十年的发展路径，明晰优先序，携起手来做大做强，做出真正属于中国人自己的具有中国特色的银耳产业是中国银耳人的必选！

这次在古田县委县政府的支持下，由福建农林大学的孙淑静教授领衔编写的《中国银耳产业发展蓝皮书》问世，恰恰认认真真、实实在在回答了这些问题！我倍感欣慰！

本书使用了“蓝皮书”一词，这在中国食用菌产业上还是第一次！除了蓝皮书，当然还有不同场合、不同用途的红皮书、白皮书、黄皮书、绿皮书……但是蓝皮书，常带有权威的含义，多出自专家学者、科研人员，有代表性、权威性而有别于其他！淑静教授与我是同乡又是师出同门的校友，待人真诚、热情、开朗。一接触后就会联想到“巧笑倩兮”的诗句，这可不是学有所长、事业有成的专家都能做得到的修养！改革开放后，许多人才（多指三北地区的人才），都向东南沿海汇聚，有了“孔雀东南飞”的喻称，不想我这个小师妹也抛却齐鲁大地的优势落地八闽！我始终觉得，东南飞也罢，西南飞也罢，关键是飞去要能展示才华，发挥作用，淑静教授在这八闽之地就是真正成才、作出了贡献的佼佼者！在政府、学校、同行、同事的襄助下成就了她的事业。在这之中，独辟蹊径完成这本“蓝皮书”也势在必然，是情理之中的题中应有之义！

当前，举国上下都在认真学习党的二十大精神。党的二十大报告中指出：“全面推进乡村振兴。全面建设社会主义现代化国家，最艰巨最繁重的任务仍然在农村。坚持农业农村优先发展，坚持城乡融合发展，畅通城乡要素流动。加快建设农业强国，扎实推动乡村产业、人才、文化、生态、组织振兴。”而食用菌产业恰恰是实现这些宏伟目标最为有效的载体之一！作为农业产业结构调整的生力军，推进大健康产业的新引擎，乡村振兴战略的新推手，实施“一带一路”倡议的新机遇。沿着总书记指出的“小木耳，大产业”的伟大目标奋勇前进，正是这一代食用菌人的神圣责任！

书成付梓之前，应淑静教授之嘱，赘述数句，仅作开篇絮语。

中国工程院院士

吉林农业大学教授

二〇二二年十二月十五日

序二

中国食用菌产业改革开放以来取得举世瞩目的成就，目前已成为全球最重要食用菌生产国和消费国。食用菌产业是我国农村具有活力的产业之一，在脱贫攻坚中发挥了重要作用，又在乡村振兴中展现着新的价值。在我国众多栽培的食用菌中，银耳是独具特色、底蕴深厚、前景广阔的一个种类。

对银耳的认识和利用充分体现中国古代劳动人民的品味和智慧。“苍花千朵亲摘处，认取玉肌笼雪”。人们对银耳的青睐自古有之，因其既有晶透玉雪之貌，又兼具润肺滋阴之效。中国人 2 000 多年前就已经开始采集和食用银耳，银耳作为我国传统文化中的典型山珍，曾被赞誉“有麦冬之润而无其寒，有玉竹之甘而无其腻”。现代科学也已证实了银耳对保持人体健康的上游状态具有重要意义，深受国内外消费者青睐。

对银耳的科学理解和建立现代栽培模式凝聚了几代食用菌人的探索和努力。自 20 世纪 40 年代，我国银耳栽培开始使用孢子接种法提高了生产率；50—60 年代，我国建立了成熟的银耳和香灰菌纯菌种技术系统并广泛推广应用，极大推进了银耳产业的建立；70 年代以来，瓶栽、袋栽银耳栽培技术的相继诞生使银耳生产走上了成熟商品化道路；改革开放后，银耳产业获得了前所未有的发展机遇，由小到大，蓬勃生长，成为许多县域经济的支柱产业、富民产业，为当地农业增效、菇农增收贡献了巨大力量。至今，我国已成为世界上最重要的银耳生产国，占全球总产量的 90% 以上。

“十四五”规划的提出，为现代农业的发展指明了新的方向，在保障农业基础地位的同时，着力提高农业质量效益和竞争力。现今，银耳产业规模持续扩大，产业发展质量和效益同步提升，产业布局逐步趋于稳定，银耳新品种、新技术、新工艺、新产品和新装备创新步伐加快。同时，在乡村振兴、大健康战略的驱动下，消费者对于高质银耳、品牌银耳及其精深加工产品的需求逐年扩大，为银耳产业的发展及转型升级带来了机遇和挑战。在新的历史阶段，梳理我国银耳产业发展情况，总结成效与经验，分析产业现存问题并提出建议，展望未来银耳产业发展趋势，对于引导我国银耳产业高质量发展具有重要意义。

福建省古田县栽培银耳的历史悠久，经过长期的努力已建立起适合当地自然条件的银耳栽培的技术体系，特别是在改革开放后，在当地政府的大力支持下，更是迸发出无穷的创造力，迅速成为我国最大的银耳主产区，如今银耳产能占全国的80%以上，同时也是全国最大的银耳栽培地、贸易集散地和出口地。这次古田县人民政府居安思危，主动思考、积极应对银耳产业面临的提质增效、转型升级等重大发展问题，再次体现当地政府对发展银耳产业的高度重视，这是当地数十万菇农的幸事，也是我国银耳产业实现高质量发展的幸事。

福建农林大学孙淑静教授是一位年轻有为的食用菌界新秀，在食用菌科学研究和产业发展方面都做出了很多有价值的科研成果。这次孙淑静教授领衔主编这部《中国银耳产业发展蓝皮书》，组织了我国银耳产业主要的科研力量，对我国银耳产业发展及我国银耳主产区的发展情况进行详细分析，并针对银耳产业发展过程中的热点问题进行梳理与思考，展望和规划了银耳产业在标准建设、精深加工、全产业链数字化建设及新媒体传播和营销等方面的发展空间和技术路径。全书内容丰富，覆盖面广，系统性强，思考深入，聚焦前沿，对产业发展借鉴性和引导性强，相信该书的出版发行一定能够为政府决策、企业投资、菇农种植及行业分析等方面提供重要参考，也会对我国银耳产业的高质量可持续发展产生深远的影响。

相信晶莹剔透的银耳之花在大家的共同奋斗之下，一定会越开越茁壮、越开越美丽，为充实人民群众的幸福感作出新的历史贡献！

国家现代农业产业技术体系
国家食用菌产业技术体系首席科学家
上海市农业科学院研究员

二〇二二年十一月三十日

前言

“天生雾，雾生露，露生耳。”

自古以来，银耳作为我国特色食用菌品种之一，因其口感滑润，味道清香，深受消费者青睐。在新时代大健康需求下，中国银耳产业蓬勃发展，产量已居世界首位，但依然存在种业创新与保护体系不完善、产品过于单一、品牌优势不够突出、精深加工水平较为滞后等问题。现阶段，在“十四五”规划以及乡村振兴战略的指引下，银耳产业正面临着转型升级、高质量发展的重大机遇与挑战。2021年，在中共古田县委、县人民政府的支持下，福建农林大学组织国内银耳领域专家、学者、主管部门及相关产业人员开展了2021年度《中国银耳产业发展蓝皮书》编写工作，回顾银耳产业发展历史，总结我国各主产区银耳产业发展现状，展望未来银耳产业发展趋势，为银耳从业者、相关企业以及政府部门提供借鉴。本书从以下几个方面展开了相应的分析。

1. 中国银耳产业发展研究

系统梳理了近年来中国银耳产业分布、产量及出口方面的发展情况，提出了后疫情时期我国银耳在种业创新、标准化和规范化高质量生产、企业规模、品牌建设及精深加工延伸等方面发展过程中的问题，并在此基础上，总结中国银耳产业未来发展面临的机遇与挑战，以期在银耳产业发展新阶段，提供产业发展新理念，构建产业发展新格局。

2. 中国不同银耳主产区的分析报告

我国银耳产区主要分布于福建、四川、山东等地。通过对各个主产区的最新发展情况进行总结与分析，找到限制地区产业发展的关键问题，为地区银耳产业可持续发展建言献策。

3. 中国银耳产业发展趋势报告

为推动新形势下银耳产业的高质量发展，本部分报告以种业振兴、提升农产品质量、发展县域富民产业、三产融合等目标为导向，研判银耳产业发展的新趋势，重点梳理银耳产业在科技创新、绿色发展、精深加工、全产业链数字化建设及新媒体传播和营销等方面的发展现状及面临问题，提炼产业的特征及定位，提出发展的重点方向、思路及对策建议。

本书得以顺利完成，除了编者们的倾情付出和相关组织单位大力支持之外，也得到了中国食用菌协会、古田县食用菌产业发展中心、古田县建宏农业开发有限公司、杭州一维营养食品有限公司等单位、企业、合作社和很多业界同行的鼎力相助，他们提供了翔实数据、精美图片以及其他相关资料，为本书增光添彩，在此致以最真挚的谢忱。此作的完成不仅仅是一段历史的总结，更是一个崭新的起点。“沉舟侧畔千帆过，病树前头万木春。”中国银耳产业的未来，值得我们期待，希望在新的阶段能够与各位同仁齐心协力共同书写更精彩的新篇章。

由于编者水平有限，加之编写时间比较仓促，书中难免有不足与纰漏之处，敬请各位专家、同仁以及广大读者提出宝贵意见。

编　者

二〇二三年五月

目　录

▶ 第Ⅰ部分

中国银耳产业发展研究

第一章 中国银耳产业——未来大健康产业

陈利丁[1]，徐春花[2]，刘自强[3]，吴伟杰[2]，徐乃萱[3]，Anon Auetragul[4]，孙淑静[1]
1. 福建农林大学生命科学学院；2. 江苏安惠生物科技有限公司安惠药用真菌科学研究所；3. 中国食品土畜进出口商会食用菌及制品分会；4. Thaibiotec Mushroom

摘要：国民健康意识正逐渐提升，民众开始重视绿色健康的饮食。在这样的大环境下，低脂高蛋白的食用菌进入了人们的日常食谱。银耳作为我国具有较高食用和药用价值的名贵胶质菌，常作为烹调各式菜肴的主要配料，其特殊的保健功能更是深受人们的喜爱。本章通过对银耳的营养与保健价值两个方面的阐述，旨在对银耳食用和非食用应用价值进行深度挖掘，扩大银耳的精加工品类，提高产品适用面和市场推广价值。

关键词：银耳；食用价值；营养价值；保健功能

银耳（*Tremella fuciformis* Berk.）又称白木耳、雪耳、银耳子，有“菌中之冠”的美称，是珍贵的药食两用真菌（图 1–1）。距今 2 000 多年、现存最早的中医药学著作《神农本草经》中描述的“五耳”就包括银耳；明代药学家李时珍所著的《本草纲目》中有银耳功效的记载，“味甘辛，清肺热，济肾燥，强心神，益气血”；清代学者张仁安在《本草诗解药性注》中写道，“此物（银耳）有麦冬之润而无其寒，有玉竹之甘而无其腻，诚润肺滋阴药品，为人参、鹿茸、燕窝所不及”；清代杏林高手曹炳章在《增订伪药条辨》中写道，“（银耳）治肺热肺燥，干痰咳嗽，呕血，咳血，痰中带血”；现代《中

图 1–1　银耳

药学》中记载，“银耳性味甘平，入肺、胃、肾三经，功用滋阴润肺，因而银耳适合冬季滋补”；现代《中国药学大辞典》云，“银耳甘平无毒，润肺生津，滋阴养胃，益气活血，补脑强心”。

从古至今，银耳及其食品一直是文人墨客笔下诗词歌赋、小说戏剧里的灵感之源或背景气氛的烘托道具之一。《红楼梦》中让刘姥姥傻眼的“银耳鸽蛋”、简单家宴饭后的豪奢甜点“银耳火锅”等，展示贾家烈火烹油，鲜花着锦生活的“红楼美食”，给读者留下了深刻的印象；2011 年的热播电视剧《甄嬛传》中出镜较高的、2018 年的热播剧《延禧攻略》中乾隆皇帝每日早起必饮的银耳莲子羹展示着银耳在历代皇家贵族看作“延年益寿之品”和“长生不老之药”。

随着栽培技术的提高，银耳作为一种常见的菜肴被端上千家万户的餐桌，正所谓“旧时王谢堂前燕，飞入寻常百姓家”。银耳是人工栽培的食用菌，以其胶质子实体供人食用。银耳栽培技术已较为成熟，现多为人工或工厂化栽培，采用椴木、栓皮栎等 100 多种树木的段木或木屑、棉籽壳、莲子壳、棕榈粕和麸皮等农业副产品或加工副产品为主要栽培基质，无须施用化肥、农药等化学成分。银耳收获后，剩下的菌渣还能被制作成有机肥，不仅实现了现代消费者对无公害健康食品的追求，而且在节约生产成本的同时实现了废物再利用，契合新时代的可持续发展理念。

一、银耳的营养价值及功效

（一）银耳的营养价值

“一荤一素一碗羹，那羹就是银耳羹。”银耳含有丰富的水分、蛋白质、碳水化合物、脂肪、粗纤维、多种无机盐和维生素等多种营养成分，长期食用能增强人体免疫力，即“吃出健康，吃出美丽”。

1. 高蛋白、低脂肪、低热量

银耳中含有 17 种氨基酸（马涛等，2019），能提供 3/4 的人体必需氨基酸。银耳中蛋白质含量不仅比蔬菜高，而且在品质上亦可与牛奶、肉、蛋等高蛋白食物媲美，因此被誉为“素中之荤”。虽然银耳中的脂肪含量较低，但天然脂肪种类齐全，包括游离脂肪酸、甘油单酯、三酰甘油、甾醇、甾醇酯和磷酸酯等。银耳的碳水化合物成分以不易被消化酶分解的银耳多糖为主，单糖和寡糖含量低，在消化过程中碳水化合物释放的热值低，因此特别适合高血糖、高血压和高血脂“三高人群”的营养需求。

2. 富含维生素

银耳富含维生素 C、维生素 B_2 及维生素 D。其中，维生素 C 能促进抗体和胶原形成，促进铁的吸收，清除体内自由基，预防牙龈出血，防治坏血病，治疗皮肤干燥等。维生素 B_2 又名核黄素，可促进发育与细胞生长，缓解口腔及皮肤的炎性反应，增进视力，减轻视疲劳等（安华明等，2004）。维生素 D 能调节钙、磷代谢，促进骨骼生长，调节细胞生长分化和调节免疫功能。

3. 含有多种矿物元素

银耳富含钙、铁、镁等矿物元素，其中，钙含量高达 643 mg/kg、铁含量高达 30.4 mg/kg（耿直，2013）。钙元素是人体的骨库，保护人体内脏器官的运动，可以维持神经以及人体内的积液平衡，有助生长发育、预防佝偻病和减少抽筋等。铁元素能够催化细胞内的生化作用和各组织的呼吸作用，为肌肉活动提供能量，并能预防缺铁性贫血，增加食欲，缓解心情焦虑及异食癖。镁能改善大脑功能，是调节失眠、代谢的好帮手，具有舒缓神经、助力睡眠、预防钙化结石等功能。由于钙镁竞争性吸收（Rosanoff，2016），在“补钙”的全球营养补充热度下，有研究显示 2/3 的英美居民每日摄入的镁低于官方建议的参考摄入量（Rosanoff，2012）。

4. 富含膳食纤维

银耳还含有丰富的可溶性膳食纤维。每 100 g 银耳干品中膳食纤维含量约为 30 g（姚清华和颜孙安，2019）。膳食纤维可以帮助胃肠蠕动，促进消化，有利于调节肠道菌群和预防便秘。

5. 富含胶质

银耳含有大量的胶质，使其呈现黏稠香滑的口感。银耳胶质的主要成分为银耳多糖，具有增稠、稳定等功效（Chen et al.，2022）。

（二）银耳的保健功效

银耳具有许多保健功效，并且银耳“性平”，与大多药物的药性不会发生冲突，将银耳及其提取物作为辅助治疗成分，可为保健食品、药品或日化用品提供保健、辅助治疗或调和药性的作用。

1. 润肺生津、止咳化痰

中医认为银耳性平、味甘淡、无毒，具有滋阴益气、养胃润肺、补脑强心等功效，是虚劳咳嗽、痰中带血、老年慢性支气管炎、肺结核、肺源性心脏病、虚热口渴等患者理想的康复保健食品（杨萍和张震，2009）。

2. 扶正强壮，提高免疫力

银耳具有调动淋巴细胞、加强白细胞吞噬能力和兴奋骨髓造血功能等增强人体免疫力的保健功能（陈岗，2011）。其中，银耳多糖具有抗肿瘤作用，能增强肿瘤患者对放疗、化疗的耐受力（韩英等，2011）。

3. 降糖排毒，防治“富贵病”

近年来，有研究发现银耳多糖对胰岛素降糖活性有明显影响。研究结果表明，银耳多糖可将胰岛素在动物体内的作用时间从 3 ～ 4 h 延长为 8 ～ 12 h（陈飞飞和蔡东联，2008），银耳能辅助糖尿病患者控制血糖。同时，银耳对冠心病和心脑血管方面的疾病也有一定的治疗作用（侯建明等，2008），它可以阻止胆固醇在血液里面堆积和凝结，降低血液的黏块，防止形成血栓。此外，银耳里面含有丰富的膳食纤维，有助肠胃蠕动，让肠道排出更多的毒素，减少对脂肪的吸收，从而达到瘦身的目的。

4. 滋阴润肤、美肤祛斑

银耳中含有丰富的维生素 C 和银耳多糖，都能清除体内衰老元凶——自由基（陈鹏等，2019），此外，维生素 C 还能促进胶原蛋白的合成，维持皮肤弹性，抵抗皮肤老化。因此，长期服用银耳可以润肤、祛斑。

5. 益气清肠，助消化

银耳中的银耳多糖具有较好的持水性和益生元效应，能够促进肠道蠕动、在结肠发酵产生挥发性脂肪酸、调节肠道内微生物菌群的组成和活性、促进双歧杆菌和乳酸杆菌的生长，预防结肠炎导致的结肠缩短等疾病（孙群群等，2020），从而起到益气清肠的作用。

6. 保护肝脏

银耳中含有海藻糖、多缩戊糖、甘露醇等肝糖（李国光，2021），具有扶正强壮的作用。银耳里面含有大量的酶和植物碱，可以加速身体对纤维、粉尘的清除。银耳中的黏性胶体物质吸附功能较好，可以吸附残留在人体消化系统内的粉尘、杂质，达到辅助肝脏解毒、排毒的功效，降低肝脏的工作压力，即起到保肝护肝作用。

7. 抗抑郁

抑郁症是全球常见的心理疾病。据统计，全球有 10 亿人患有精神障碍，5% 的成年人患有抑郁症。资料显示，我国中学生抑郁症发生率为 25.8%，大学生抑郁症状检出率在 20% ～ 60%，患病率高于国内其他职业人群及国外水平。近年来，心理健康备受关注。目前，抗抑郁的药物种类繁多，但其相应的副作用不容忽视。有报道称，银耳富含色氨酸、酪氨酸等大量氨基酸，能够增强人体神经递质，从而起到抗抑郁的功效（金亚香，2016）。但关于银耳这方面的研究很少，仅限于动物实验，未进入临床测试，还需要学者的共同努力。

8. 治疗干眼症

电子产品快速普及，手机、电脑几乎成为每个人必备的工具。对于长期从事近距离工作者，由于用眼疲劳导致眼睛干涩、瘙痒等问题，引发干眼症。中医认为，该疾病属于“白涩症”范畴，由郁久化热、伤津耗气导致，治疗应以益气养阴、生津润燥、活血健脾为主。研究显示，银耳雾化液对治疗干眼症效果显著，而且不易对患者视觉系统造成影响，具有较高临床推广价值（孙淑静，2020）。

二、银耳在新时代大健康产业的发展趋势

（一）新时代大健康产业的发展情况

近年来，由于科技、经济的飞速发展，中国的综合国力、社会生产力迅速提高，人民的生活水平也保持了同步提升。随着生活水平提高和生活节奏加快，工作压力增大，不健康的饮食习惯和缺乏运动等不良生活习惯成为都市人的常态，随之派生出了大量高血压、高血糖和高血脂的“三高”人群。与之相反，“纯素食主义者”的数量也逐渐增多，他们认为长期吃素可养生，却不知自己进入了另一个健康误区：纯素食容易引起机体的蛋白质、钙、铁等营养缺乏，导致营养不均，反而危害健康。实际上，饮食均衡是十分重要的，患有心血管疾病的患者更需要严格控制饮食均衡，即不能太荤，也不能太素。2022年4月26日发布的《中国居民膳食指南》中提出了“平衡膳食八准则”，提出每天的膳食应包括12种以上食物，每周摄入25种以上食物。其中，蛋白质类食物鼓励包括鱼、禽、肉、蛋、奶等动物性食物，以及大豆和坚果等植物性食物。联合国粮食及农业组织（FAO）提出“一荤一素一菇”是人类最合理的膳食结构。根据最新的《中国居民膳食指南》建议，肉类蛋白质虽然丰富，但需要尽量把肉类食用量控制在每日120～200 g，植物性蛋白质则推荐每日摄入25～35 g（中国营养学会，2022）。银耳中氨基酸种类丰富，蛋白质含量占干重6%～10%，且含有大量矿物质、维生素和丰富的膳食纤维，十分适宜作为部分动物性蛋白替代品，因此在新时代的大健康产业中的必能占据一席之地。

人民生活水平的提升不仅体现在物质条件的改善，也体现为精神需要的满足。在过去物质匮乏年代，人们关注的主要是商品的物质性和功能性，也就是商品的品质好不好、实用不实用。但是，在中国已全面建成小康社会、物资充足的今天，消费者的消费观念已经升级，消费模式从功能、物质消费逐渐转向精神消费。健康、绿色的生活理念逐渐深入人心，尤其是在新冠肺炎疫情发生以后，人们更加注重健康的生活方式，追求“健康消费”。《2020新健康消费趋势报告》显示，2020年，健康服务业的市场规模已经有8万多亿元，预计在2030年可超过16万亿元，一方面显示了健康消费市场体量的增加，另一方面体现了现代消费模式正在朝多元化发展。银耳作为一种营养价值、保健功效双高的食药同源原料，在未来大健康产业中，可以发挥出许多新的重要功能。

《2021 新消费人群报告》显示，“Y 世代”（1980—1995 年出生人群）仍是目前的消费主力（圣香大数据，2022）。其中，更多女性因为受到高等教育或参与工作，拥有更多的经济自主权和个人自由，成为网购的主力。2021 年淘宝天猫平台数据显示，冻干银耳羹的销量打败了鲜炖银耳羹，获得继干银耳之后的银耳品类亚军宝座，直接证明了 Y 世代女性的购买实力。女性容易受到各种促销手段的感染，并且担负着“守护全家健康”的传统隐形职责，因此更容易在银耳等传统养生产品上消费。同时，生活节奏加快、工作压力大等问题也使 Y 世代的女性更愿意花钱买便利，这也是各类冻干产品、速溶产品、预制产品获得她们青睐的主要原因。

“Z 世代”（1995—2000 年出生人群）即将成为不容忽视的社会消费主力，他们更向往有品质、有态度的生活，更愿意为个性化、定制化和体验化的商业模式买单。由于从小就习惯于通过互联网获得大量信息，这些年轻消费者很清楚自己喜欢什么、想要什么。他们对兴趣的选择是主动的，并愿意为之付出时间和金钱。一方面，商品成为他们给自己打上生活态度的标签；另一方面，用户体验引起他们更高的关注和重视。同时，由于追求强烈的个性化使得年轻人出现“孤乐主义”的倾向，即与其在群体中委曲求全，宁愿选择孤独自处（托马斯，2019）。阿里研究院的数据显示，“95 后”一个人叫外卖的比例高达 33%；“一人食”风尚也在 Z 世代年轻人身上传播。因此，银耳加工与营销企业也需要重视 Z 世代消费者的需求，研发出更加个性化、定制化的银耳产品，研究符合 Z 世代生活态度的营销策略，积极拓展 Z 世代市场。

新冠肺炎疫情给餐饮业带来了新的挑战，也给银耳产业带来了新的发展机会。疫情防控和不堂食、不外食的“宅经济”兴起，让许多不擅长厨艺或工作压力大的“80 后”“90 后”“00 后”更倾向购买预制菜。相比工序复杂、操作耗时的家庭菜肴，以及油大口重、长期食用不利健康的外卖及食品安全问题频出的非标餐饮店，标准化和快捷化的预制菜备受青年消费者和防控区消费者的欢迎。例如为应对新冠肺炎疫情防控下北京暂停堂食的政策，盒马平台启动了预制菜专项。数据显示，2022 年“五一”假期期间，北京地区盒马预制菜的销量上涨了 500%（何倩，2022），显示了预制菜在疫情防控期间巨大的消费潜力。2020 年至今，预制菜领域备受资本的青睐，早期就在预制菜领域进行布局的龙大美食、国联水产、安井食品等企业实现了可观的营业收入。艾媒咨询数据显示，2019—2021 年，我国预制菜的市场规模从 2 445 亿元增加至 2 459 亿元，预计在 2026 年将突破 1.07 万亿元，大大增强了后来者的信心（曾繁莹，2021）。对餐饮行业而言，销售预制菜能用零售的思路抵御利润的降低；而对于顾客而言，购买预制菜的成本低于餐厅堂食。在“大厨房”供应链、运输冷链和快递业务愈加成熟的今天，预制菜这一细分市场在竞争激烈的餐饮行业已迅速站上风口。

根据京东消费及产业发展研究院的网络平台数据，在“双十一”购物节期间，带有绿色、有机、低碳、节能等标签的产品销量持续增长。这说明绿色低碳、可持续发展的消费观念正被越来越多的消费者认可。消费者对健康、有机产品的追求，使得企业必须进行清洁生产和绿色发展。这就要求企业从产品全生产周期去提高和优化，而非仅考虑生产成本的降低，例如选择更加绿色有机的原辅料、无公害的生产方式、高效节水节能的生产技术与生产设备以及循环再利用的三废处理等。同时，在产品设计上，企业应从产品全生命周期去考量和设计，例如产品是否安全可靠、品质是否稳定、产品功能是否符合消费者的新需求以及包装使用与回收是否绿色环保等。银耳企业若能在全产业链实现绿色发展，适应消费市场在新时代下对大健康的新需求，必能搭上新时代中国经济腾飞的高速列车，在新的市场竞争中赢得生存和发展。

随着“一带一路”倡议的持续推进，沿线各国间的合作领域越来越广，合作空间越来越大。在国内银耳市场几近饱和的状态下，借助“一带一路”市场的红利推动，或将能为整个银耳行业带来一片新的生机。同时，这也要求银耳企业在扩大海外市场时，不仅要去研究如何保证银耳产品符合当地的法律法规及行业标准的要求，而且要将银耳产品融入当地的饮食文化中，培养当地消费者的消费习惯。

（二）银耳产品的开发现状

基于银耳的营养与保健功能，目前市面上已出现许多银耳产品，以下从食品、药品与日化品 3 个方面进行概述。

现有的银耳加工食品通常基于传统银耳食谱进行开发。目前，已有的银耳初级产品包括银耳羹、银耳露、鲜银耳浆、银耳茶等食品。在初级加工食品基础上发展出了银耳深加工食品，例如冻干银耳羹、银耳酸奶、银耳饼干、复方银耳糕、银耳月饼、银耳冰激凌等，因其食用的便利性、更丰富的口感和口味以及更高的“颜值”，受到更多年轻消费群体和女性消费群体的喜爱（图 1–2）。

图 1–2 银耳食品加工产品（左：银耳馅饼；右：银耳曲奇）

在药品开发应用方面，目前经过国家药品监督管理局审核上市的含银耳成分的药品主要包括银耳孢糖胶囊、复方银耳鱼肝油和川贝银耳糖浆等，银耳作为辅料主要辅助治疗放疗损伤、清肺化痰和增稠稳定等功能。

在美妆护肤方面，近年我国化妆品牌快速崛起，涌现出一批产品质量可与国际品牌媲美的优秀国产化妆品品牌。银耳作为传统的美容圣品自然不可缺席这场美容盛宴。银耳子实体提取物、银耳提取物和银耳多糖3种成分都已被收录进国家药品监督管理局发布的《已使用化妆品原料目录》（2011版）中，起到保湿、调理发肤、成膜和乳化稳定的作用。目前，已在药品监督管理局备案的银耳美妆护肤产品包括面膜、精华、面霜、洁面乳、眼霜、眼膜、口红、隔离霜、粉底液、修颜霜、手膜和护手霜等。清洁护理产品除银耳洁面乳和银耳皂外，银耳在其他清洁护理产品中的应用较少。目前，在药品监督管理局备案的银耳洁面产品为54件，主要为银耳洁面皂，而头发护理产品（洗发、护发、发膜）仅7件。

（三）银耳在未来大健康产业中的发展趋势

1. 作为预制食品开发

除市场上常见的甜味银耳食品外，咸味银耳食品和预制银耳食品是另一片潜力广阔的蓝海。由于鲜银耳和泡发干银耳在短时间烹饪（焯水、爆炒）后口感脆爽，而经过长时间或高压烹饪（炖煮）口感软糯，福建古田、四川通江等银耳产地居民喜欢将银耳以配菜的形式做成各种咸香、咸辣口味的凉拌菜、炒菜和汤品，如凉拌双耳（银耳、黑木耳）、西芹炒银耳、银耳爆蛋、银耳鱼丸汤（银耳为馅）和银耳大盘鸡等，其多变的口感和养生的功效让品尝过的外地游客念念不忘。因此，银耳有望作为预制食品的配菜进行开发。根据加工程度不同，预制菜可以分为即食食品（如卤菜、酱菜等）、即热食品（如冲泡食品、自热米饭等）、即烹食品（如火锅配菜、水饺、浓缩汤料等）和即配食品（如方便菜）。

银耳适合作为预制菜的配菜与其标准化的生产密不可分。首先，预制菜需要稳定可控的原料，银耳因采用标准化生产技术，具有产品质量和产量双重稳定的优势，可以供预制菜厂家集中采购、稳定供货，使银耳预制菜产品可以同时获得稳定的口味、安全的原料来源和成本优势。其次，银耳的保健养生功能早已植根于消费者心中，因此在银耳预制菜产品营销时，其中的配菜银耳能起到宣传提升档次的作用。

2. 作为天然食品添加剂

银耳胶是一种具有广阔市场潜力的新型增稠稳定剂，其主要成分是银耳多糖，不仅水溶性好，无用量限制，增稠稳定性能好，易与其他胶体复配，还具有提高产品持水性与稳定性，抗菌、抗氧化的功能（Chen et al.，2022；陈剑秋等，2021）。以银耳胶为增稠、稳定剂开发的银耳产品可以包括饮料、牛奶、酸奶、奶酪、冰激凌等乳制品，软糖、果冻、布丁、八宝粥、莲子羹等甜品（图1–3），各类奶茶小料，挂面、鱼面、快餐面等面制品，馅饼、月饼、包子等面制品馅料，肉冻、火腿肠等肉质加工品以及果酱、调味酱等酱料。

以奶茶为例，10年前手捧1杯珍珠奶茶仅是都市潮人的标配，但如今奶茶已成为许多年轻人每日必需品之一的“续命茶”。在线上，奶茶自带“网红”体质，在线下奶茶界也已经进入内卷时代。传统的“奶茶三兄弟（珍珠、布丁和仙草）”标配被现在至少10多种的各式各色奶茶小料（如爆爆珠、脆波波、芋圆、嗦嗦粉条等）所取代，体现了年轻消费者对定制化产品的追求。奶茶符合当代年轻人佛系养生、朋克养生（如啤酒配枸杞、可乐配党参）的观念，被年轻消费者赋予更多的功能和创新的需求，例如2021年全网刷屏的喷射战士油柑茶和黄皮茶，不仅自身走红，还带火了这两种北方人从来没听过的小众水果的销量和价格。这说明要满足新生代消费者对新鲜、创意的追求，则需要开发出有明显差异度的产品。不论是在奶茶小料品类多元化的基础上开发银耳小料，还是在奶茶口感上打破消费者对传统银耳羹的印象，银耳及其提取物在这些方面的涉足尚浅甚至缺乏，前方有广阔的市场等待开发和被唤醒。

图1–3 杏仁抹茶慕斯银耳羹和椰香燕窝即食本草银耳羹

3. 作为替代粮食和代餐

随着社会的发展，越来越多人关注健康的饮食，“吃粗粮”成为消费者的新宠。与精米和白面粉等加工谷物相比，粗粮主要指全谷物食品，包括未去麸皮的谷物和豆类等，因其含有丰富的膳食纤维，不仅能促进肠道蠕动、预防便秘；而且热量低，血糖生成指数（GI）低，食用后容易产生饱腹感。然而，带麸皮谷物自身口感较差，作为替粮添加入面条、面包等产品后降低了口感，不利于消费者将这些产品真正作为替代粮食长期食用，而只是为了改善食谱偶尔食用。与之相比，将富含膳食纤维的银耳作为替粮添加面粉、米粉后，不仅使替粮产品具备膳食纤维的优点，而且口感细腻柔和，更容易被消费者接受和长期食用。

此外，银耳的降三脂与调理肠道的功能，呼应了年轻消费者特别是年轻女性对减肥的需求。相对全谷物的粗糙、鸡胸肉的干柴和牛肉的昂贵，适于标准化大规模生产的银耳，以其相对低廉的价格、细嫩的口感和黏稠的胶质饱腹感，在减脂代餐食品领域可以作为主要原料或辅料，大展身手。然而，目前市面上打着“代餐”旗号的银耳羹类产品，实际上含糖量多为超标，例如某品牌的冻干银耳羹代餐产品的每包热量近270 kJ（约64.5 kcal），高达《中国肥胖预防与控制蓝皮书》中提示的女性“健康减肥”标准“每餐热量450 kcal”的1/7，其主要热量来源是其中作为甜度剂的冰糖。而作为快速供能物质的蔗糖与冰糖及其“过甜”口感，对于很多既想吃甜食又想减肥的年轻人来说，意味着“发胖”。此外，1 包（15 g）冻干银耳羹冲泡食用后，仅能暂缓 0.5 ～ 1 h 的饥饿感，远远达不到代餐食品对“饱腹感”的要求。因此，银耳代餐的研发方向，一方面，是减糖或使用代糖，提供个性化定制服务吸引年轻消费者。例如长沙知名奶茶品牌“茶颜悦色”的“自摇奶茶系列”，为每份产品提供了 1 瓶饴糖浆，瓶壁标有“情饴、淡饴、浓饴”等刻度，消费者可以根据自己对甜度的偏好和刻度上的口味建议适量添加。另一方面，可将银耳作为代餐的辅料之一，或在银耳羹中增加能提高饱腹感辅料，例如魔芋、奶、食用菌、玉米等低 GI 食物，或菊粉、瓜尔豆胶、银耳胶等不能被小肠消化吸收但能在结肠起益生元作用的膳食纤维。同时，银耳代餐的口味也不局限在甜味，可以开发咸香麻辣等口味的各式代餐，拓宽银耳代餐食品的品类范围。

4. 作为新型的灾害应急食品

2020 年新冠肺炎疫情暴发至今，居民都担忧在疫情管控时期的食品短缺问题，一些标榜有“囤菜技巧”“居家物资清单”等字样的文章、短视频被广泛推上热搜，五湖四海的消费者纷纷加入“囤菜大军”。在应急情况下，人们难以获得营养均衡的膳食，特别是在蔬菜紧缺时期很难保证每天所需膳食纤维的摄入。银耳中含有大量必需氨基酸、膳食纤维、多种矿物质元素，广泛适于各个年龄段的人群食用，因此，银耳产品有望被开发成新型的灾害应急食品。

应急食品通过脱水干燥技术以及多层铝袋或罐头等严密的包装，阻隔氧气和紫外线、延长保质期，另一个优势是无须添加防腐剂。目前市面上常见的食用菌罐头为鲜品赏味期较短的草菇或双孢蘑菇盐水罐头，需要二次烹饪制成菜品才可食用，保质期在 2 ～ 3 年。与之相比，日本“2022 年灾害食品大奖”中的获奖应急食品包括各种口味的调味米饭（如五目饭、咖喱饭、稠鱼饭、玉米饭等）、意大利面、配菜或酱料、面包糕点、汤品等，保质期 5 ～ 7 年（马白果，2020）；美国 Costco“末日罐头”套装共提供 36 000 份食物，含各类主食、脱水蔬果和调味品，保质期 25 ～ 30 年。综上所述，应急银耳食品除可以做成传统的甜点银耳羹、烹饪原料盐水罐头外，也应考虑即食类与预制类银耳食品的研发。（图 1–4）

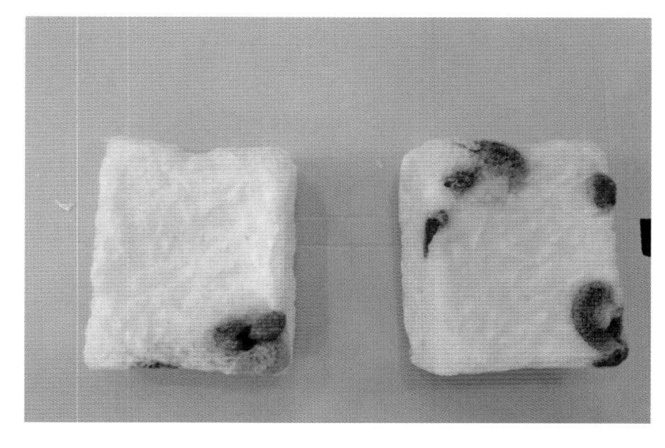

图 1–4　冻干银耳羹和低温干燥银耳片

5. 适应“后疫情”时代的需要

受新冠肺炎疫情影响，肺部健康成为消费者关注的一大热点。同时，许多北方城市在冬季仍常遭遇雾霾（雾和霾的统称），对健康十分不利。霾是指灰尘、硫酸、硝酸、有机碳氢化合物等大量极细微的干尘粒子均匀浮游在空气中组成气溶胶系统使大气浑浊的现象。雾霾的主要来源是机动车尾气、燃煤、工业污染排放和扬尘等，在北方干燥空气和不利气象条件的加持下，空气污染尤为严重。PM 2.5 常被认为是造成雾霾天气的“元凶”，对人体呼吸道危害极大，其中 2 μm 以下的颗粒物甚至能深入细支气管和肺泡，堵塞肺的通气功能，诱发机体咳嗽、缺氧、器官损伤甚至引发死亡。《柳叶刀—星球健康》中的最新研究显示，在 2019 年与 PM 2.5 相关的室外空气污染导致全球 180 万人死亡（Southerland et al.，2022）。

银耳具有清肺的功能。这并非指银耳能进入肺部带走肺部沉积的粉尘，实际上，口服的银耳食品进入的仍是消化系统。现代中医认为，食物进入消化统后，通过脾的运化，一方面输送入全身脏腑，另一方面向上输入心肺，化为气血。所以靠银耳润肺、养肺是真实可信的，即银耳除去的是肺火而非粉尘。肺火的临床表现为干咳少痰、口燥咽干。现代《中药学》中记载，“银耳性味甘平，入肺、胃、肾三经，功用滋阴润肺”；现代《中国药学大辞典》称，“银耳甘平无毒，润肺生津”；此外，也有动物实验证实银耳胶对于氨水诱发的小鼠咳嗽具有较好的抑制作用（姚清华和颜孙安，2019）。

6. 非食品方向的开发应用

银耳提取物具有保湿锁水、美白祛斑、抗皮肤衰老等优质的美容护肤功能（刘卉等，2012），因此，可以从沐浴清洁、口腔护理、洗发护发和美妆护肤等直接接触皮肤的方向进行银耳洗护产品的开发。在非食用产品的既有成分中添加银耳提取物，有助于提升消费者对产品功能的感知功效、可信度和好感度。例如以保湿锁水为功效卖点开发的银耳产品，可以将银耳提取物以“天然玻尿酸”的角度去宣传（英敏特，2021）。也就是说，让消费者觉得从传统保健食品银耳中提取得到的天然成分，比化工成分更加安全和温和，其产品宣称的“保湿”功效也更加可信。

日化清洁产品方面，除银耳护发产品和护手产品外，还可以开发的银耳产品有沐浴液、洗手液、洗衣液、洗衣粉、洗衣凝珠、花露水、防蚊液、湿巾、抽纸、手帕纸等。

在生活护理产品方面，除了银耳牙膏，还可以开发漱口水、口腔喷雾（口气清新剂）等口腔护理产品，卫生巾、洗液等女性护理用品，以及剃须泡沫等男性护理用品。

目前，已备案的银耳美妆护肤品近 1 200 个，其中近半数为银耳面膜，消费者对银耳补水保湿功效的认同度较高，但产品的同质化较严重。因此，除现有面膜、口红等美妆护肤产品外，银耳产品线还可以扩展到导入液、唇膏、遮瑕、粉饼等。目前，国内化妆品的品牌影响力和市场美誉度仍显不足，银耳美妆护肤产品可以从消费者对银耳功效的普遍认同度与提升产品外包装气质两方面进行宣传营销。

综上所述，银耳具有较高的营养价值和许多保健功能，但目前银耳产品的品类仍有较大的局限，市场潜力巨大。银耳产品开发者需通过对消费者的需求进行深度分析和挖掘，才能开发出在未来的大健康产业中大放光芒的新产品。

第二章 中国银耳产业在乡村振兴中的重大作用

孙淑静[1,2]，李佳欢[1,2]，杨小山[3]，郭红东[4]，李晓玉[5]

1. 福建农林大学生命科学学院；2. 福建农林大学（古田）菌业研究院；3. 闽江学院；4. 浙江大学；5. 四川通江银耳协会

摘要：以福建省宁德市古田县、四川省通江县为例剖析了中国银耳产业在乡村振兴中的重大作用，新时代下乡村振兴战略赋予银耳产业发展的新使命，作者提出了在产业发展合理分布的基础上，利用“一驱动”、发挥“一优势”、共建“一平台”、培育“一模式”、形成“一机制”，在产业优势的协同发展区实现协同发展，促农民共同富裕，推行模式借鉴、资源共享、产业协同发展，在不同地区推动农村银耳产业区域发展更深、更广、更紧密融合，不仅在本地区且也在协同发展区实现农村银耳产业连片发展、共同繁荣，为银耳主产区农村产业融合打造经典模式。

关键词：银耳产业；乡村振兴；协同发展；农村产业融合

“实施乡村振兴战略”是党的十九大提出的一项重大战略，2019年6月习近平总书记在《求是》上发表《把乡村振兴战略作为新时代“三农”工作总抓手》中指出，“坚持把实施乡村振兴战略作为新时代‘三农’工作的总抓手”，“促进农业全面升级、农村全面进步、农民全面发展”；福建省《关于实施乡村振兴战略的实施意见》指出，走符合福建特点的乡村振兴之路。乡村振兴产业发展是关键。农业农村部就促进农村产业融合发展助推乡村振兴举行发布会指出，农村产业融合发展为农业供给侧结构性改革提供新力量，为农村经济发展注入新动能，为农民就业增收开辟新渠道，为城乡融合发展增添新途径。

巩固脱贫攻坚成果、推进乡村振兴，产业发展是“活棋”。1989年，时任宁德地委书记的习近平同志在总结古田食用菌产业发展时指出，“古田县坚持一县一品，以食用菌特色产业带动县域经济发展，路子对，效果好。”新时代食用菌产业肩负着巩固脱贫攻坚成果、有效衔接乡村振兴的时代使命。

银耳又称作“白木耳”，作为我国特色食用菌品种之一，在主栽地区一直发挥着脱贫致富的重要作用，银耳产业不仅有很高的生态价值，还是县域富民产业。目前，银耳生产的培养料主要是棉籽壳及农产品加工下脚料，发展银耳产业，将农作物生产剩余物质充分利用，不但提高了资源利用率，而且对保护环境起到了很大作用；银耳产业是一个高效的产业，生产周期仅有 40 ～ 45 d，提高了土地的利用率，提高了经济效益；在我国的食品工业中，银耳历来深受广大人民的喜爱，常作为烹调各式菜肴的主要配料，其特殊的保健功能更是深受人们的喜爱。同时，它也是我国一种食用和药用价值都很高的名贵胶质菌，产量和质量都居世界首位，我国的银耳远销日本及东南亚各国。近年来，我国的银耳逐步扩大出口到西欧和北美洲，声誉卓著。发展银耳的生产，对扩大对外贸易、满足人民生活需要，都有重要意义。同时，该产业在县域范围内优势明显，带动农业农村能力强、就业容量大，对地区农村的稳定和经济的发展有着重要的意义。因此，要站在更高的高度上来认识发展银耳产业。

本章以福建省宁德市古田县、四川省通江县为例，剖析了中国银耳产业在乡村振兴中的重要作用。

一、福建省宁德市古田县银耳产业概况

“八山一水一分田”的古田县，耕地资源匮乏，是个名副其实的山区农业大县，2012 年被列入福建省级扶贫开发工作重点县，贫困曾经长期困扰着这里的群众。1988 年 7 月，刚刚到福建宁德工作不到 1 个月的习近平同志，第一站基层调研就来到了古田县，习近平同志在开场白中说，“我这次来古田县，是‘看准了’才来的”。经过深入调研，他指出，要因地制宜找到摆脱贫困的新路，指明发展食用菌产业是古田脱贫的主要发展方向。后来，习近平同志又先后 6 次到古田考察，殷切嘱托当地同志，古田食用菌产业是个大文章，古田要好好总结经验。古田县是全国闻名的“银耳之乡”，近年来，全县着力推动银耳产业一二三产业融合发展，不断健全银耳全产业链标准体系，朝着品种培优、品质提升、品牌打造和标准化生产方向，努力实现新时代银耳产业高质量发展，助力乡村振兴。2019 年 6 月，福建省古田县正式退出省级扶贫开发重点县。古田县委书记张成慧说“古田通过发展食用菌产业摆脱贫困，根本受惠于习近平同志在宁德工作期间的正确指引。下一步，我们将继续做好食用菌这篇文章，并通过食用菌产业的发展，带动广大农民增收致富，实现乡村振兴”。

（一）从业情况

福建省宁德市古田县是“中国食用菌之都”，食用菌产业在县域经济总量中占重要地位，是全县农业人口就业和增加农民收入的主渠道。全县总人口共 43 万，农村人口 30

万，食用菌相关产业从业人员达30多万，在农村有70%以上的农户从事食用菌产销活动。全县食用菌生产呈现出集镇、集村发展模式，以大桥镇为例，大桥镇的主导产品为银耳，目前建制村36个，银耳生产的专业村33个，占全镇建制村的91.6%，这些专业村年产量均超过“百吨”，大桥、苍岩、沽洋、瑞岩等镇（村）成为“千吨村”，以大桥镇为例，全镇人口4.3万，占古田县人口的1/10，其中，从事银耳生产及相关行业的人口2.6万，占总人口的60.5%，占农户80%。

（二）专业化分工及受益情况

古田县逐步形成从原辅材料购销到菌包制作、菌种生产、食用菌种植、产品加工、产品销售、仓储物流及生产辅助机械设备制造等专业化分工产业链，配以高校及民间科研技术推广、第三方协会和政府的有力支持，构成了完整的农业产业集群，其古田银耳产业是我国农业产业中少有的、极具代表性的产业集群模式，立足于农业产业，又具有工业集群的特点，较其他农产品生产过程烦琐、复杂，具体产业链环节包括原辅料供应、菌包制作、菌种生产、食用菌种植、鲜菇加工、精深加工、贸易销售等，辅以仓储物流及食用菌机械制造等，众多企业围绕各环节运转，形成了主体间关联互补的庞大产业链，具有一定的工业产业性质；此外，又具有农业特性，农民不仅作为独立的生产主体参与到核心环节栽培种植中，也作为劳动力嵌入其他生产环节，这是工业产业所不具备的。基于此，古田银耳产业从内部结构、专业化分工、产业性质、生产规模等方面成长为真正的农业产业集群，形成了农业产业集群特有的农户主导的独立—嵌入式专业化分工模式（图2–1）。

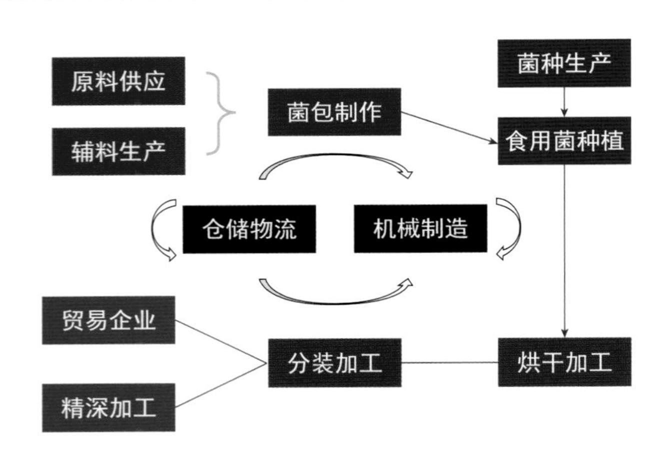

图2–1 古田银耳产业专业化分工模式

古田县拥有标准化生产基地100余个，面积8 800亩，其中，基地备案数量71个，面积5 433.6亩。全县从事食用菌生产、加工、经销、机械等相关经营企业1 200家，其中食用菌企业286家，食用菌专业合作社166家（经营范围仅为食用菌类），日产10万袋以上菌包厂19家，省级、市级重点龙头企业分别为3家、16家，这些主体分布到生产、加工、销售、物流等各产业环节中，具有极高的关联性和互补性（图2–2）。

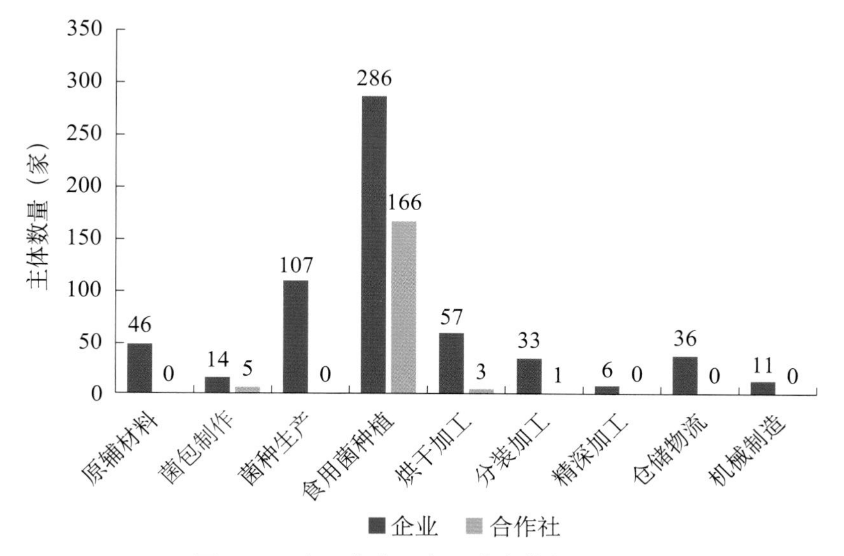

图 2-2　专业化分工各环节主体数量分布

原辅材料生产供应商数百家，专业制种场 100 多家，500 多人具有食用菌菌种生产技术或检验资格证书，生产链上技术熟练工更是不计其数，在外经销商达到 3 万多人，加工营销企业 600 多家。产业链专业化分工的逐步形成，各环节生产规模扩大，均提供了大量的就业岗位，增加了农民家庭的总收入，古田县农民人均收入已连续多年蝉联宁德市第一位。宁德古田的中国 • 福建古田食用菌批发市场，是农业农村部指定的全国食用菌定点批发市场和省级标准化农产品批发市场。目前，市场交易品种达 41 种，2020 年交易量 1.9 万 t（干品），交易额 20.8 亿元，已成为全国袋栽银耳的集散地，每年银耳单品交易额在 12.5 亿元以上。

根据银耳生产分布情况，对银耳生产农户进行了家庭收入的问卷调查。从被调查农户的家庭收入情况来看，被调查农户 2015—2016 年家庭总收入在 20 万～ 50 万元的比例最高，超过 1/3，而 3 万以下比例最小，不足 5%（图 2-3）。

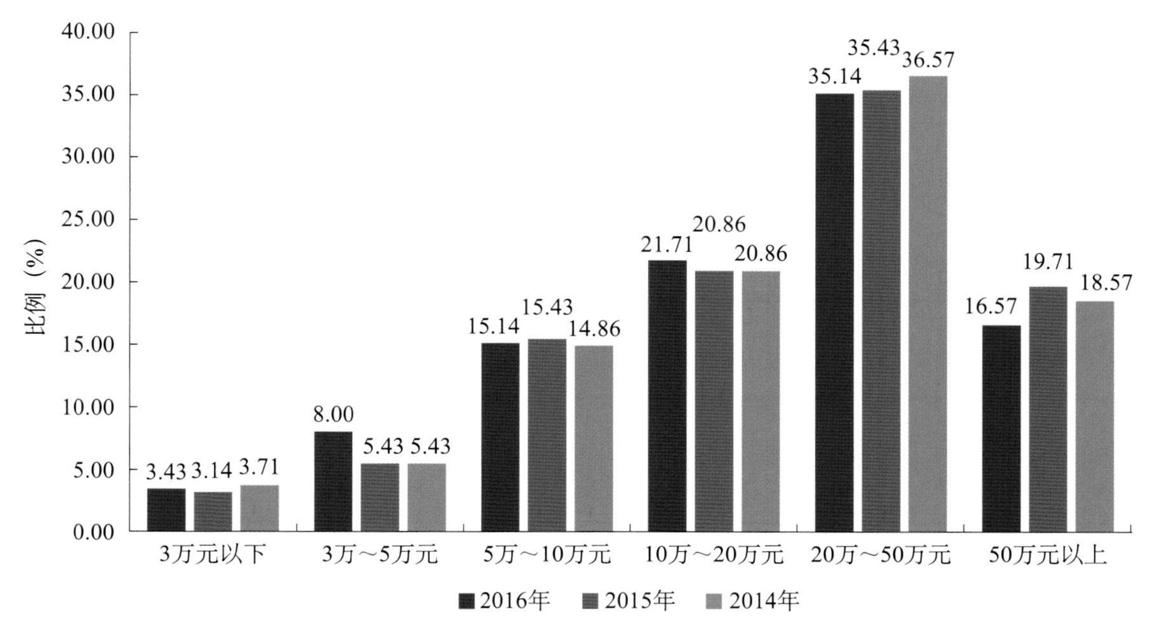

图 2-3　被调查农户家庭总收入情况

从被调查农户农业收入占家庭总收入的比例情况来看，种植食用菌收入占家庭总收入比例在 70% ～ 80% 上的农户最多，收入占家庭总收入 90% 以上的农户最少（图 2-4），两者关系呈现出“两端少，中间多”的倒“U”形特征。

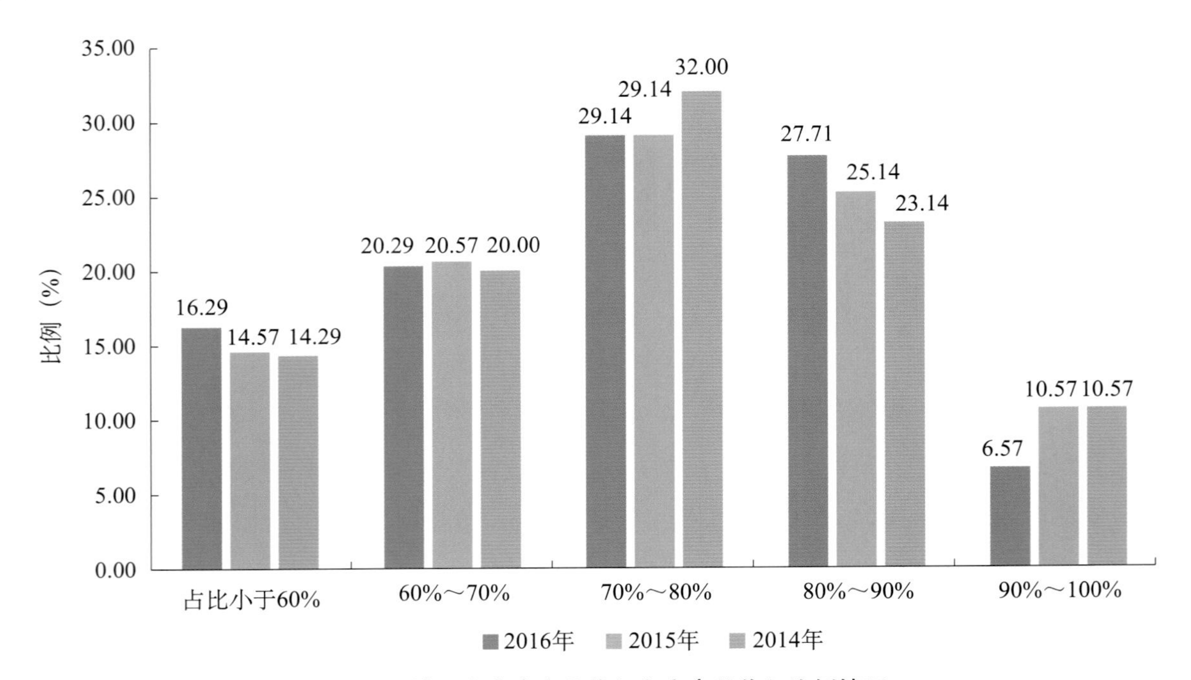

图 2-4 被调查农户农业收入占家庭总收入比例情况

（三）产业影响力

随着古田银耳生产技术的普及与创新，围绕银耳生产的相关配套服务体系不断完善，银耳生产迅猛发展、产业链专业化分工逐渐明晰、总量不断做大，形成了闻名全国的“古田县银耳产业集群”。经过半个世纪的传承发展，银耳产业成为古田县的支柱产业、特色产业和优势产业，成为农民脱贫致富奔小康的主要途径。古田县先后被授“中国食用菌之都”“全国食用菌行业先进县”“全国食（药）用菌行业优秀基地县”“全国小蘑菇新农村建设优秀示范县”“小蘑菇新农村建设十强县”“全国食用菌餐饮文化示范县”“全国食用菌文化产业建设先进县”等荣誉称号。2015 年，古田县荣获“国家级出口食用菌质量安全示范区”称号，成为福建省首个国家级出口食用菌质量安全示范区；2016 年，通过中国食用菌协会复审再次荣膺“中国食用菌之都”称号；2020 年，福建省古田县现代农业产业园被农业农村部、财政部正式认定为第三批国家现代农业产业园。这是福建省第 3 个、宁德市首个创建成功的国家现代农业产业园；2021 年，古田县被列为全国食用菌全产业链典型县，同年，“古田银耳”获中华人民共和国农产品地理标志登记证书。

古田县已有数百年种植银耳的历史，随着生产技术的不断创新普及，配套服务体系进一步完善，先后研制出适合银耳生产使用的粉碎机、切片机、装袋机、脱水机、原料搅拌机、接菌机、蒸气杀菌锅等机械设备，大大提高了生产工效，增加了当地居民的收入，古田几乎形成了全民种菇的态势，众多与银耳生产经营相关的企业如雨后春笋般发展衍生，产量大幅提升，产业规模不断壮大，产业链条持续完善，逐渐形成了闻名全国的“古田县食用菌栽培模式”。银耳产业成为古田县农村经济的支柱产业和农民脱贫致富奔小康的主要途径，辐射带动了周边地区乃至全国食用菌产业的迅速崛起，给数以千万的农民找到了一条脱贫致富的好路子，被业界称为解决“三农”问题的“古田现象”。

近年来，古田食用菌栽培规模呈持续增长的趋势，2012 年，全县种植规模接近 12 亿袋。其间，古田县实施产业转型升级，对大量简易菇棚进行标准化改造，一定程度上影响了种植规模，从 2014 年开始，种植规模不断扩大，2014 年种植规模为 13.4 亿袋，2016 年为 17.2 亿袋，2021 年后标准化种植规模继续扩大。

二、四川通江县银耳产业概况

2018—2020 年，四川省通江县银耳产量产值实现“三连增”，在脱贫攻坚阶段带动 8 000 多户 20 000 余名贫困群众脱贫致富。2021 年，全县发展银耳种植乡镇 23 个、专业村 40 个、示范基地 50 个、生产大户 2 000 个；全年接种银耳菌种 162 万袋，接种段木木耳菌种 300 万袋，接种段木香菇菌种 30 万袋，播种天麻 1 000 亩、茯苓 2 000 亩、灵芝 500 亩、羊肚菌 2 000 亩，生产代料香菇 200 万袋，工厂化生产真姬菇 2 200 万袋，生产平菇等其他食用菌 23 万袋。通江食用菌产业生产总规模（折合）达到 3.5 亿余袋，总产量（鲜品）18 万 t，其中，银耳产量 40 万 kg（干品），综合产值 22 亿元以上。

通江银耳现代产业园区核心区基础设施配套得到了较大提升，建成了高标准银耳生产示范基地、青冈木育苗基地、银耳生产废旧资源循环利用示范基地，改扩建了入园主干道、防洪堤，对陈河通江银耳博物馆实施了全新修缮，通江银耳交易展示中心建成投运，已入驻省级龙头企业达 3 家、专业合作社 70 家、家庭农场 20 家。

2020 年 8 月 26 日，巴中市市场监督管理局正式发布实施《通江银耳等级规格》，并在全国标准信息公共服务平台备案；以通江银耳为代表的国家标准《段木银耳耳棒生产规范》《通江银耳栽培基地建设规范》于 2021 年 3 月发布；《通江银耳团体标准》于 2021 年 8 月发布；《地理标志产品——通江银耳》标准正在修订完善；《通江银耳产品质量标准》已在省级有关部门申请立项。“品通江银耳、享绿色天珍”广告在中央电视台 14 个频道滚动播出，通过“云游中国看巴中”央视新闻新媒体、四川电视台新闻频道、《人民政协报》《四川农村日报》《巴中日报》等主流媒体宣传报道，通江银耳正在成为享誉全国的知名品牌，品牌价值达 40.41 亿元。

三、银耳产业在乡村振兴中的作用分析

通过古田和通江的案例可知，通过发展特色银耳产业实现脱贫攻坚，在特色产业发展道路上不断实现自我价值，从而在乡村振兴中主要发挥了重要作用。

（一）带动当地农户增收致富

“去年我先后种植了 4 批银耳，总共 10 万多筒，直接收入就有 3 万多元。”古田县苏墩村菇农丁丽霞说。在扶贫资金支持下，苏墩村建了 24 间标准银耳生产房出租给菇农。“有了这些银耳房，每年都有固定收入，是种植银耳让我真正实现脱贫。”苏墩村内，这样的银耳生产房到处可见，该村 70% 多的村民从事银耳生产，年产银耳达 600 多万袋，村民人均年收入仅种植银耳 1 项就超过 2 万元。

（二）促进就业，减少农村人口流失

发展银耳产业有助促进就业，减少农村人口流失。以福建古田为例，2019 年年末，古田县户籍人口数为 42.74 万，常住人口为 33 万，占比 77% 以上，其中，古田县大桥镇总人口 4.3 万，从事银耳生产及相关行业的人口 2.6 万，占总人口的 60.5%，占农户 80%。

（三）促进农村经济可持续性发展和生态宜居

银耳作为中国特色食用菌品种，其产业是市场消费需求多元化与市场高度细分背景下建立在区域资源比较优势基础上的优势产业、高效产业和品牌产业，以特色银耳产业的发展壮大培育区域发展的核心竞争力，以区域核心竞争力的不断提升积蓄发展优势，为乡村振兴提供强力支撑。“衣食足而后知荣辱”，乡村产业振兴促进了乡风文明发展，推动了乡村精神文明建设。

四、乡村振兴战略赋予银耳产业发展的新使命

“实施乡村振兴战略”是党的十九大作出的重大决策部署。乡村振兴产业发展是关键，“银耳一朵花，走进千万家”，银耳产业作为传统而又现代的农业产业，是推动相关地区脱贫攻坚与乡村振兴有效衔接和平稳过渡的关键，各主栽地区依托天然地理环境、技术人才、物流发达等优势，解决银耳精准育种问题，打造种业“芯”势力，逐步实现生产管理数字化、智能化，加强银耳功能和精细深加工产品研究，不断延伸产业链，打造供应链，提升价值链，进一步探索产业发展新模式、新业态，持续拓展产业增值增效空间，充分发挥银耳产业在地区乡村振兴中的先行作用，推动农业由增产导向转向提质导向，推动小农

户和现代农业发展衔接，为实现乡村振兴夯实基础。

随着各省进入全面迈进现代农业和新型城镇化发展的关键阶段，农业全产业链需求服务呈现多元化爆发式增长，农民对农村美好生活向往不断激发。银耳产业相关地区要沿着习近平总书记对特色产业发展重要指示的正确方向，努力在服务乡村振兴、农业农村现代化和巩固党在农村执政基础、助农增收致富中履责担当，完善更高水平为农服务体系，开展银耳产业品种培优、品质提升、品牌打造和标准化生产提升行动，推动产业的一二三产业融合发展，积极搭建服务通道，打造服务银耳产业发展的智慧化综合平台，为产业高质量发展实现乡村振兴提供强劲支撑。产业的良性发展，工厂化和标准化发展是必然趋势，但在这个发展过程如何保障生产和农户收入至关重要，需要建立联合工厂化模式，集约化发展将发挥重要作用。

五、乡村产业融合发展主要思考

在产业发展合理分布的基础上，利用“一驱动”，发挥“一优势”，共建“一平台”，培育“一模式”，形成“一机制”。在产业优势的协同发展区实现协同发展，促进农民共同富裕，推行模式借鉴、资源共享、产业协同发展，在不同地区推动农村银耳产业区域发展更深、更广，融合更紧密，不仅在本地区也在协同发展区实现农村银耳产业连片发展、共同繁荣，为银耳主产区农村产业融合打造经典模式。

（一）科技驱动引领产业集群发展，充分发挥科技在农村产业融合发展中独特作用优势

基础研究是产业基础高级化、产业链现代化的重要基石，从根本上决定着产业的发展水平和国际竞争力。农村相关产业基础研究相对薄弱，迫切需要科技助力，一是高度重视高校、科研院所在自身人才以及人才培养中作用；二是充分发挥针对农村产业科技创新的优势；三是科技注入生产模式和营销品牌，应用数字农业技术、农业高新技术等培育现代产业生产新模式，实现产品线上线下交易与农业信息深度融合，利用科技成果实现一二三产业融合。福建美唐生物科技有限公司在合作中坚持农村产业融合发展，建立了协同创新合作模式，由福建农林大学（古田）菌业研究院为其提供了适合加工专业化高品质新品种‘绣银1号’，从源头植入芯片，为企业建立高品质的链式营销提供科技支撑。同时，政产学研有效合作，通过高等院校逐步强化企业在农村科技创新中的主体地位。以科技的有效实践和引领充分发挥银耳产业在乡村振兴中的先行作用，为实现乡村振兴夯实基础。

（二）搭建科技资源聚集共建共享平台

科技和数字化平台建设为产业高质量发展实现乡村振兴提供强劲支撑。一是政府集中优势、支持建设产业领域科技制高点平台，如种业平台、共性关键技术攻关平台、重大技

术攻关与应急研发平台、成果对接转化平台、产品交易平台等。二是根据产业特点，自行或联合建设“互联网＋特色产业”数字化平台和科研平台，如福建农林大学（古田）菌业研究院。食用菌产业作为2019年中央一号文件中提到的特色产业，更高层次的发展就是深入推进科技平台建设和“互联网＋银耳”“智能＋银耳”，联合协同发展推进银耳全产业链大数据建设。

（三）培育产业融合新模式，促进企业和农民的利益联结

一是培育壮大优势企业，促进农民就地就业。二是构建“龙头企业＋生产基地”形式的农业产业化联合体，充分发挥龙头企业资源、技术、渠道方面的优势，解决农户生产过程中技术、销售两大痛点、难点，由农户负责劳动密集型的生产环节，利用各自优势形成互补关系。三是产业集群融合发展，精细化分工。随着国家对环境保护要求的日益严格，个体农户难以解决灭菌过程高能耗的难题，加之用工工价上升和栽培者老龄化，将前端最复杂、劳动强度高的生产工艺交给菌包制作中心完成，栽培者购买菌包后仅需完成出菇管理和批发出售，这是社会分工精细化发展的必然。在漳州、宁德古田采用食用菌菌包中心的建设有效解决农户养菌污染率高、稳定性差、周期长、效益低的问题，为周边农户食用菌生产保驾护航，同时，周边农户种植效益的提升反哺菌包中心可持续发展。四是公司＋院校＋基地＋农户，在该经营模式中，公司主要打造供求平台，对外链接市场，提供可靠的市场供求信息，对内链接基地、农户，开展银耳产业发展技术培训或技术上门指导，提供便捷的技术服务，按照收购合同约定及时收购，保障农户的利益；院校重点打造技术平台与公司合作，向公司不断提供产业发展技术，加快成果转化，提高产业发展高科技含量；基地强力打造生产平台，为公司提供稳定、优质的产业产品。通过“公司＋院校＋基地＋农户”运作模式，构建专业化生产、区域化加工、一体化经营、企业化管理的现代高效生产经营模式。

（四）建立利益联结机制，健全政产学研合作机制

一是龙头企业、合作社、家庭农场等与农户创新利益联结形式，政府率先建立推进龙头企业、合作社、家庭农场等与农户建立利益联结的激励机制，将农户利益或收入占比作为激励的标准。二是健全政产学研合作机制，与农民利益联结紧密的技术、模式、业态等创新性具有很强的生命力，政产学研合作机制应更具有灵活性和保障性，在合作平台、合作关系等方面给予定性、定位和规范，有效解决合作关系不稳定、缺少规范性和合作效率低等问题。

（五）主产区把握本地特色产业分布特点，降本提效实现地区协同发展

紧紧把握银耳产业分布特点，例如福建省闽东北和闽西南两大协同发展区是食用菌主

产区，各地区主产不同食用菌品种，区域布局良好。在此基础上，一是地方政府在地区自我发展下立足产业特点和资源禀赋，对接产业薄弱环节和重点突破方向，降本提效，联合共建，共享资源平台政策。二是可形成产、加、销一体化经营的联合体，产业链上下游整合，并在各环节上带动社员和农户，通过联合社组建区域农业产业链经济。三是打造乡村产业旅游圈，例如依托福州至古田高速路段，依托闽清橄榄基地、茉莉花茶基地、古田银耳等现代农业基地建设，打造现代农业产业观光路线，建设都市型创意农业园区。

（六）借鉴先进案例模式，打造乡村振兴新动能

学习借鉴典型案例经验，打造乡村振兴新动能。例如浙江农村产业融合发展示范园按照国家农村产业融合发展示范园创建的模式分类，在创建中包含了不同数量的农业内部融合模式、产业链延伸模式、功能拓展模式、新技术渗透模式、多业态复合模式、产城融合模式等，通过产业链、价值链和利益链的联结，把农村一二三产业紧密融合在一起，形成风险共担、利益共享的利益共同体，促进产业链延伸、农业功能拓展、农业价值提升，成效显著，已成为推动农业供给侧结构性改革的重要载体。

第三章 中国银耳产业发展的机遇与挑战

孙淑静[1]，李佳欢[1]，赵东明[2]，黄亚东[2]，鲍大鹏[3]，郑瑜婷[4]，孙伯渝[2]，胡丹[5]，刘建辉[6]，陈田章[7]，郑永德[8]

1. 福建农林大学生命科学学院；2. 中国食品土畜进出口商会食用菌及制品分会；3. 上海市农业科学院食用菌研究所；4. 福建省宁德市古田县食用菌研发中心；5. 江苏安惠生物科技有限公司；6. 香港中文大学；7. 厦门维示展览服务有限公司 8. 莆田市农业科学研究所

摘要：本章回顾了银耳发展进程，简单介绍了银耳的生长特点与地区分布特点，分析了我国银耳主要产区产量分布、国内贸易销售及出口情况，并有针对性地提出了内贸和出口分析建议，剖析了种业创新与保护、精深加工、品牌建设等方面存在的问题，指出了构建银耳产业发展格局的基础支撑，提出了中国银耳产业发展的机遇与挑战。

关键词：银耳产业；产量分布；贸易销售；基础支撑；发展机遇

改革开放以来，食用菌产业作为新兴产业在我国农业和农村经济发展特别是建设社会主义新农村中的地位日趋重要，成为我国广大农村和农民主要的经济来源，是中国农业的支柱产业之一。目前，我国从事食用菌菌种、种植、收购、加工、运输和贸易的相关人员已达 3 000 万。近年来，随着食用菌市场需求量的逐年扩大，在农业结构调整的政策环境下，人工栽培的食用菌种类不断增多，先进生产技术的应用普及，食用菌年产量持续增长，中国食用菌产业已步入快速成长期的稳定发展阶段。

食用菌产业是继粮、油、果、菜之后的第五大种植业。我国平菇、香菇、黑木耳、金针菇、猴头菇、银耳、草菇等食用菌品种产量为世界之首。同时，我国特色食用菌如平菇、香菇、秀珍菇、竹荪、大球盖菇、黑木耳、猴头菇、银耳、茶树菇等仍以农户栽培为主，因此这些食用菌也是过去一段时间我国脱贫攻坚、当地群众致富的主导产业。习近平总书记在陕西商洛调研脱贫攻坚时点赞过“小木耳，大产业”。这也正是中国工程院院士、吉林农业大学李玉教授带领团队精准扶贫的成果。

银耳又称作木耳，是我国特色食用菌品种之一，在主栽地区一直发挥着脱贫致富的重要作用，食品工业中常作为烹调各式菜肴的主要配料，其特殊的保健功能更是深受人们的喜爱。同时，银耳也是我国一种食用和药用价值较高的名贵胶质菌，产量和质量均居世界首位，远销日本及东南亚各国，近年来逐步扩大到西欧和北美，声誉卓著。因此，发展银耳的生产，对满足人民生活需要、扩大对外贸易，都有着重要的意义。本章系统梳理了中国银耳产业发展进程、产业分布特点，并针对当前存在的问题进行了分析，在此基础上，总结中国银耳产业未来发展过程中面临的机遇与挑战，以期在银耳产业发展新阶段，提供产业发展新理念，构建产业发展新格局。

一、我国银耳产业发展进程

（一）银耳栽培历史

1. 银耳天然生产阶段

在掌握现代生物学知识之前，位于我国大巴山东段的湖北房县和四川通江的古代居民，就开始使用一种类似人工促繁的方式栽培银耳。史料记载140多年前四川通江银耳曾突然增多，这说明了当时人们已经较为熟练地掌握了人工栽培银耳的技术，但这种栽培模式没有人工接种的环节，只是栽培在适宜银耳生长的环境中，准备好容易生长银耳的树段，依靠孢子的天然接种来繁殖生长银耳，还不能算是现代意义上的可控栽培。银耳的生长非常独特，科学家们用了几十年的时间方才弄清楚其中的奥秘。

2. 银耳人工段木栽培阶段

1941年，华中农业大学杨新美教授用银耳子实体进行担孢子弹射实验，分离获得酵母状孢子并制成孢子悬液，将其接种在砍过斜口的壳斗科树段上，经过3年的栽培试验，结束了长期以来银耳的半人工栽培模式，同时首次发现了银耳的伴生菌。自此，银耳的栽培正式进入银耳孢子液接种阶段，并一直持续到1970年前后。

20世纪60年代，多位学者取得一系列突破性进展，1957—1961年，上海市农业科学院食用菌研究所陈梅朋成功分离到银耳与香灰菌的混合菌种，并用此菌种在段木上栽培成功。因此，有学者将1957年之后划定为银耳菌丝接种阶段并延续至今。在这一时期内，香灰菌在银耳生长过程中的重要作用得到了学者们的证实。1962—1964年，福建三明真菌研究所黄年来系统地研究了银耳菌种的生产方法，大大提高了福建地区段木银耳的产量。

3. 银耳人工瓶栽生产阶段

20 世纪 80 年代，徐碧如首次证实银耳纯菌丝可独立地完成生活史，为进一步提高出耳率奠定了基础。1977 年，古田县大桥公社沂洋大队苍岩真菌所姚淑先开始第一次技术变革，开创了木屑瓶栽银耳模式。

4. 银耳人工袋料生产阶段

1978 年，古田县吉巷乡前陇村农民戴维浩开始了第二次技术变革——木屑袋栽银耳模式，两次技术变革催发了银耳产业建设的萌芽。随着市场需求量的增大，1983 年开始了第三次技术变革——棉籽壳代料栽培银耳模式，姚淑先等首先引进棉籽壳试种银耳并取得成功，棉籽壳取代木屑作为主原料栽培银耳的成功，变废为宝。此后，全国利用棉籽壳生产银耳供应市场，节约了大量木材，同时使单位产量提高 30%。同年，古田县使用推广食用菌机械，年产量从 1983 年的 978 t 猛增至 1984 年的 1 927 t，环比增产 197%。另有学者对银耳与香灰菌的伴生机制进行了研究。他们发现银耳在整个生长过程中，必须由香灰菌来分解木质纤维素供给银耳营养助其完成生活史，并且两者分泌的胞外酶有协同互补作用。20 世纪 90 年代，古田县实现银耳的周年栽培，1999 年银耳工厂化栽培获得成功，至此中国银耳生产位居世界前列（表 3–1）。

表 3–1 中国宁德古田县银耳产业技术进程

时间	技术	进程表现
20 世纪 60 年代末	从松溪引进段木栽培银耳技术，生产原料以段木为主开始进行人工培育	每立方米木材生产干银耳 100 ～ 450 g，生产周期 200 d 左右
1969 年	瓶栽技术	每 50 kg 木屑生产干银耳 5 kg，生产周期 35 ～ 40d
1979 年	首创银耳薄膜袋栽技术	降低运输成本、节约成本
1980—1990 年	粉碎机、切片机、手摇装袋机、电动马达装袋机、脱水机	实现银耳生产机械化
1983 年	推广棉籽壳代替木屑技术，并在室外栽培取得成功	用棉籽壳做培养基比木屑培养基每袋可增产三成左右，节省种耳杂木 2 万 m^3、薪炭林砍伐量 0.6 万 m^3
1986 年	研发成功高产优质菌种	每年提供菌种 80 万～ 100 万瓶，每 50 kg 原料可收银耳干品 12 ～ 16 kg
1989 年前后	银耳后期水管“停水饿花法”	提高单产 50%，每 1000 袋收干银耳从原来的 60 kg 增至 75 ～ 100 kg
1991 年	首创银耳洗花加工工艺	1991—2005 年年均生产剪花银耳量 1 600 t，产品销往中国台湾省和日本
1991—2005 年	改进银耳装袋机、培养料粉碎机等设备，发明“多用节能常压蒸汽炉”“卧式多用装袋机整机设备”	机械化程度更高，生产效率提升
1996 年	第一批连片成规模的砖木结构银耳专用栽培房（长 10m、宽 3.5 m，设 10 个层架）在凤埔乡平沙村建成	2000 年累计建成银耳专用栽培房 8 000 座，年产量突破 10 000t，银耳栽培开始形成规模
1999 年	分离纯白银耳新菌株成功，代号“9901”	银耳 9901 栽培量占银耳栽培总量的 1/3
2000 年	银耳标准栽培房（长 12 m、宽 4.4 m，设 12 个层架）	全县的银耳产量连年稳步增长，2013 年产量达 2.8 万 t，产值 14 亿元

续表

时间	技术	进步表现
2001 年	成功筛选出银耳优良菌株“Tr01”“Tr21”	银耳色泽洁白、朵形圆整、口感好 2007 年通过福建省非主要农作物品种认定委员会认定
2008 年	古田银耳规范化生产技术	列入福建省“五新”主推项目
2008 年	发明设计的“分离式袋料菌棒绞碎机”“立式多用培养料装袋机”“食用菌封闭式栽培袋”“节能烘干炉装置”	获国家实用新型专利
2009 年	研制的“食用菌安全栽培容腔”“混合物料搅拌移位装置”	获国家发明专利
2011 年	古田银耳标准化示范区	通过国家标准化管理委员会考核，古田县成为第六批全国农业标准化示范区
2011 年	发明“快贴型食用菌胶片”	获国家实用新型专利
2014 年	研制的“菌类栽培袋全自动装料机”“菌类栽培袋全自动打孔机”	获国家发明专利
2014 年	“食用菌菌棒打孔贴胶带一体机”	获国家实用新型专利并投产使用，实现装袋、扎口、钻孔、贴胶带等生产环节的自动化。大大节省了劳力，提高了劳动效率，降低了生产成本。
2015 年	“一种冲泡即食型银耳多糖保健茶的制备方法”	获国家发明专利
2015 年	古田县出口食用菌质量安全示范区	根据国家食品监督检验检疫总局 2015 年第 127 号公告，古田县成为国家级出口食品农产品质量安全示范区
2017 年	发明的“一种太阳能热泵烘干设备”	获国家实用新型专利
2017 年	“一种规模化生产速食银耳的方法”“菌棒包装机自动打扣装置及打扣方法”“一种银耳栽培方法”“一种食用菌菌棒机械化绑袋设备”“一种袖珍银耳的栽培方法”	获国家发明专利
2017 年	银耳工厂化栽培基地启动建设，银耳热泵烘干示范基地启动建设	实现银耳工厂化栽培技术、热泵烘干初加工技术落地
2018 年	研制的“热泵烘干机房以及热泵烘干循环机房”“热泵烘干总系统以及热泵烘干循环总系统”	获国家发明专利
2019 年	发明的“一种热泵直排式烘干机”	获国家实用新型专利
2020 年	成功选育银耳新品种“绣银 1 号”	获福建省非主要农作物品种鉴定

注：部分资料来源《古田县志》。

目前，我国每年银耳的产量 50 万 t 左右，相当于每人每年消费银耳 0.35 kg，银耳走进千家万户。袋栽与段木栽培为我国银耳的主要栽培方式。

（二）银耳与众不同的生长特点

科学家经过研究发现，银耳在单独生长的时候长势缓慢，而且长不出银耳的子实体，只有当银耳与香灰菌一起生长时才能长出子实体。银耳从接种到采收大约需要 40 d，属于栽培食用菌中长得较快的种类，而银耳较快的生长速度则是得益于香灰菌的作用。香灰菌在银耳生长过程中会大量分解纤维素和半纤维素，为银耳提供能源与生长所需的小分子碳源，银耳本身没有分解纤维素和半纤维素的能力，可以说银耳完全是依靠香灰菌提供“无私援助”才能够完成自身的生长，这是一个非常有趣的现象。在植物界、动物界这样“不劳而获”的案例并不罕见，在真菌界也出现了这样演化的案例，丰富了人们对大自然的认识。

有科学家设计了将银耳单独培养（A 组）、香灰菌单独培养（B 组）、银耳和香灰菌共同培养（C 组），结果显示，A 组基本不生长；B 组能生长，但是长势缓慢；C 组两种菌丝都生长得最好。试验结果再次说明银耳的生长离不开香灰菌，但同时样也表明银耳对香灰菌的生长有很好的促进作用，并非只有香灰菌在“无私奉献”，银耳对能促进香灰菌的生长，而非“不劳而获”的“懒虫”。银耳与香灰菌这种“合作共赢”关系也是自然演化中的基本规律，体现着一种生命的智慧。

科学家们继续深入研究发现，银耳与香灰菌一起生长的时候，银耳能够在生长中一直分泌纤维素酶 C_1，而香灰菌不能分泌这种 C_1 酶。在降解纤维素的过程中，需要多种酶的共同作用，其中纤维素酶 C_1 起重要作用。更加有趣的是，科研人员发现银耳和香灰菌在相互促进生长过程中还会有喜恶的选择，当银耳和自己喜欢的香灰菌生长在一起时，就能长出很多洁白的子实体；如果遇到不喜欢的香灰菌，就有可能连一朵子实体也长不出来。目前，关于银耳与香灰菌相互促进生长的相关知识还很少。银耳和香灰菌的故事还隐藏着很多的奥秘，值得继续深入探索。

二、我国银耳产业分布及销售情况

（一）全国银耳地区分布及特点

银耳喜欢在生态资源优越、气候适宜的地方生长，分布于寒带、温带和热带，地势以丘陵山地为主，喜亚热带季风气候。银耳生长所在地区年均气温 16 ～ 21℃；日照充足，全年无霜期长，年降水量 1 400 ～ 2 100 mm，相对湿度常年在 76% ～ 81%；森林覆盖率高，最好在 60% 以上。适宜的阳光、水分、湿度、温度等优越的自然条件使得森林里自然生长了一些野生银耳。我国野生银耳主要分布于四川、云南、福建、贵州、广东、安徽、湖南、广西、浙江、甘肃等省（区）的山林地区。

（二）全国银耳主要产区及其产量分布情况

近年来，全国银耳产量稳步提升，均在 50 万 t 以上。2018 年，全国银耳产量为 52.58 万 t（以鲜品计）；2019 年提高到 54.17 万 t，同比增长 3.02%；2020 年达到 55.63 万 t，同比增长 2.69%。

根据2020年全国各省份的银耳产量统计，全国新增广西壮族自治区1个银耳产区，银耳产量同比2019年实现增长的有福建、湖南、四川、重庆、安徽等省（市），其中重庆增长明显，较2019年同比增长1 448.26%；银耳产量减少的有河南、山东、广东、山西、吉林、江西等省，其中，河南、吉林银耳产量下降显著，分别降低53.71%、71.26%；甘肃、江苏2020年未生产银耳。

福建因其得天独厚的气候与地理条件，成为全国最大的银耳产区，约占全国总产量80%以上，2020年，福建银耳产量达456 450 t，同比增长1.11%，占全国银耳产量的82.05%，与2019年基本持平（表3–2，图3–1）；其次为湖南，产量46 500 t，较2019年增长132.5%，占全国银耳产量的8.36%；银耳产量居第三位的为河南，产量16 200 t，但较2019年银耳产量大幅降低，同比下降53.71%，占全国银耳总量的2.91%。其余省（市）按照银耳产量依次为：山东（15 907 t，2.86%）、四川（7 285 t，1.31%）、广东（5 010 t，0.9%）、河北（3 004 t，0.54%）、重庆（1 155 t，0.21%）、山西（580 t，0.1%）、吉林（121 t，0.02%）、江西（106 t，0.02%）、安徽（5.9 t，0.001%）。

表3–2　2019—2020年中国银耳主要产区及产量统计

单位：t

地区	2019年	2020年	同比增长率（%）
福建省	451 460	456 450	1.11
湖南省	20 000	46 500	132.50
河南省	35 000	16 200	–53.71
山东省	16 942.5	15 907	-6.11
四川省	6 958.2	7 285	4.70
广东省	6 100	5 010	–17.87
广西壮族自治区	—	4 006.13	—
河北省	3 004	3 004	0.00
重庆市	74.6	1 155	1 448.26
山西省	690	580	-15.94
吉林省	421	121	-71.26
江西省	121	106	-12.40
安徽省	5.72	5.9	3.15
甘肃省	960	—	—
江苏省	5	—	—
总计	541 742.02	556 330.03	2.69

注：数据来源中国食用菌协会。产量以鲜品计。

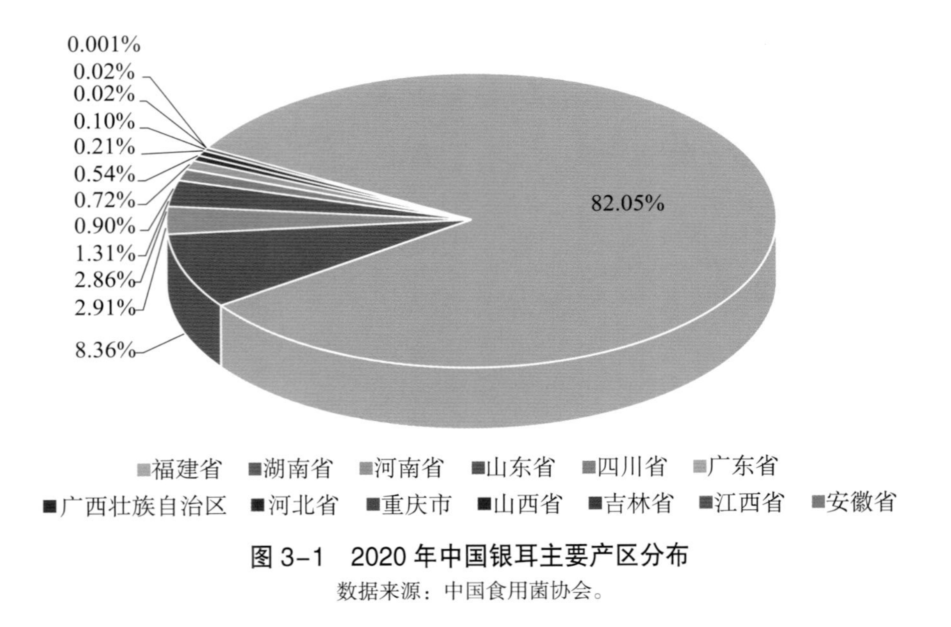

图 3-1 2020 年中国银耳主要产区分布

数据来源：中国食用菌协会。

（三）国内贸易销售分析

1. 传统的贸易渠道——批发市场

作为银耳销售的主要渠道之一，批发市场有效促进了银耳在全国乃至全球范围的销售。例如 2003 年成立的福建省古田食用菌批发市场，全县生产的食用菌产品通过其交易后直接销往全国 31 个省（区、市）的超市（卖场）并出口到东南亚、日韩、北美、中东等国家（地区），上市交易的品种有银耳、香菇、茶树菇、竹荪、猴头菇、黑木耳等 30 多个品种，日均人流量达 5 000 余人次，年交易量 1.6 万 t（干品）、交易额达 6.4 亿元。食用菌批发市场的建设发展，有力带动地方食用菌产业化的迅速发展，促进农业增效、农民增收，加快了建设社会主义新农村步伐，带动农民脱贫致富，对实施“海峡西岸经济区战略”有重要作用，具有良好的经济效益和社会效益。

河南万邦国际农产品物流园作为中部地区最大的农产品批发交易市场，担负着郑州市 80% 以上、河南省近 60% 的果蔬消费供应，业务覆盖全国各地。物流园内的银耳除周边有少量种植外主要来自福建古田。银耳以干品为主，因其便于存储，使用方便，消费群体主要是餐饮企业、商超、批发市场等；鲜品较少，因其货架期较短，不易存储等原因。销售旺季是每年中秋至翌年 4 月，淡季是每年 4 月至当年中秋节，主要消费群体是超市、批发市场、家庭等。随着饮食和消费习惯的升级，银耳粉、冻干冲饮、即食银耳羹等加工品越来越多地出现并迅速占领市场，受到消费者的青睐。

2. 传统电商渠道

传统电商渠道包括京东、淘宝、天猫、社区电商等。京东涉及银耳的品牌大概有 500 个，上架产品超过 40 万种，有南北干货、鲜菌菇、方便食品、米面调味等四大类，其中，综合排序销量排名前十位的品牌是金燕耳、金丝耳、好想你、方家铺子、十月稻田、北京同仁堂、金盛耳，绝大多数产品都是免洗免泡发、即冲即饮的方便食品。价格方面，42%的消费者可以接受的价格是 36 ～ 54 元，33% 的消费者可以接受价格是 24 ～ 36 元，10%的消费者可以接受价格是 10 ～ 24 元。具体人群等分析见“第十四章‘后疫情’时期银耳的新媒体传播和营销”。

3. 新渠道——短视频 + 直播

据飞瓜数据抖音版查询结果显示，关于银耳的播主有 682 个，综合排序前三位的是银耳姐姐银耳羹、通江银耳～老谯、通江银耳旗舰店（图 3–2）。相关直播有 966 个，总销量最多是咸姨姨专属（图 3–3），预估销售额达 75.2 万元。

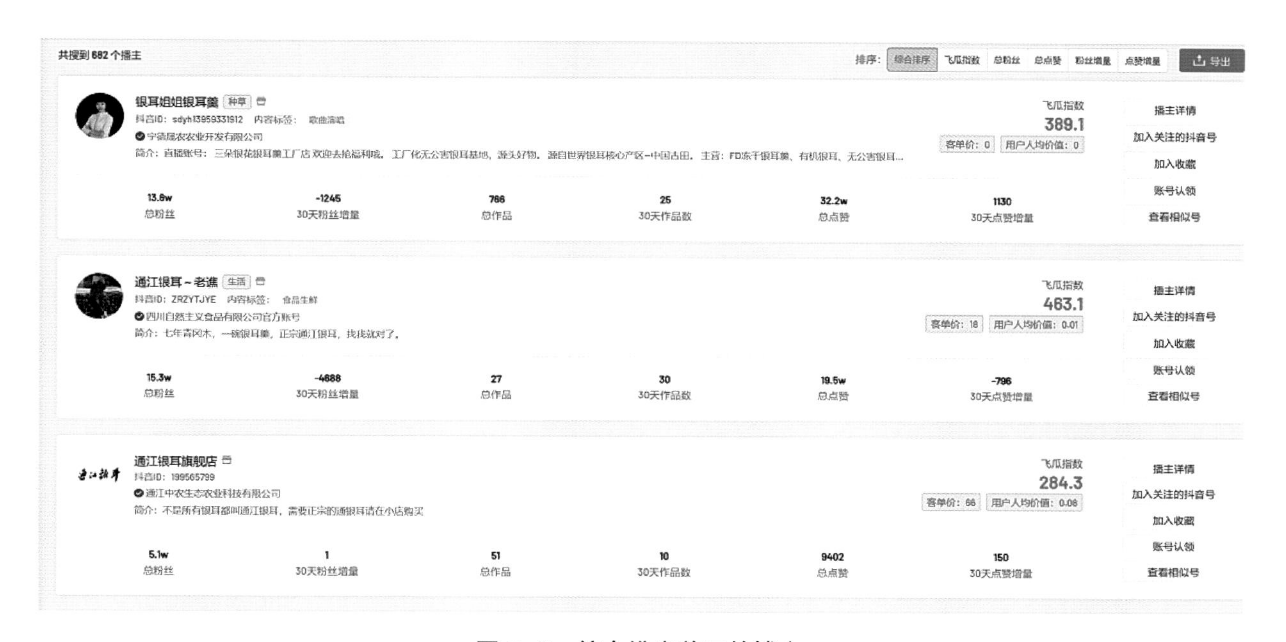

图 3–2　综合排序前三的博主

商品	讲解时长	上架时间 下架时间	上架销量 下架销量	预估销量	预估销售额
已抢光 【咸姨姨专属】养润本草银耳羹冲泡即食冻干银耳特级干货高山80g ¥199起 规格	02:46:32	13:02 16:45	553 4341 多场直播	3778	75.2w

图 3–3　总销量最多直播

相关视频有 152 个，商品超过 10 000 个，近 30 d 销量最高的是“好恋红枣坚果银耳羹轻食代餐”，总销量达到 14 万罐，2022 年 6 月 4 日销量为 5 807 罐。关于银耳的小店 27 个，其中本草银耳食品店的近 30d 销售额超过 300 万元（图 3–4）。

据飞瓜数据快手版数据查询发现，通过快手关于银耳的主播有 34 个，短视频 10 个，直播 1 079 个，商品近 3 000 个（近 30d 预估销售额排名前 5 位的是香港启泰孕妇月子代餐银耳红枣即食花胶 150g、金盛耳金燕本草银耳羹、圣耳有机本草银耳、雪菲宠耳有机富胶银耳、金燕耳高山生态银耳 70g 干品，其中，香港启泰孕妇月子代餐银耳红枣即食花胶 150g，预计年销售额 93.6 万元。

小店	抖音销售额	抖音销量	抖音浏览量	推广商品	关联视频	关联直播
本草银耳食品店 主营 食品饮料	337.5w	3.4w	59.0w	10	1333	1478
本草银耳个体店 主营 食品饮料	54.8w	5030	7.1w	7	639	780
正源银耳 主营 食品饮料	26.4w	6636	11.5w	21	0	87
本草银耳严选个体店 主营 食品饮料	3.0w	301	4926	1	2	0
本草银耳之家 主营 食品饮料	2.6w	197	3300	5	5	262
本草银耳守心店个体店 主营 食品饮料	1.9w	237	5030	3	23	17
通江银耳旗舰店 主营 生鲜	1.8w	253	1.8w	28	10	299
颜如雪银耳个体店 主营 食品饮料	1.2w	75	812	1	15	46
姚淑先本草银耳 主营 食品饮料	1766	12	1074	3	1	91
菌事制造银耳店企业店 主营 食品饮料	710	11	224	14	3	5

图 3-4 部分银耳线上销售小店

注：飞瓜数据抖音版 2022 年 6 月 4 日数据。

从抖音和快手的数据比较来看，抖音平台上的主播、视频、直播、产品和小店数量都远超快手平台，可见针对银耳这个产品抖音平台的接受度更高，快手平台的发展空间更大，建议从事银耳宣传、推广、销售的新媒体人可以考虑在快手平台拓展。

4. 其他线上搜索指数

百度指数查询结果如图 3-5，2021 年全年“银耳”在百度上（PC+ 移动端）的全国搜索指数平均值为 1 898，其中 2021 年 8 月 7 日曾超过 2 400。

通过全国资讯指数查询发现，2021 年度“银耳”的咨询指数平均值为 69 790，其中 2021 年 6 月 11 日达到最高的 374 337（图 3-6）。

银耳需求的角度分析和银耳需求相关的关键词的搜索情况结果如图 3-7。从需求的角度来看，与银耳相关的功效、作用、银耳汤做法等内容的搜索指数较高。

从“银耳”搜索的地域来看，2021 年银耳搜索排名前五位的省份分别是广东省、江苏省、山东省、浙江省、河南省（图 3-8）。

从“银耳”搜索的人群属性来看（图 3-9，图 3-10），主要年龄集中在 20 ～ 29 岁（32.86%）和 30 ～ 39 岁（37.01%），其中，男女比例约为 1 : 2（男 33.13%，女 66.87%）。

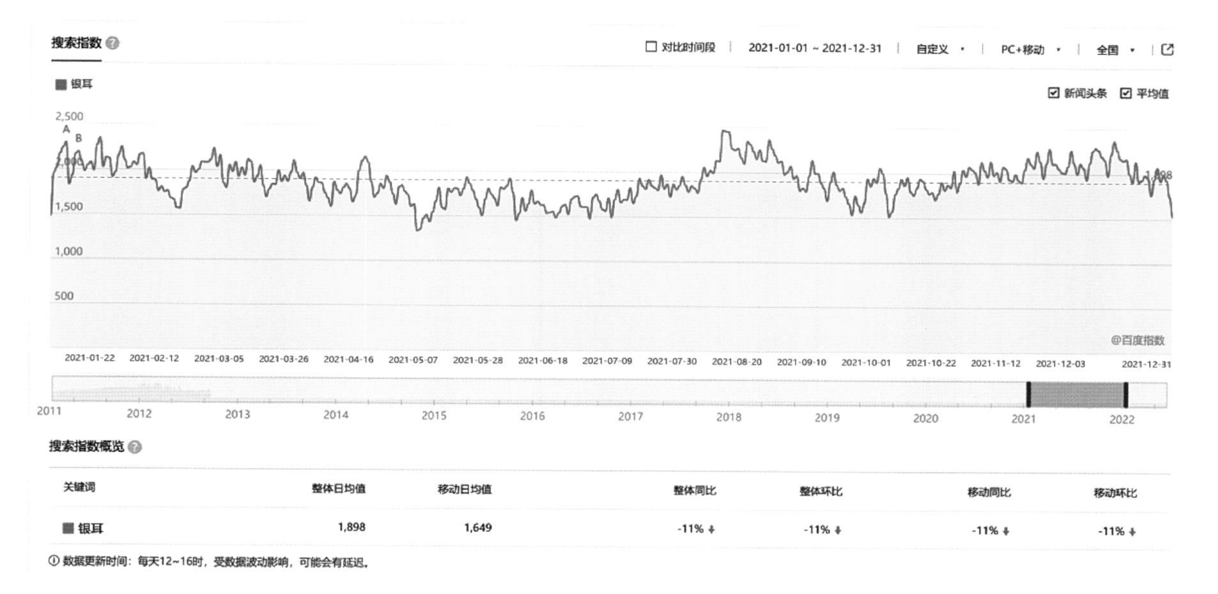

图 3-5 2021 年百度指数

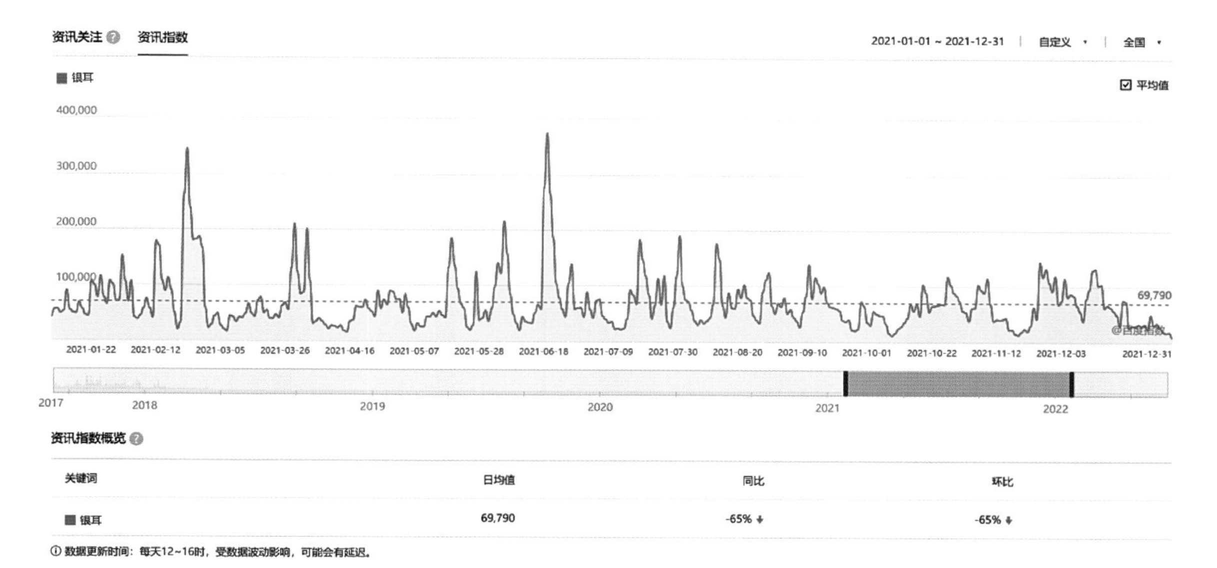

图 3-6 全国资讯指数

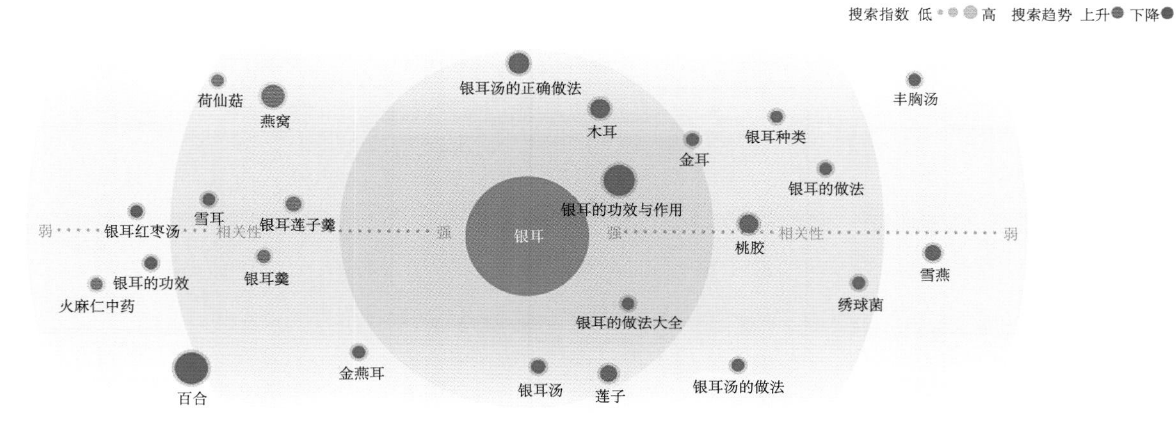

图 3-7 相关需求搜索指数

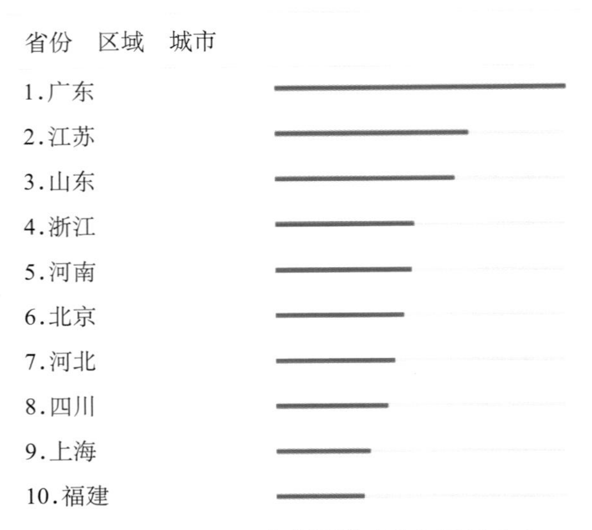

图 3-8 2021 年银耳搜索主要地域分布

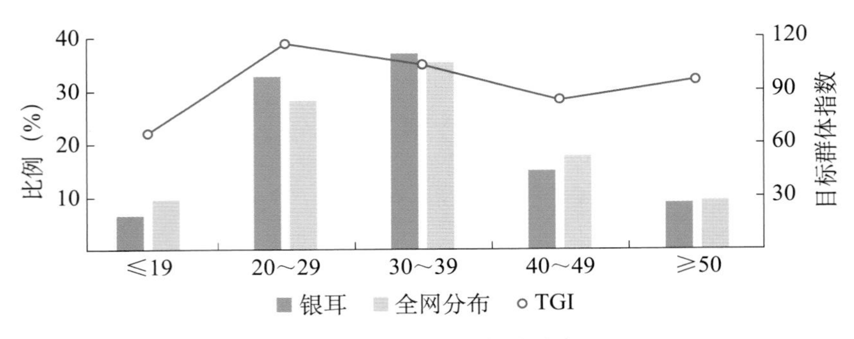

图 3-9 搜索人群年龄分布

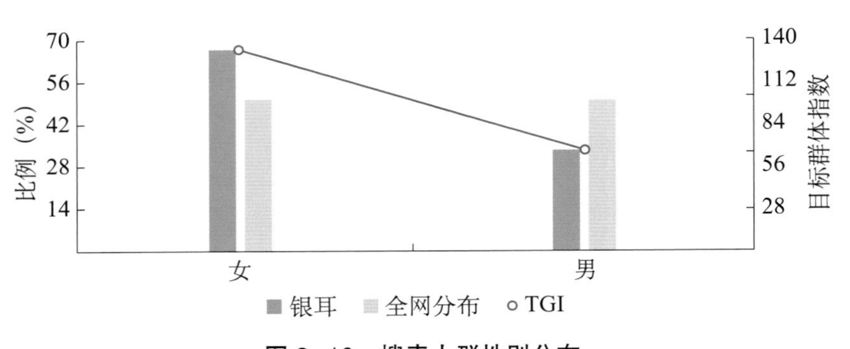

图 3-10 搜索人群性别分布

通过对微信指数的分析发现，2021 年“银耳”在微信端的搜索数据基本稳定在 13M 以下，2 月 21 日曾达到 63M 的峰值，2 月 20 日单日的增幅最大，整体指数日环比上升 760.98%，5 月 2 日单日的降幅最大，整体指数日环比下降 45.53%（图 3-11）。

近一年内，“银耳”在微信端搜索的数据来源中视频号占比最大，约为 55.56%，其次是公众号文章，约为 42.07%，搜一搜、网页等搜索方式也有（图 3-12）。

5. 内贸建议

从中国银耳产量和内外贸占比来看，超过 90% 的银耳是在内贸流通中被消化，由此可以看出内贸是中国银耳产业的根基，如何创造更多的“银耳价值”，关系中国银耳产业的基业长青。

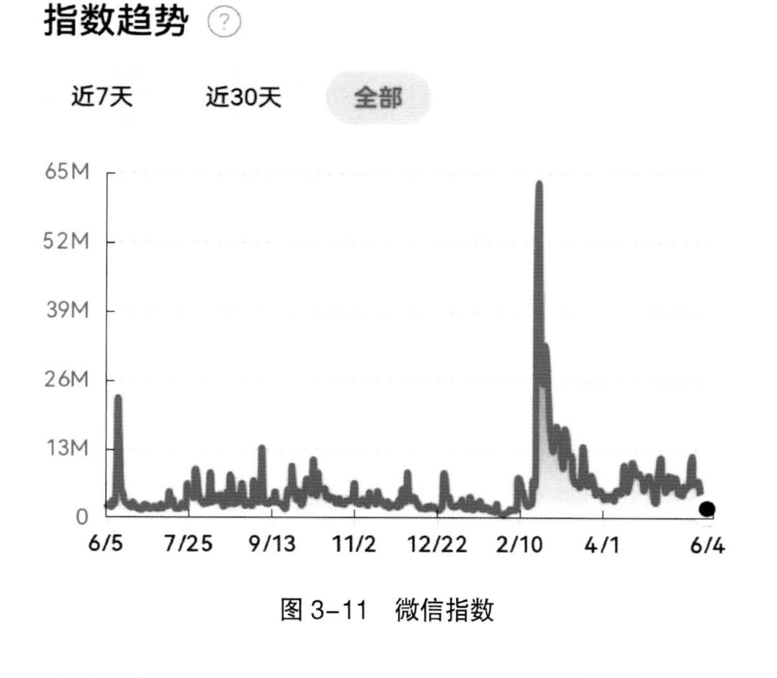

图 3-11　微信指数

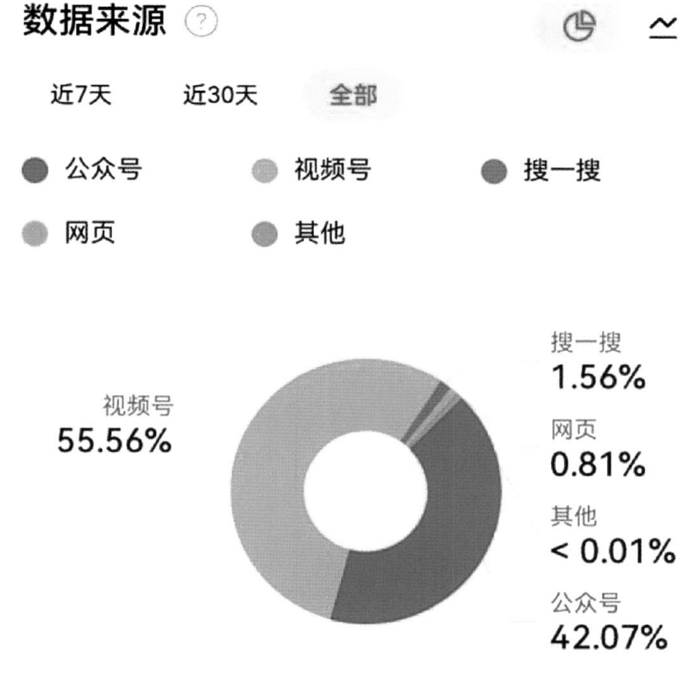

图 3-12　微信端搜索数据来源

（1）基础数据的重要性　小到一个企业，大到一个地区，完善的基础数据能够保障企业的健康发展，进而促进本地区的产业发展。以古田银耳为例，菌种和原辅料的数量决定本地产量，本地产量及流通方向影响全国市场，产品形式和包装决定了消费者的购买欲望，消费者的购买欲望决定了价格走势，价格优劣决定了从业人员数量和企业效益等。

（2）产品升级的必要性 随着城市节奏的加快、人们生活水平的提高，单纯的原料贸易已经无法满足人们日益增加的要求，安全、快捷、美味的加工食品成为趋势。

另外，银耳因其富含胶原蛋白及可增强免疫力等功能，也被一些药妆及化妆品领域认可并应用。江苏安惠生物科技有限公司根据君臣佐使的复方配伍理论，以灵芝提取物、猴头菇提取物、银耳提取物等为主要原料制成的1款保健食品，对辐射危害有辅助保护功能和增强免疫力功能，2021年销售额为3 477.3万元，销售额居于同类产品前三位，目前主要在北美地区销售。此外，该公司还开发了多款含有银耳成分的护肤品，包括眼霜、眼露、保湿乳、保湿霜、面膜以及护手霜，2021年销售额接近2 000万元。通过添加银耳精华提取物，有效提升肌肤含水量，更在肌肤表面形成锁湿保水薄膜，调整干涩及多油肤质，令肌肤水润柔滑，富有弹性。因此，根据银耳的特性，开发合适的精深加工产品，实现银耳产品的升级，是推进我国银耳产业的关键问题之一。

（3）产业升级的必然性 中国的食用菌产业经历了从无到有、从小到大、从作坊式栽培到工厂化栽培模式的巨大变化，其中一部分企业已经开始向食用菌产业数字化转型。银耳产业作为中国食用菌产业重要组成部分，仍然停留在初级农法栽培阶段，工厂化企业屈指可数，要获得更高的产品附加值，扩大消费者群体，产业升级势在必行。

（四）我国银耳出口情况分析

1. 中国银耳出口概况及背景

目前，银耳栽培在西方国家还未普及，仅日本和韩国对银耳有过少量栽培和研究，我国的银耳产业世界领先，银耳更是我国的特色农产品之一，对外出口市场稳定在东南亚、欧美等20～30个国家，并广受欢迎。

2020年初，新冠肺炎疫情暴发对我国整个食用菌出口产生了复杂且深远的影响，主要表现为两个方面：一是在食用菌行业供给端出现生产成本增加、物流不畅、运费骤增、边贸受阻等问题，随着疫情的恶化，食用菌的供应链也受到影响。二是在食用菌消费行为和习惯（需求端）方面，疫情导致全球经济增速下降，严重打击餐饮和旅游行业，直接影响珍稀食用菌的需求量，使得国外的销售方式和消费者购买习惯都发生改变。我国银耳出口形势也变得十分紧张，出口数量和出口额均有所降低。

2. 近10年中国银耳出口形势概述

2019年，我国银耳出口数量和出口额较2018年均有小幅降低，银耳出口总量4 326 147 kg，同比减少0.55%，实现出口额61 004 384美元，同比减少4.58%，出口单价14.1美元/kg，同比减少4.06%；2020年，受新冠肺炎疫情影响，我国银耳出口数量和出口金额急剧降低，全年出口银耳3 611 114 kg，同比减少16.53%，实现出口额53 448 183美元，同比减少12.39%，出口单价14.8美元/kg，同比增长4.96%；2021年，我国银耳出口形势回暖，出口数量、出口额、出口单价均有回升，全年出口银耳 3 854 348 kg，同比增长 6.74%，出口额 66 634 976 美元，同比增长 24.67%，出口单价 17.29 美元 /kg，同比增长 16.82%（表 3–3）。

表 3–3　2009—2021 年我国银耳（干）出口情况

年份	出口量（kg）	同比（%）	出口单价（美元 / kg）	同比（%）	出口金额（美元）	同比（%）
2009 年	2 853 435	—	12.77	—	36 442 572	—
2010 年	3 753 684	31.55	14.29	11.88	53 633 911	47.17
2011 年	4 121 934	9.81	14.66	2.61	60 435 335	12.68
2012 年	3 355 965	−18.58	15.22	3.80	51 074 001	−15.49
2013 年	3 436 979	2.41	17.25	13.31	59 270 750	16.05
2014 年	3 523 260	2.51	17.46	1.27	61 533 191	3.82
2015 年	4 703 864	33.51	17.70	1.36	83 270 197	35.33
2016 年	4 308 162	−8.41	16.52	−6.70	71 154 105	−14.55
2017 年	3 824 684	−11.22	14.57	−11.78	55 727 839	−21.68
2018 年	4 349 379	13.72	14.70	0.88	63 931 936	14.72
2019 年	4 326 147	-0.53	14.10	−4.06	61 004 384	-4.57
2020 年	3 611 114	−16.53	14.80	4.96	53 448 183	−12.39
2021 年	3 854 348	6.74	17.29	16.82	66 634 976	24.67

数据来源：中国海关。

银耳的出口区域与银耳产区的关联密切，银耳产量最大的福建也是我国银耳出口数量最多的省份，银耳出口额占全国的 60% 以上。2018 年，福建出口银耳 2 728.48 t（以干品计），占全国出口总量的 62.73%，实现出口额 4 247.08 万美元，占全国出口总额的 66.43%；2019 年 1—11 月，福建出口 2 523.49 t，占全国出口总量的 63.94%，实现出口额 3 569.7 万美元，同样占全国出口总额的 63.94%。其余省份根据出口额占比依次为湖北（28.02%）、河南（3.36%）、广东（1.78%），其他省份出口额占比为 2.9%（图 3–13）。

3. 中国银耳主要出口国家及地区概述

按照出口流向划分，泰国是我国银耳（干）出口数量最多的国家，我国近一半的银耳（干）向泰国出口（图 3–14）。2018 年，我国向泰国出口银耳（干）2 077.92 t，出口量占比总出口量的 47.78%；其次是中国香港地区，银耳（干）出口 687.2 t，占比约 15.8%。2019 年 1—11 月，我国向泰国出口银耳（干）1 927.44 t，占比约 48.84%，与 2018 年基本持平，向中国香港地区出口银耳（干）566.31 t，占比约 14.35%，较 2018 年有所下降。其余出口国家（地区）根据出口数量占比依次为越南（7.35%）、中国台湾省（5.72%）、印度尼西亚（5.29%）、韩国（4.75%），其他国家出口数量占比为 13.7%。

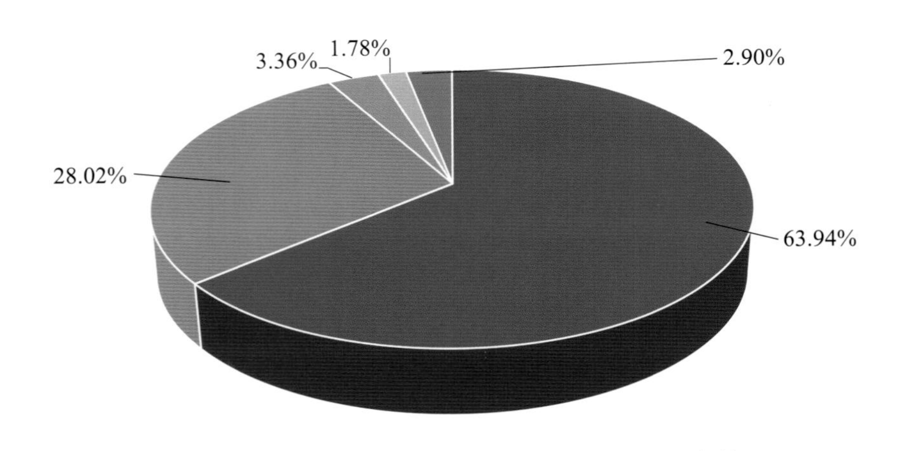

图 3-13　2019 年 1—11 月中国银耳（干）主要出口省份

数据来源：中国海关。

根据最新我国银耳出口国家统计，东南亚是我国银耳（干）出口的主要流向，在我国对外出口银耳（干）数量最多的 10 个国家（地区）中，向东南亚国家出口占一半。2021 年，泰国仍是我国出口银耳（干）数量最多的国家，但出口数量较 2018 年、2019 年有所减少，全年向泰国出口银耳（干）1 440.42 t，占比减少至 37.37%，出口额 1 846.77 万美元；越南成为我国银耳出口数量第二位的国家，出口数量为 497.44 t，占比 12.91%，出口额 2 037.04 万美元；出口数量第三位的地区为中国香港地区，出口数量 370.33 t，占比 9.61%，出口额 570.16 万美元。其余国家及地区按照出口数量依次为：韩国（359.85 t）、中国台湾省（238.7 t）、印度尼西亚（237.09 t）、马来西亚（186.89 t）、新加坡（146.05 t）、俄罗斯联邦（120.73 t）、美国（75.94 t）、日本（45.12 t）、其他国家及地区（135.78 t）。

泰国属热带季风气候，全年平均气温 27.7℃，最高气温可达 40℃以上，泰国人的饮食习惯以酸辣为主，并以冷饮作为解暑饮品。银耳因其烹煮简单、可热可冰、润肺降燥等优点深受泰国寻常百姓的青睐。目前，其烹饪形式主要是以银耳为原料的酸辣沙拉、炖煮以后冰镇的银耳羹，近年来，中国银耳产品升级也影响着泰国市场，越来越多的泰国人开始接受银耳加工食品。泰国进口绝大多数的银耳来自中国福建，要维护好泰国这个最大的市场，控制产品质量是最基础的保证，特别是二氧化硫含量问题。

2021 年，中国香港地区进口内地银耳（干）总量为 370.33 t，位列所有中国银耳进口国的第三位，其中，经由中国香港地区转口的银耳（干）数量约为 61.4 t，超过 300 t 银耳被中国香港当地市场消化。中国香港的人口主要是华人，饮食习惯与广东省类似，因此银耳在中国香港多用于炖汤及甜品。目前，在中国香港市场主要的银耳产品形式是干制银耳、炖汤包、银耳羹等。

新冠肺炎疫情的到来，使得人们更加注重自身免疫力，这恰是银耳这类食药用菌的核心优势所在，随着消费者们对银耳特殊功效的关注以及我国银耳产业的快速发展，银耳的出口形势也将逐渐向好。

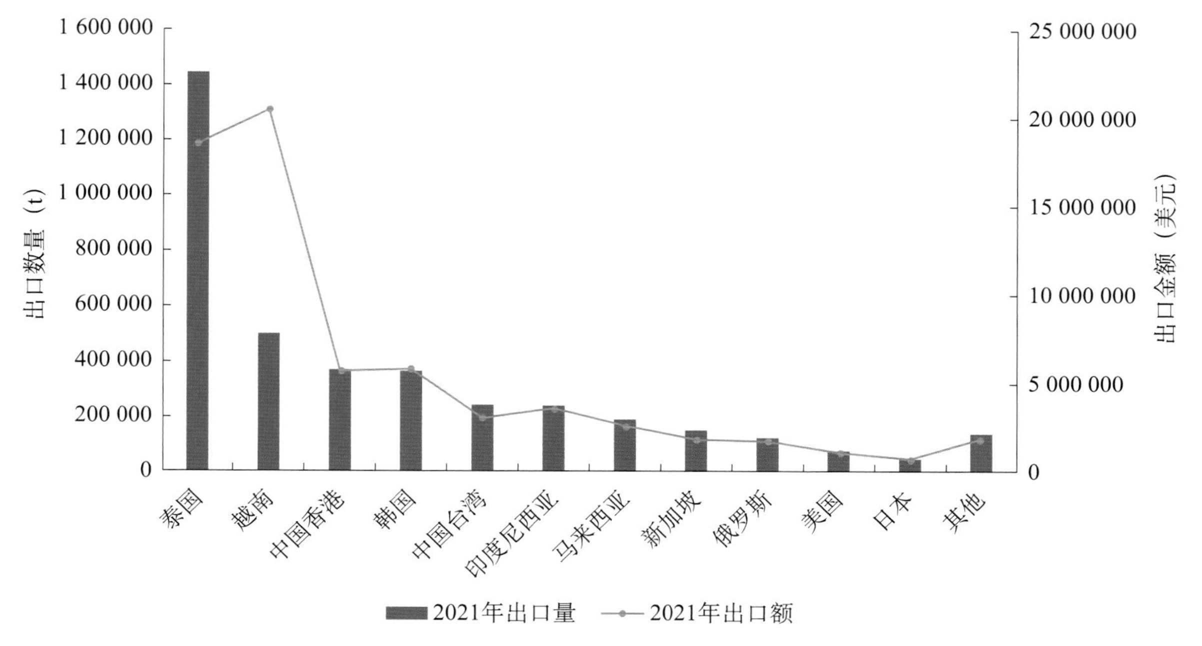

图 3-14　2021 年中国银耳（干）主要出口流向

数据来源：中国海关。出口银耳以干品计。

4. 中国银耳出口分析建议

（1）出口升级——从产品出口转向全产业链出口　结合中国银耳现有出口情况，作为中国银耳主要进口国对银耳需求仍有上升空间，未来将在现有出口初级银耳产品的同时在当地建造中国模式的银耳栽培工厂，使用中国的菌种及技术，既能够生产出符合中国银耳标准的初级产品也能够开发出符合当地口味和需求的精深加工品（食品、保健品、化妆品等）。

（2）产品升级——从原料出口转向加工品出口　从进口国家（地区）对中国银耳的产品应用需求来看，出口目的地的饮食习惯同我国类似，产品应用也相对类似，建议将中国银耳的精深加工品直接出口，既能够提升中国银耳的产品附加值，又能够为出口企业带来更高收益。

（3）消费者升级——从亚洲口味转向全球口味　因欧美国家与亚洲国家消费者饮食习惯存在差异，对于银耳的接受度相对较低，首先需要扩大中国银耳在当地的宣传和普及，使更多当地消费者接受中国银耳，从而达到拓展欧美市场的目的。

三、主要问题分析

目前，我国银耳产业形势虽向好发展，但还存在一些不容忽视的问题：部分地方对产业融合认识还不足，政策落实不到位；有些地方融合发展水平不高，产加销脱节或者环节衔接不紧密，产业链延伸、价值链提升不充分；企业和农民的利益联结机制还不完善，农民合理分享全产业链增值收益还不够；同时，农业产业大多为传统产业，生产技术落后，主要以经验型种植为主，产品质量不能满足需求，农户劳动力和劳动量大。目前，银耳产业发展中除上述共性问题外，其他方面具体分析如下。

（一）种业创新与保护体系不完善

目前银耳品种尚未收录于我国农业植物新品种保护目录。近年来，银耳菌种创新步伐缓慢，新品种较少，育种技术缺乏，产权保护意识薄弱，缺乏完善的种质收集、保藏和保护体系。

（二）标准化、规范化高质量银耳生产水平有待提升

目前，大多银耳生产模式过于传统，多以单个家庭的栽培为主，规模小、分布散，企业和合作社规模小、实力弱、经营管理水平低、组织化程度有待加强，菌农生产的大量银耳产品涌入市场后被动参与市场竞争。由于生产规模较小，对市场规律不够了解，参差不齐的产品及上下起伏的产品价格给他们带来了巨大的市场风险。同时，银耳生产原辅材料供应缺乏标准和监管，原辅材料质量参差不齐，影响了银耳产量和品质的稳定性。生产中产品标准过于单一，散户银耳种植不够规范；部分质量检测标准过于落后，很多标准检测存在弊端。

居民生活方式由吃得饱向吃得好、吃得健康转变，人民群众对消费安全和消费升级的期待不断提高，增加绿色优质产品供给的任务艰巨，目前银耳生产模式不能形成稳定供应，与高质量绿色发展的要求还有差距，质量不能满足人民群众对消费安全和消费升级的期待。

（三）龙头企业带动能力不强，产品品牌优势不够突出

银耳龙头企业还比较少，规模小，实力不强，大多为单一种植、加工或购销方式，拥有生产、加工、销售一体化的综合性大企业更少；缺乏产品研发人才队伍，龙头企业创新能力较弱，难以适应现代多业态同时发展的市场销售模式；大部分龙头企业仍然停留在主要关注自身生存发展的阶段，对周边小企业的带动能力不强，大基地、大公司、大企业的产业格局尚未形成；菌农销售渠道单一、层次有待拓展，菌农销售渠道以简单收购和批发为主，销售途径仍显单一且层次较低。相同产品在不同的销售渠道收益也存在很大差距。目前的销售状况使得干银耳市场竞争力遭到削减，无法将菌农收益最大化。各地区除产量优势外，其他优势不够突出，公共区域品牌带动企业个化品牌不够，农户没有自有品牌，主要通过商贩上门的方式批量收购食用菌，议价能力低。

（四）精深加工水平有待提高

银耳具有食、药兼用功能，可开发保健品、功能食品和药品。但目前加工企业大多还

处于简单的分拣、半成品生产、代加工等阶段，主要生产银耳饼、饮料、即食银耳等深加工水平较低的产品，易出现产品同质化，市场竞争力不够强。银耳大多以初级产品与市场对接，产品附加值低，银耳产业主要以产中为主，产后的自加工能力较弱；现有产后加工以初加工为主，深加工产业发展滞后，具有丰厚利润空间的休闲食品、即食食品以及提取有效成分药用保健品等中高档加工产品少，产业链延伸短，市场空间利用小。

（五）品牌意识薄弱

银耳产业相关企业对品牌缺乏深度认识，没有理解企业品牌建设的价值，而企业的品牌建设层次将决定该公司是否能够一如既往获得消费者用户的认可和信赖。在如今快速发展的时代，越来越多的企业产品已经呈现出同质化产品的重要现象，有的公司产品价格可以高价卖出而消费者还相对优先选择，而有的产品消费者用户即使可以低价购买可是却不想采购。随着社会发展的进步，大家对生活的要求也逐步提升，对品牌产品、品质生活的追求也愈加渴望，企业的品牌建设非常重要。企业在发展过程中应更加注重品牌建设，获得消费者、用户的认可和青睐。

（六）科技创新不断发展，但其引领支撑作用仍显不足

科技创新是驱动产业发展的第一动力。农业新技术的开发与应用为促进农业现代化发展提供了重要支撑，在新技术、新设备、新模式的助力下，现代先进科技与农业产业的融合发展加快实现。近年来，银耳产业在新品种研发、栽培工艺创新、机械自动化、初精加工等方面都有较大突破与发展，但其引领支撑作用仍显不足。

四、构建银耳产业发展格局的基础支撑

（一）核心种质研究，高效利用种质资源

种质资源是自然遗传多样性的重要来源，构建核心种质是有效探索和保护遗传资源新变异的重要途径。核心种质可以最大限度地去除原始种质资源中的重复，以最少的种质材料代表原始种质资源的全部或大多数遗传多样性和地理来源。开展银耳核心种质研究，进行种质资源的收集、评价和利用，更有助于银耳种质资源的保存、管理和使用，有助于银耳种质资源利用效率的提高。

（二）银耳特殊生活史——二型态转变机理研究突破迫在眉睫

银耳是典型的二型态真菌，能够在酵母态与菌丝态之间相互转化，但银耳菌丝一旦转变成酵母态便很难重新恢复为菌丝态，银耳酵母态孢子直接与香灰菌配对时也很难形成白

毛团，甚至无法获得子实体。因此，加强银耳二型态转变机理研究迫在眉睫，这不仅有助于探明银耳特殊生活史，还可大大降低银耳育种的难度，为采用新技术、新方法选育银耳新品种奠定扎实基础，让更多具有优良性状的银耳品种能够被应用与推广。

（三）银耳表型、基因与环境的调控网络研究

21 世纪以来，生命科学进入基因时代，基因组学大大加速了功能基因的发现。但是如何利用这些资源，如何将基因组数据应用于作物改良，都需要通过研究表型基因与环境的关系，目前已在植物领域取得一定进展。相较于其他物种，银耳的基因研究起步较晚，遗传转化方法虽取得了一定的突破，但基因功能的研究着实进展缓慢。银耳表型组与基因组关系的解析，是高效创制利用种质资源、培育重大突破性品种的根本途径，加强银耳表型、基因与环境的调控网络研究不仅有助于明确银耳基因的功能，还能根据表型与基因、环境之间的关系培育出具有各种优良性状、满足各类人群需求的银耳，对银耳产业具有重要的意义。

（四）生产关键共性技术创新

应加强银耳生产关键共性技术创新。例如银耳生产中应重视新品种的配套工艺研究，建立菌种质量评价体系及保藏方法；加强菌种接种的自动化程度；积极开发液体菌种生产技术及应用体系；提升菌包培养和出耳过程内部智能化管理水平；提升企业高效生产工艺；加快速度制定鲜、干银耳保藏标准等，不仅有利于提升生产效率、降低成本、提高产量与品质，还能减少污染和资源浪费，促进银耳产业的健康、绿色、高质量发展。

（五）功能性研究及其产品的研发应用

目前，银耳及其活性成分已被开发出多种功能，在食品、化妆品、医药等领域具有广泛的应用前景。食品领域已开发出银耳馅饼、银耳饮料、银耳羹、银耳糖片等，但大多加工程度和技术含量较低，价格低廉；化妆品领域银耳仅在少量高档化妆品有一定的应用，普及程度低；医药领域银耳及其活性成分相关的药品还较少，主要是由于银耳及其活性的功能研究大多数仅停留于动物实验阶段，几乎未进行临床试验，推进银耳应用基础研究和产品开发已成为发展的迫切需要。

五、中国银耳产业发展的机遇与挑战

银耳产业是一个高效的产业，生产周期仅有 40 ～ 45 d，提高了土地的利用率，提升了经济效益，是县域范围内优势明显、带动农业农村能力强、就业容量大的产业，对地区农村的稳定和经济的发展有着重要的意义。银耳产业不仅是县域富民产业，还有很高的生态价值。目前，银耳生产的原料主要是棉籽壳及农产品加工下脚料，发展银耳产业，可以

将农作物生产剩余物质充分利用，提高生态利用率，对保护环境起到重要作用。

（一）“乡村振兴战略”赋予银耳产业发展的新使命

“实施乡村振兴战略”是党的十九大提出的一项重大战略，习近平总书记明确指出，要把乡村振兴战略作为新时代“三农”工作的总抓手，促进农业全面升级、农村全面进步、农民全面发展；福建省《关于实施乡村振兴战略的实施意见》指出，走符合福建特点的乡村振兴之路。乡村振兴，产业发展是关键。“银耳一朵花，走进千万家”，银耳产业作为传统而又现代的农业产业，依托各主栽地区天然地理环境、技术人才、物流发达等优势，解决银耳精准育种问题，打造种业“芯”势力，逐步实现生产管理数字化、智能化，加强银耳功能和精细深加工产品研究，不断延伸产业链、打造供应链、提升价值链，进一步探索产业发展新模式、新业态，持续拓展产业增值增效空间，充分发挥银耳产业在主栽地区乡村振兴中的先行作用，为实现乡村振兴夯实基础。

（二）贯彻新发展理念、构建新发展格局指明银耳产业发展的新方向

贯彻新发展理念、构建新发展格局是以习近平同志为核心的党中央根据统筹国内国际两个大局和我国新发展阶段变化作出的重大决策部署。立足银耳产业新发展阶段和完整的产业链，规范原料供给，亟须加强种质资源的收集、保藏、创新和保护，巩固种业之源。应践行绿色生产理念，强化科技创新引领，提升装备，发展智慧农业，优化物流配送，催生新消费方式，打造一批战略支点、枢纽企业，高度重视品牌塑造，搭建有强生命力的品牌建设模式。在“双循环”新发展格局下，深入实施品牌强农战略，对全面推进乡村振兴、加快银耳产业现代化具有重要意义。银耳主产区拥有非常好的区域公用品牌，消费者趋向于追求高品质、大品牌的产品，迫切需要带动企业品牌和产品品牌协同发展。在各种产品和销售过程中，品牌是最有生命力的销售，因此，三链融合，加快推进银耳品牌建设，有利于调优品种、调高品质、调绿模式，补齐银耳仓储保鲜冷链物流设施短板，促进银耳产业链、供应链和价值链全面升级，强化产业链与创新链融合。银耳产业链价值倾斜，未来银耳产值提升的重点将日益集中到产业链后端，例如银耳衍生品、深加工产品开发与银耳文化旅游体验。贯彻新发展理念、构建新发展格局、中国银耳走向世界，银耳产业迫切需要创新更多产品走向国际市场，特别是亚洲市场扮演越来越重要的角色，并逐步扩大到西欧和北美，深度融入“一带一路”倡议，推动银耳产业高质量发展，中国银耳的国际化将会走得更远，也将走得更好。

（三）农业农村现代化提出银耳产业发展的新要求

随着福建省进入全面迈进现代农业和新型城镇化发展的关键阶段，农业全产业链需求服务呈现多元化爆发式增长。未来，要沿着习近平总书记对特色产业发展重要指示的正确

方向，努力在服务乡村振兴、服务农业农村现代化和巩固党在农村执政基础、助农增收致富中履责担当，完善更高水平为农服务体系，开展银耳产业品种培优、品质提升、品牌打造和标准化生产提升行动，推动一二三产业融合发展，积极搭建服务通道，打造服务银耳产业发展的智慧化综合平台，为产业高质量发展实现乡村振兴提供强劲支撑。工厂化和标准化发展是产业良性发展的必然趋势，但在这个发展过程如何保障农业生产和农户收入至关重要，需要建立联合工厂化模式，发挥集约化发展的重要作用。

（四）数字经济快速崛起赋予银耳产业发展的新动能

新一轮以大数据、云计算、物联网、人工智能等为代表的前沿科技革命，催生了信息化、智能化、数字化的服务新业态，形成了实体经济与数字经济深度融合的产业新变革，为推动食用菌传统产业实现高质量发展注入了强劲动力。对此，迫切需要通过转变发展理念和发展方式，以国家推进现代流通体系建设为契机，贯彻落实数字化建设精神，加快推进数字农业建设，发挥数字技术在食用菌生产、供销、信用、环境、消费等服务领域的应用和撬动作用，基于数字化技术开展银耳种质资源保护和开发利用推动育种工作，建设银耳智能工厂和科研、生产、销售大数据平台，推进智慧银耳产业发展，促进信息技术与机械工艺融合应用；加强农民和技术人员数字素养与技能培训；加强县域银耳产业商业体系建设，加快实施“互联网+”产品出村进城工程，推动建立长期稳定的产销对接关系，应支持供销合作社开展县域流通服务网络建设提升行动，建设县域集采集配中心，加快银耳产业信息对称、协同供给、整体智治的新格局。

（五）大健康需求激发银耳产业发展的新活力

在大健康产业发展的背景下，立足银耳自身营养功能特点，银耳产业高质高效发展要加强以营养和功能为育种目标的新种质资源的开发利用；完善产品的质量标准体系，重视原生态银耳生产和开发，提高产业发展技术含量；加强以提高银耳产品营养、功能和安全的工厂化栽培系统的研究和开发利用；加大与科研单位、高校合作，充分发挥科技创新和知识产权的重要价值；开发银耳深加工产品及银耳衍生产品，加强市场需求的银耳营养和功能性产品的加工技术的研究和产品开发等，尽快实现跨界发展，与食品、化妆品工业融合发展，扩大消费空间，增加银耳产业附加值激发产业发展活力。主动进行银耳产业的供给侧结构性改革，主动融入国家的大健康产业，保证银耳产业健康可持续发展，塑造产业竞争新优势，做大、做强、做优产业。

▶ 第Ⅱ部分

中国不同银耳主产区的分析报告

第四章 ▶ 福建省银耳产业发展研究报告

李佳欢[1]，庄学东[2]，郑峻[2]，孙淑静[1]
1.福建农林大学生命科学学院；2.福建省食用菌技术推广总站

摘要：福建是我国最大的银耳产区，2020 年，全省银耳产量 45 645t（以干品计），占全国银耳总产量的 82.05%。本章总结了福建银耳产业在栽培、加工、经营、品牌培育、科技创新与推广等方面的发展现状，分析福建银耳产业发展过程中存在的问题，同时从种业创新与产业化、高质量生产体系建设、发展银耳加工业、推进现代化银耳经营体系建设、强化品牌战略、科技引领等方面浅析推进福建银耳产业转型升级的政策并提出建议。

关键词：福建省；银耳；种业创新；绿色生产；三产融合

一、福建省银耳产业发展概况

福建省银耳栽培源于 1940 年前后，漳州龙海县程溪某药商在烧炭的木材上发现有银耳生长，遂开始引种，并由诏安籍煤炭工人将技术推广至招安、云霄各县，所产称“漳州银耳”。1958—1959 年，该技术传入尤溪、安溪、宁德等地，此时银耳栽培技术仍为古老的“砍花种耳”的方法。1962—1964 年，福建三明真菌研究所黄年来、徐碧如等系统从事银耳菌种分离、生产、段木栽培和瓶栽研究，并于 1964 年成功开发出银耳菌种生产及防止银耳退化的方法，极大地提高了银耳菌种制种成功率，并在福建大力推广段木银耳栽培新技术，使福建段木栽培银耳的年产量跃居全国首位，同时银耳瓶栽示范也获得成功。20 世纪 60 年代末，银耳菌种由福建三明传入古田，古田县食用菌研究所姚淑先在原菌种和栽培技术基础上，创制了周期短、产量高的耳木分离的瓶栽银耳，使瓶栽银耳进入千家万户。1979 年，古田县吉巷乡戴维浩开创了袋栽银耳的先河，采用塑料薄膜袋进行银耳栽培，以卧式排架出耳，大大降低了银耳的生产成本，促使银耳批量生产，随后该技术迅速在福建、山东、河南等地推广应用，加速了全国银耳产业的发展。20 世纪 90 年代，古田率先实现银耳的周年栽培，1999 年，银耳工厂化栽培获得成功，至此中国银耳生产位居世界前列。经过 70 余年的发展，福建已成为全国最大的银耳栽培地、贸易集散地和出口地，其产量占全国总产量的 80% 以上，在全国具有绝对的领先优势。

（一）银耳栽培业现状

近年来，福建省银耳产业快速发展（图 4-1），产量逐年递增，2020 年，全省银耳总产量 45 645 t（以干品计），占全国银耳产量的 82.05%，较 2014 年的 39 324.5 t 增长 16.07%，已成为全国最大的银耳栽培区（图 4-2）。

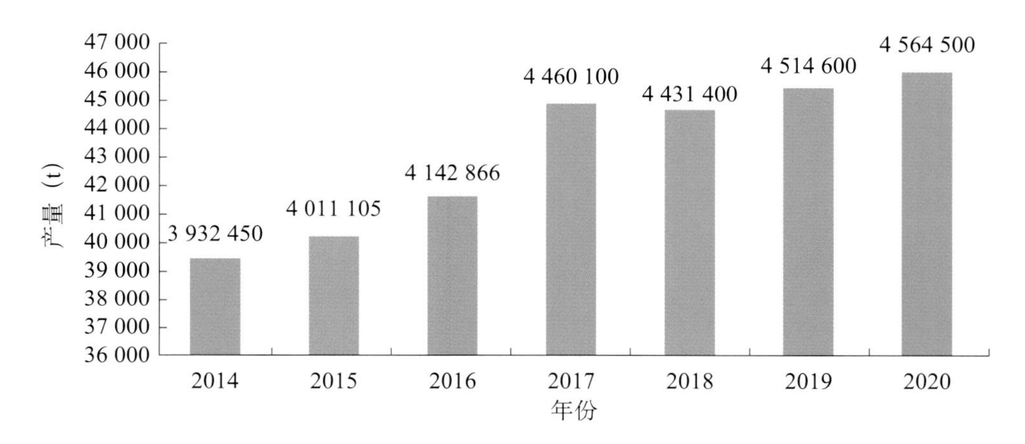

图 4-1　2014—2020 年福建省银耳栽培量变化情况

注：数据来源福建省农业部门统计数据。银耳产量以干品计。

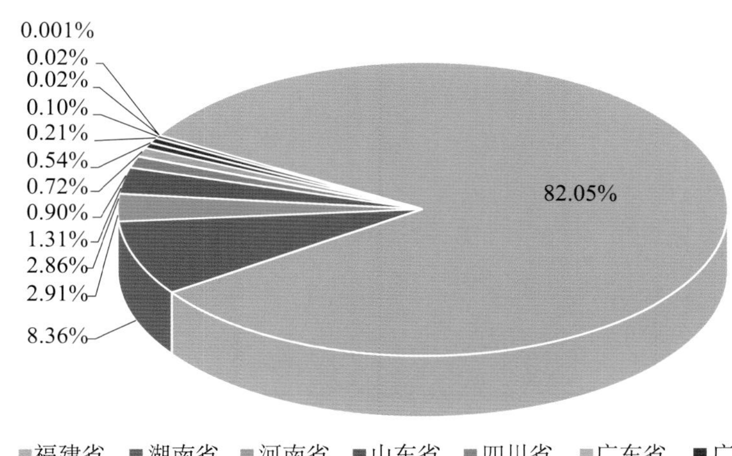

图 4-2　2020 年全国银耳产量分布情况

目前，福建全省银耳栽培从业人员2万余户，共计5.5万余人，其中，古田县1.5余万户4万余人，屏南县0.2万余户0.55万余人，尤溪县0.19万余户0.69万余人。银耳产业为福建革命老区发展注入了强劲动能，以产业兴旺助推了乡村振兴。

1. 主产区优势显著

福建省银耳种植主要分布在闽东、闽中、闽北、闽西等海拔较高的山地或丘陵地带，重峦叠嶂，植被丰茂，溪流纵横，春夏凉爽，为银耳的生长提供了得天独厚的有利条件。目前，全省宁德、福州、三明等7市25个县（市、区）均有银耳种植（图4-3）。

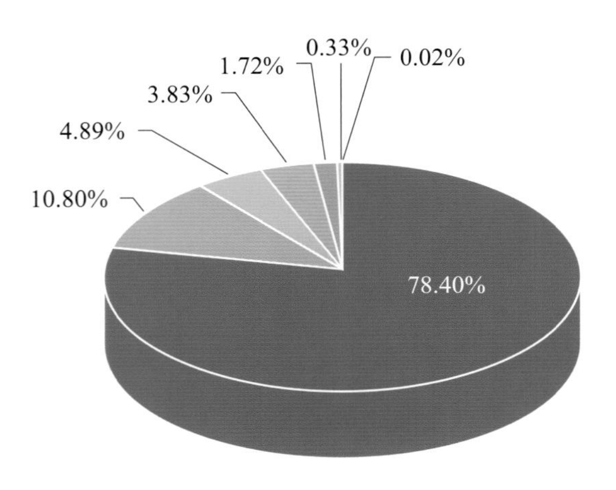

图4-3 2020年福建省银耳主产市面积占比

其中，宁德古田作为全省乃至全国的袋栽银耳主产区，2020年产量为35 787 t（以干品计），占福建省产量的78.4%，年产值达187 693万元，较2010年的产量25 052 t、产值97 500万元，增幅分别达42.9%和92.5%（图4-4）。

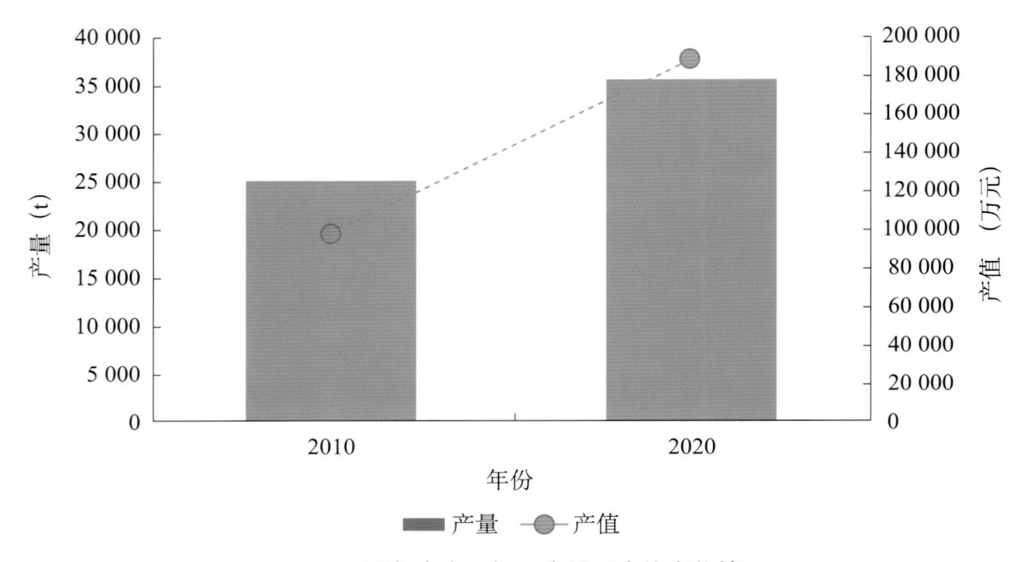

图4-4 近年来古田银耳产量及产值变化情况

注：银耳产量以干品计。

2. 品种结构持续优化

目前，福建各地栽培的银耳品种，大多为漳州雪耳、三明真菌研究所 Tr-05 号（粗花）和上海食用菌研究所选育的“细花”菌株的后代。常见的品种有 Tr801、Tr804、Tr01、Tr21、银耳王、Tr22 等。自 2017 年来，福建省加大了对银耳育种攻关的投入，在福建省种业创新与产业化工程等项目的支持下，选育银耳新品种“绣银 1 号”“Tr2016”通过省级鉴定，并在全省大面积推广种植。

3. 栽培模式不断创新

目前，福建银耳的主要栽培方式为传统袋栽、工厂化袋栽与工厂化瓶栽 3 种栽培方式。其中，传统代料栽培广泛分布于全省各地，以“古田银耳”的模式最为著名。自 20 世纪 60 年代开始发展银耳栽培以来，古田县通过几十年的积累与沉淀，形成了享誉全国的“古田区域工厂化”银耳栽培模式，将银耳生产的各环节分工不断细化，通过集中打包、供种、烘干，实现了食用菌种植技术单元操作。据统计，全县菌种场 107 家，菌包制作厂 41 家，标准化菇房 3 万多间，烘干粗加工企业 50 多家。该模式的推行，避免了设备重复投资建设，节约了设备成本；在生产过程中，根据市场需求调节生产品种、生产规模，减小了每个单元的种植风险，菌包培养与出菇分散在全县不同区域，培育农户种植，实现农民就地就业与创业相结合，成为精准扶贫、乡村振兴的好模式。

随着现代农业的不断发展，为满足银耳周年化生产，袋栽银耳生产逐步向设施化、工厂化迈进。2015 年，全国第一家袋栽工厂化银耳生产企业——福建天天源生物科技有限公司在宁德市古田县落成投产，为中国银耳产业的发展探索了一条创新之路。瓶栽工厂化银耳集中于三明尤溪，福建省祥云生物科技发展有限公司拥有日产 48 万瓶产量的全自动银耳瓶栽生产线，拥有自创的瓶栽银耳工厂化技术，年产银耳 650 t（以干品计），占全省银耳总量的 1.42%。目前，福建省从事工厂化银耳生产的企业共 7 家（表 4–1），日产量在 1.5 万～48 万袋（瓶）不等。2020 年，工厂化银耳年产量共计 2 280 t（以干品计），占全省银耳生产总量的 5%（图 4–5）。

表 4–1　福建省工厂化银耳生产企业（2020 年）

序号	所在市（区、县）	企业名称	日产量（万袋 / 瓶）
1	三明尤溪	福建省祥云生物科技发展有限公司（瓶栽）	48
2	宁德古田	福建天天源生物科技有限公司	8
3		宁德晟农农业开发有限公司	6
4		福建省益禾农业发展有限公司	4
5	宁德蕉城	万融农业科技发展公司	3
6	三明建宁	福建信龙农产品开发有限公司	1.5
7	南平邵武	邵武市绿农食用菌有限公司	10

注：表中未标注均为袋栽生产企业。

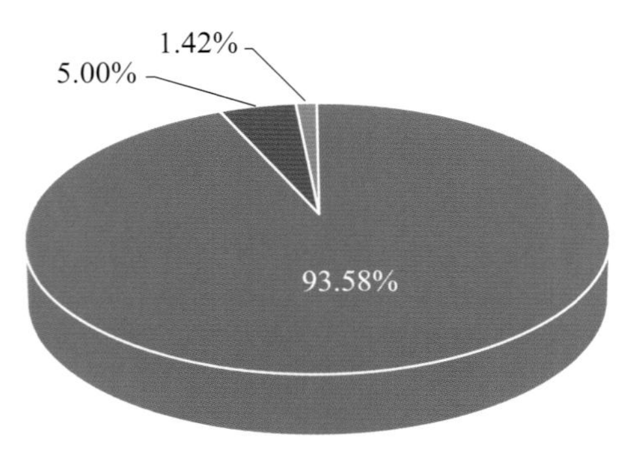

图 4-5 不同栽培模式银耳产量（2020 年）

数据来源：福建省农业部门。

4. 标准体系日趋完善

2009 年，全国银耳标准化工作组在福建省古田县成立，极大地推进了我国银耳领域标准化工作的发展。“十三五”期间，全国银耳标准化工作组共制定了 9 项标准，包括 8 项国家标准和 1 项福建省地方标准，5 项国家或福建省地方标准已发布实施。2019 年，审议通过的银耳标准体系对象涵盖银耳全产业链各环节，由基础标准、生产标准、产品标准、加工标准、方法标准、物流标准、管理服务标准等 7 个子体系 16 个系列 58 个序列。这些标准的发布实施，有效促进银耳产业规模化、规范化生产，取得良好的经济效益，为全国银耳产业标准化作出贡献。

5. 健全质量安全监管

为保证银耳生产的稳定与产品品质，必须不断强化监督机制。“古田银耳”在产品质量安全方面的工作走在全国前列。2005 年，福建省成立了福建省食用菌产品质量监督检验中心，于 2013 年迁入古田县，检验能力居国内领先水平。检验中心不定期地进行菌种和加工环节质量监督检查工作，每年随机在全省抽检 40 个银耳样本，加强对银耳品质质量的监管力度。此外，古田银耳生产标准化示范区内单独实行栽培全过程监控和记录制度，积极推动银耳产业的信息网络建设，形成监督、检测、服务三位一体的网络体系，在行业内建立了一整套诚信评价机制。2016 年，古田政府还推动成立了福建省古田县银耳行业协会来促进行业自律——从政府到民间的高度重视，使得假冒伪劣产品大为减少，古田银耳产业走上了良性发展的轨道。

2016 年 7 月，自《福建省人民政府办公厅关于加快实施农产品质量安全“1213 行动计划”的通知》提出以来，全省范围内全面推行农产品质量安全追溯二维码标识，其中突出了食用菌等重点产业。截至目前，全省农业规模生产基地全部按标准生产，极大地提升了农产品质量安全水平。

至 2020 年年底，福建省已拥有通过认证无公害企业 130 家 149 个产品、农产品地理标志 4 家 4 个产品、绿色食品企业 18 家 22 个产品、有机食品企业 11 家 36 个产品。

（二）银耳加工业现状

近年来，随着福建银耳产业的逐渐发展壮大，银耳加工技术也得到了一定程度的发展，在传统干制等初级加工形式的基础上，出现了银耳即食食品、功能营养产品、化妆品等一系列精深加工产品。

1. 初加工为主，精深加工赋能

目前，银耳加工产品销售市场中，以传统热风干燥获得的银耳干品占比最高，占银耳生产总量的90%以上。同时，为适应现代生活节奏的加快及对休闲高质食品的需求，市场上涌现出了一批冻干银耳羹、即食银耳羹、银耳曲奇、本草银耳等一系列即食产品，在做到方便快捷的同时尽可能保证银耳口感及营养成分，上市后颇受消费者青睐。此外，随着现代药理学研究的深入，银耳多糖等多种有效成分的功效被不断揭示，生产企业通过银耳活性物质提取，开发了银耳保健品、银耳胶、银耳手工皂、银耳精华液等系列产品，极大地提高了银耳产业的附加值。

2. 加快推进园区建设

2018年，《福建省特色农产品优势区建设规划（2018—2020年）》印发，要求根据不同区域产业发展情况，因地制宜，以发展具有地方特点的特色农产品产地初加工和精深加工为重点，积极整合和规范发展各类农产品加工产业集聚园区，加快实现加工园区化、园区产业化、产业集聚化，最大限度地挖掘特色农产品的增值潜力。

“古田银耳”作为福建省特色农产品之一，近年来在园区建设上取得一定成效。“十三五”期间，福建古田先后成功创建了以大桥、吉巷为银耳核心区的省级现代食用菌产业园，省级农民创业园（涵盖城东、平湖、吉巷3个乡镇）、全国出口食用菌产品质量安全示范区、全国农村一二三产业融合先导区、食用菌精深加工与营养健康研究中心以及“6·18”协同创新院食用菌（古田）分院，特别是古田食用菌产业园被成功认定为第三批国家现代农业产业园，涵盖城东、城西、平湖、吉巷、凤埔、大桥等6个乡镇，大力推动食用菌产业一二三产业融合发展。其中，古田食用菌产业园（东区、西区、北区）的建设，促进了食用菌精深加工企业有效集聚，全面提升了食用菌加工研发能力。

3. 加强科技创新投入，驱动银耳产业高质量发展

为助推福建银耳产业高质量发展，抓住农业供给侧结构性改革、乡村振兴等契机，福建省加大食用菌加工创新投入力度，推动福建银耳产业发展。

2019年11月23日，福建省农业农村厅、福建省财政厅发布《关于印发2019—2020年省现代农业产业技术体系建设工作方案的通知》提出，通过保鲜加工等提质增效技术的研发集成创新、示范推广与产业化开发，提升食用菌科技创新与成果转化能力，推进食用菌产业高质量发展。

2020 年 6 月 24 日，福建省农业农村厅等 7 部门《关于印发〈“互联网 +” 农产品出村进城工程实施方案〉的通知》中指出，要支持农产品产地商品化处理设施建设。2020—2022 年，每年建设农产品产地初加工中心 250 个以上，累计建设 1 000 个以上。

（三）银耳产业经营现状

近年来，随着国家大健康战略的提出以及人民对食用菌需求量的逐年扩大，电商、直播等多种销售模式出现，福建银耳产业正在向多元化经营模式快速发展。

2017 年，浙江大学、闽江学院调查团队基于古田食用菌的销售渠道进行调研，团队对古田县 11 个乡镇 23 个食用菌种植专业村的食用菌种植农户进行问卷调查和走访，共涉及 350 户食用菌种植户。调研数据显示，商贩上门收购是主要的销售途径，占总销售渠道的 56（图 4-6），其次是一般企业订单收购占 23%，合作社统一收购占 11%，出口企业订单收购占 9%，网络销售只占 1%。

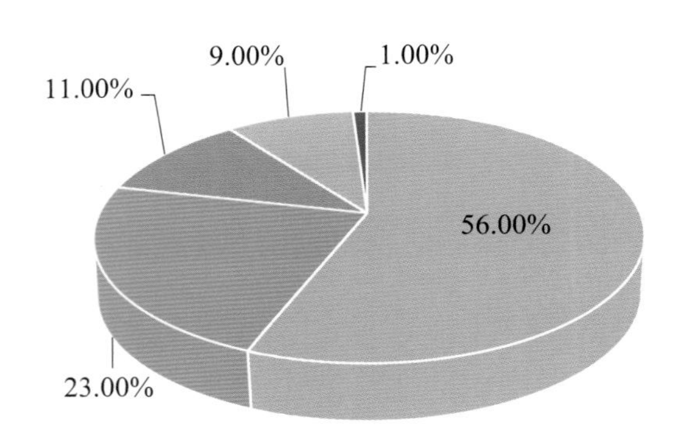

图 4-6　古田受访农户食用菌的销售渠道（2017 年）

数据来源：浙江大学《古田县食用菌种植农户生产经营情况调查报告》。

1. 巩固传统销售渠道

福建银耳市场传统流通与销售渠道保持以食用菌批发市场、专业零售、商超销售等多样交易方式。福建全省食用菌批发市场众多，例如位于宁德古田的中国 • 福建古田食用菌批发市场，是农业农村部指定的全国食用菌定点批发市场和省级标准化农产品批发市场。目前，市场交易品种 41 种，2020 年交易量 1.9 万 t（干品），交易额达 20.8 亿元。该市场是全国袋栽银耳的集散地，每年银耳单品交易额在 12.5 亿以上。

随着银耳产业的不断发展，在省内形成了县、乡、村三级市场营销网络，并开拓了国外国内两大市场。目前，全省从事食用菌营销 3 万多户，营销网络不仅遍布全国各地，而且打入日本、东南亚、欧洲、美洲等数十个国家（地区），食用菌产销率达 98% 以上。

2. 稳步拓展线上流通渠道

电子商务对银耳及相关产业的产品销售具有拉动作用。传统的银耳销售都是以干品的形式进行，电子商务的发展让银耳鲜品的销售成为可能。据不完全统计，古田县全县的淘系（淘宝、天猫）店铺数量达到1 161家，整个电商的成交额达到了11.3亿元，古田县被列入“福建省农村电子商务示范县”。

近年来，直播电商作为一种新型电商形态，给消费者带来真实生动的购物体验，也成为福建银耳等食用菌销售的新途径。2020年4月24日，“县长带你买好货”网络直播活动在古田县举行，该活动由福建省农业农村厅和福建省广播影视集团融媒体资讯中心联合打造，并在央视频、福建新闻联播头条号、海博TV等6大平台直播或转录播，取得强烈反响。据统计，在线人数最高时超过143万人，食用菌产品销售量达35 958单，其中，银耳鲜品28 000多单、银耳羹7 000多单、其他菌类产品及礼盒958单，销售总价值138万元。在县长直播带货的引领下，古田县食用菌生产加工企业掀起了一波电商直播销售的潮流。

古田晟农无公害银耳基地负责人张家巧，还有一个更为人熟知的称呼——“银耳姐姐”。新冠肺炎疫情期间，为解决产品的滞销问题，她自学直播带货，坚持每天直播2h以上，推广古田银耳及冻干银耳羹，把冻干银耳羹卖成了“网红”产品，也为企业未来的发展提供了新路径。“银耳姐姐”的故事作为福建银耳直播带货等新型营销渠道的缩影之一，展现出新型线上销售渠道的优势。“严选供应链+网红直播”的新商贸思路，通过“培训+实训+创业”的模式，带动县域传统企业拓展直播销售新渠道，为福建银耳产业转型升级提供新动力。

3. 积极探索“线上+线下”互动营销

为打通商家与消费者渠道，提升客户对福建银耳的了解，增强客户黏性，福建银耳通过探索线上线下互动营销模式，实现商户与消费者的有效沟通，达到推广的目的。

好银耳在古田，好物产“十方田”。2017年，为提升古田县农产品整体品牌形象，创立“十方田”公共品牌，于2018年成立福建省古田县十方田商贸有限公司，负责该品牌的运营工作。经过近年来的发展，“十方田”作为古田农产品公共品牌，在整合县域优质农产品、拓宽销售渠道方面发挥了重要作用。该平台通过以“线上线下并行，线上对接平台，线下连锁加盟”的发展模式推进，线下通过在福州三坊七巷、古田高铁站等地设立体验店，联合厦航、保利物业等平台进行合作，线上与天虹集团、“清新福建”福建广电精准传媒有限公司、建行善融商城等平台开展渠道合作，同时，通过直播带货等方式，开展多元化营销推广。据统计，2018—2020年，授权企业产品年销售量平均增长20%以上。“十方田”等县域公共品牌的出现，改变了过去县域农产品品牌多而小、散而弱的情况，有效整合了资源，拓宽了市场，提升了农产品的知名度和美誉度，实现了政府、企业、农户和消费者的“四方共赢”。

福建许小美生态农业发展有限公司将来自“中国食用菌之都”宁德古田的鲜银耳带到福州三坊七巷、厦门曾厝安等网红打卡地，通过打造银耳羹主题甜品店，将鲜炖银耳与奶茶、烧仙草等饮品相结合，实现了产品的交互体验，并通过销售伴手礼、关注微信公众号等方式，将线下资源转化为线上流量，保证客户群体的质量和后期转化率。

（四）银耳文化品牌培育现状

农业品牌化作为衡量现代农业发展水平的重要标志之一，对推进农业供给侧结构性改革，贯彻落实国家乡村振兴战略具有重要意义。银耳以其独到的质厚、肉嫩、易炖化的特性和较高的营养、药用价值及美容养颜效果而享誉海内外。在新时代的创业创新精神引领下，银耳正在因其较高的营养价值特性而不断焕发出新的品牌生机。

1. 着力打造优秀品牌

品牌化是福建银耳产业发展的必由之路。古田县是“中国食用菌之都”，更有“银耳之乡”的美誉。“古田银耳”这一金字招牌，早在2001年就成功注册地理标志证明商标，随后先后获得“中华人民共和国地理标志保护产品”“中国驰名商标”等称号。目前，古田正通过专项扶持、技术革新等手段，全力打造“古田银耳”品牌。古田县每年安排专项资金扶持商标品牌创建，培育了“十方田”古田区域农产品公共品牌和“金唐”“妙味珍”“许小美”“湖心泉”“金燕耳”“盛耳”等知名企业品牌。

食用菌工厂化栽培技术的快速发展带来了银耳生产技术的革新与提升，福建作为工厂化银耳生产的先行者，涌现出了一批新的品牌企业。三明尤溪的全国单体规模最大的银耳瓶栽工厂化企业——福建省祥云生物科技发展有限公司，主营产品（银耳）获得绿色食品、有机产品等认证，产品质量居同行业前列；宁德古田的福建天天源生物科技有限公司，是全国首家袋栽银耳工厂化栽培及精深加工重点企业，公司创新以中药渣栽培银耳，生产的“雪燕耳”一经上市便受到市场的一致好评。

2. 不断提升品牌品质

制定完善的标准和强化质量监管利于品牌的维护与发展，福建银耳的发展不仅在于量的扩大，更在于质的提升。以“古田银耳”为例，2015年，古田县荣获“国家级出口食用菌质量安全示范区”称号，成为福建省首个国家级出口食用菌质量安全示范区。2019年，古田县与宁德海关签订建立紧密联系机制促进古田食用菌产业发展合作备忘录，通过“关政合作”助推食用菌产业的发展。强化食用菌质量管控，规范菌种生产，在全县范围内推进“一品一码”全程追溯体系建设，并不定时赴全县主要市场开展银耳产品质量安全方面巡回宣传。引导银耳生产者、经营者加强质量安全意识，重视“两品一标”、质量认证与品牌培育。

3. 强化宣传推介

为提升福建银耳影响力，采取宣传活动、文化推广、农旅融合等多种方式，不断提升福建银耳的曝光度和知名度。

在活动宣传方面，2018 年 6 月，中央电视台国家品牌计划摄制组走进宁德古田，拍摄公益广告宣传片《古田银耳》，借助央视平台，福建银耳迅速提升了自身品牌价值，充分发挥品牌效益。2019 年 4 月，古田县与新华社联手在北京举办“古田银耳”品牌推介会，扩大了福建银耳产业在国内外的知名度和竞争力。同时，联合中国食品土畜进出口商会，连续两届召开中国（古田）食用菌大会，通过各类推介活动，成功地将古田银耳、福建银耳带入大众眼帘。

在文化推广方面，2020 年 1 月，古田县宣传委发布福建省古田县食用菌产业宣传歌曲《菇都之恋》，以银耳为主题，彰显了银耳产业在古田县乃至全省食用菌产业中的重要地位；依托“古田食用菌”这一微信平台，定期发布菌菜菜谱《手把手教你做菌菜》，讲好古田菌业故事；推动农旅融合，利用合福高铁、京合高速的建成，结合银耳产业县域分布特色，发展全域旅游，结合红色文化和产业发展，在银耳产业样板村——吉巷乡坂中村建立“四下基层”主题馆，生动展示了习近平总书记在宁德工作期间来古田指导产业发展的相关事迹，成为福建省委党校现场教学点之一。此外，古田县政府还扶持蘑菇部落等休闲旅游项目发展，举办食用菌大宗客户线下订货会、首届菌博会和食用菌美食品鉴会等，食用菌旅游、饮食等菌业文化展示及产品展销平台得到进一步完善与提升，吸引来自全国各地的企业、客商来古田观光考察、合作洽谈及对接交易，实现银耳产业推介与地方文化、旅游宣传的有机结合。

（五）银耳产业科技创新与推广成效

科技创新作为产业发展的核心驱动力，近年来，福建省加大了对银耳产业科技创新的投入，银耳产业在品种选育、栽培技术、产业技术体系建设及科技成果转化方面取得显著成效。

1. 品种选育研究取得进展

2017 年、2021 年，福建省农业农村厅启动两轮福建省种业创新与产业化工程等项目，银耳作为福建特色食用菌品种被列为专题之一，福建银耳品种自 2007 年福建省认定的古田银耳白色品种“Tr01”和黄色品种“Tr21”之后，取得了新的进展。2019 年 10 月，福建农林大学科研团队选育适合工厂化瓶栽的新种“Tr2016”，该品种由福建尤溪野生银耳进行反复多次分离和多年驯化而来，子实体呈雪白色，由多片波浪状卷曲的耳片组成牡丹花状。2020 年 10 月，福建农林大学、古田县食用菌研发中心由采自福建安溪的野生银耳分离驯化得到银耳新品种“绣银 1 号”，该品种朵形蓬松，呈绣球型或菊花型，淡黄色，耳片细密，边缘呈锯齿状，外观形态与现有品种有明显区别，且相比于主栽品种总糖含量高，耳心硬度部分小，子实体隆起度高，适应性广，稳定性强，有良好的生产应用价值。

2. 栽培技术研究进一步深化

针对目前银耳栽培配方单一、栽培效率不高的问题，自2015年开始，福建农林大学（古田）菌业研究院联合福建省现代农业食用菌产业技术体系古田综合试验站科研力量，共同开展银耳提质增效技术及银耳配方改良技术的研发与推广工作。目前，该技术已在古田落地应用，一方面扩大菌袋容量，提高原料含量，另一方面改善原料配方，降低原料成本。应用提质增效技术栽培出的银耳更加饱满，朵型更大，显著提高了生产效益。

3. 产业技术体系逐步完善

为促进科技与银耳产业深度融合，推进成果落地转化，针对福建省优势特色产业发展中的重点、难点和堵点，福建省农业农村厅自2009年起先后启动了水稻、茶叶、食用菌等省级现代农业产业技术体系建设，建立了“首席专家工作站+岗位专家工作站+综合试验推广站”的技术创新与推广团队，针对制约食用菌生产的关键问题开展研发工作，形成了一批可复制可推广的实用技术，助推产业转型升级。

2013年4月，为满足古田县食用菌产业转型升级的技术要求，福建农林大学与古田县政府共同签订“共建福建农林大学（古田）菌业研究院”协议，2014年3月建成运行。建院以来，研究院坚持面向产业，集中优势，重点突破难点、堵点，引领科技创新，在古田特色食用菌品种选育及配套技术的研发与推广方面取得重大进展，建成福建省发改委“6·18协同创新院食用菌（古田）分院”、福建省科技厅“福建省食用菌产业技术创新研究院”等，有效推进古田食用菌产业转型升级，打通了校地成果落地转化的“最后一公里”。

2021年6月，中国食用菌协会银耳产业分会在福建省古田县成立，不但肯定了古田银耳产业发展取得的成就，同时也标志着全国银耳产业迈出了重要的一步。协会整合行业力量，规范行业行为，进一步提升我国银耳产业发展水平，引导银耳产业持续健康发展。

4. 科技成果转化卓有成效

近年来，在《福建省促进科技成果转化条例》《福建省人民政府关于深入推行科技特派员制度的实施意见》《福建省实施科技助力乡村产业振兴千万行动方案》等政策的支持下，福建省银耳产业科技成果转化取得一定成效。2017年，“银耳高效生产技术创新与应用”科技成果获福建省科技进步奖三等奖；2020年，银耳提质增效技术在全省推广实施，取得显著成效。银耳岗位专家工作站在福建省现代农业食用菌产业技术体系考核中排名第一。2020年12月，省现代食用菌产业技术体系保鲜与加工岗位专家工作站、首席专家工作站、古田综合试验推广站携手全国银耳标准化工作组、古田县建宏农业开发有限公司等单位针对鲜银耳冷藏保鲜问题开展技术攻关，初步集成生鲜银耳减损保质冷链物流集成技术并进行示范推广。

二、福建省银耳产业发展存在的问题

近年来，随着脱贫攻坚、乡村振兴战略等的提出，食用菌产业作为富民强村的特色农业产业，在全国 70% 以上的贫困县大力推广，例如贵州剑河、江西广昌、山东邹城等地取得了显著成效。“十四五”规划的提出为现代农业的发展指明了新的方向，即在保障农业基础地位的同时着力提高农业质量效益和竞争力。银耳工厂化技术的日益成熟，新兴的食用菌产区在场地、资金、设施和运营管理等方面均会更具优势。如何在新一轮的食用菌热潮中持续发挥福建银耳的优势，推进福建银耳产业绿色健康发展，是福建银耳产业面临的严峻挑战。

（一）种业创新与保护体系不完善，知识产权保护意识不足

种业是国家战略性、基础性核心产业，也是引领推进银耳产业高质量发展的“芯片”。银耳作为发源于福建省特色食用菌品种之一，福建省产能居于全国乃至世界前列，但关于其种质资源创新及保护进展缓慢。分析种业发展存在的问题主要有缺乏菌种知识产权保护途径及保护意识；缺乏完善的种质收集、保藏、评价和维护体系；菌种选育和制种、生产企业衔接不紧密；企业自主研发菌种能力弱、菌种厂随意引种等导致菌种质量及用种安全难以保证，为银耳产业的健康发展埋下隐患。

（二）标准化、规范化、组织化生产水平有待提升

目前，福建银耳已形成了以古田为优势产区，周边产区协同发展的良好局面，但随着农业现代化的进程，现有生产模式仍存在一些问题。一是银耳生产原辅材料供应缺乏标准和监管，原辅材料质量参差不齐，影响了其生产的稳定性。二是产业机械化程度低，生产设备更新迭代慢。三是福建银耳产业 93.58% 以上是农户栽培，个体栽培体量小、分布广，栽培种植工艺标准化低，产品品质参差不齐。四是部分质量检测标准修订时间较早，检测方法过于落后。五是部分农户和生产企业缺乏绿色生产意识，栽培过程中绿色管理水平较差，菌包废弃物资源化利用率较低。

（三）产业链延伸不足，精深加工水平有待提高

目前，银耳加工技术虽取得阶段性进展，但大多还处于简单的分拣、半成品生产、代加工等阶段，主要生产冻干银耳羹、即食银耳羹、银耳曲奇、本草银耳等深加工水平较低的产品，由于该类产品生产工艺较简单、易生产，很容易出现同质化产品，因此，如何打造具有品牌优势的高端系列产品，避免同类型低层次产品聚集而引发价格战，是该类产品发展需要攻克的问题。同时，精加工产品不足，尚未形成拳头产品。大部分银耳新型产品仍处在实验室阶段，如何将这些技术实现产业化应用，推进科学成果的顺利转化，也成为

制约银耳产业链延伸的关键问题。

（四）行业内卷严重，产业效益整体下降

目前，福建银耳产量虽占全国 80% 以上，量大质优、销售渠道日益多元，但企业小、散、乱、组织化程度低，众多经营者由于产品同质化情况严重，在产品集中上市时往往通过价格战无限挤压利润空间，导致行业内部内卷严重，行业效益整体下降。

（五）品牌意识欠缺，缺乏品牌力建设

总体来看，福建银耳产业已形成一定品牌化规模，但尚未形成一个为消费者所熟知的银耳品牌。其面临的问题主要是企业或种植者将精力放在控制成本保证盈利上，对产业品牌化发展力不从心，对系统构建农产品品牌的认识不足，尚未走上正轨的品牌化发展道路。相关部门主要偏重于科学种植和规范生产，对于整体品牌形象的打造和推广上缺乏引导。现有品牌在业内具有一定知名度，但在消费者中缺乏关于产品质量和特色的打造宣传，对于品牌特色和企业文化的挖掘不足，产品设计同质化严重。

（六）科研投入不足，产业人才缺乏

目前，福建银耳产业正处于转型升级的关键时期，创新与科技则是驱动产业发展的不竭动力，作为产业升级技术支撑的新技术、新工艺等研发工作显得尤其重要。目前的研究主要集中于对品种、栽培工艺的分段研究，对于品种的配套栽培技术研发及全产业链开发研究不足，制约银耳产业链延伸。其次，现阶段的科研力量主要依赖高校和科研院所，企业创新能力较弱，缺乏研发平台及科研投入，缺乏系统从事银耳研究及推广的产业人才，缺少核心技术，导致银耳基础研究进展缓慢，也影响了科研成果的及时推广转化，制约了福建银耳产业的转型升级。

三、福建省银耳产业发展主要政策与措施

（一）积极推进银耳种业创新与产业化

“农业现代化，种子是基础。”2021 年 7 月 9 日，中央全面深化改革委员会第二十次会议审议通过了《种业振兴行动方案》，显示了种业振兴的极端重要性和现实紧迫性。为加快福建银耳产业发展进程，当前要切实把握以下 4 个方面。

一是加强菌种知识产权保护，提升知识产权保护意识。加快调研认证，争取将银耳列入农业植物品种保护名录；增强科研机构和食用菌企业的知识产权意识，摒弃重成果、轻保护的传统思想，切实加强自身知识产权保护，防止种质资源和自主知识产权流失。

二是高度重视食用菌种质资源保护利用，启动特色种源“卡脖子”技术攻关。在全国范围内开展银耳种质资源调查收集，建立银耳种质资源库，为品种溯源、种质资源开发利用奠定基础。同时，开展银耳种质资源挖掘利用、分子育种、菌种生产质量全程控制等关键共性技术研发，建立较为完备的银耳育种、评价和维护体系。

三是加强良种繁育基地建设，促进育繁推一体化体系发展。高质量推进银耳良种示范基地建设，配套提升标准化、集约化、机械化良种繁育生产示范基地，整合规范现有民间菌种场和研究所，实行统分结合的运作模式，形成高产优质菌种研发、生产与供应基地，建成全国一流的标准化、规范化的银耳菌种供应中心。

四是健全种业监管和储备体系。完善银耳菌种生产和管理体系，强化银耳菌种市场监管力度，健全种子生产经营全过程监管和质量追溯体系，逐步规范种业市场秩序。

（二）践行绿色发展理念，加强银耳高质量生产体系建设

牢记习近平总书记“绿水青山就是金山银山”的科学论断，树牢绿色发展理念，坚持“质量兴农”战略，完善基础设施建设，推动生产装备升级，细化标准化生产和流通操作规程，提升福建银耳品质，推进福建银耳产业向标准化、规模化、数字化发展。

一是加强菌需市场的质量建设。在全省食用菌（银耳）主产区开展菌需市场建设，同时规划建设塑料菌袋、机械设备、胶布等菌需物资生产集中区。规范菌需物资来源，丰富原料种类，建设菌需市场的基础数据库，推动菌需市场信息化建设，强化菌需精细化管理和刚性管控，开发建设多种类、多功能、多效益的现代菌需物资，为食用菌（银耳）产业发展提供稳定的原料资源。

二是提升产业装备研发应用能力。按照“产业急需、农民急用”的思路，鼓励企业针对银耳生产过程中产业薄弱环节开展装备机械化研究，引导企业把握自身市场定位，避免同质化竞争，发展各自优势产品。强化银耳装袋、灭菌、采收、清洗、烘干、包装等产业关键环节绿色高效农机装备应用，推动农机化全程、全面、高质、高效发展。

三是推进标准化、规范化生产进程。推动全省实施银耳标准化菇棚改造提升进程，推进银耳工厂化生产环境控制设备智能化改造，建设优质农产品标准化示范基地。鼓励引导地方和企业制定银耳生产、采收、分级、运输等各环节标准，推进相关法律法规和标准的推广实施。

四是突出绿色发展导向，推进银耳产业清洁生产。从生产源头开始，在整个生产周期和产品周期减少“三废”。积极开展环保整治行动，对菌包厂、烘干厂进行环保整改与技术提升，根据区域内资源和环境容量，确定发展目标和合理的发展规模，切实保护生态环境，避免资源和环境的过度开发。通过科学合理使用农业投入品，推行标准化及工厂化生产，提升栽培过程绿色管理水平，改进银耳栽培废弃物资源化利用等方式，实现银耳产业可持续发展。

五是提升安全生产和绿色产品的监管能力。健全银耳安全生产监管系统，完善食用菌产品质量和食品安全监管体系，强化银耳产品质量安全全程可追溯体系建设，提升银耳产品检验检测能力，提高科研水平，强化质量安全、投入品监管、风险预估检测、预警分析等方面的技术能力，保证生产出高标准优质产品，打造福建银耳优质品牌。加强灾害防控能力建设，包括防控宣传、监控预警网络、监管执行机构等，推进病虫害、灾害预警信息新型农业经营主体全覆盖。

（三）重点支持发展银耳加工业

人民生活水平的不断提高，对于健康食品的需求量逐年扩大，银耳作为一种具有天然优势低脂肪、高蛋白的食品受到广泛欢迎。同时，随着生活节奏的加快，对银耳的需求也从传统的干品、鲜品消费需求转为对快捷、方便、健康等多元需求。银耳加工业应在以下方面加强。

一是提升银耳主产区加工能力。加快建设以古田食用菌产业园西区和北区为核心的食用菌产品精深加工集中园区，推进古田当地及县外银耳加工企业的入驻，汇集产业能量，推动银耳生产大县向强县转变。

二是加强产品的标准化、品牌化、工业化建设。优化现有产品的工艺流程，引导地方或企业制定相关产品的行业生产标准，力争培育福建银耳加工产品区域公共品牌。同时，完善相关扶持政策，推进精深加工产业化应用，围绕活性物质提取产业化建设等相关内容，吸引更多的龙头企业进入产业链，推进银耳加工型新产品的工业化开发。

三是加大银耳精深加工科研力度。把握新发展阶段机遇，着眼大健康需求，发挥银耳多营养、高活性的特点，针对不同年龄段的人群，开发个性化、高端化的产品，实现产品类型多样化、差异化，促进银耳加工向“安全、优质、营养、方便”和“专、新、特、精、深”方向发展。

（四）推进现代化银耳经营体系建设

以农民组织为主体，以价值链接为基础，以产业连接为纽带，以适度规模经营为导向，以资金整合撬动为依托，实现企业与农民之间相互依存、紧密协作、共融共生的现代银耳经营体系，确保农民充分分享二三产业增值收益。

一是打造福建银耳产业联盟。通过地方或协会引导，由龙头企业引领，联合银耳生产合作社、农户等形成产业联盟，制定科学合理的生产标准及产品质量标准，提升福建银耳在全国的知名度和认可度。

二是拓展市场需求，完善线上线下流通体系。通过打造银耳特色旅游线路、文创产品开发、美食烹饪大赛等方式，加强对银耳营养功效的科普，加深消费者对银耳的了解与认知。强化“一荤一素一菇”的膳食理念，拓宽消费者对银耳及其相关产品的市场需求。同时，提升相关产品在拼多多、淘宝、抖音、阿里巴巴国际站等国内外电商平台的入驻率，健全流通体系，建设高效稳固的营销网络体系。

三是积极培育新型农业经营主体。加快推进家庭农场规范提升，把规模农业经营户纳入家庭农场名录管理。鼓励农户创业创新，开展银耳观赏采摘，通过发展民俗民宿等增加收入。培育银耳现代农业产业联合体，引导银耳加工企业带动农户建设原料基地。加强对企业、家庭农场、农户等经营主体生产、经营、品牌建设等相关知识培训，创造良好营商氛围。

四是强化土地经营权流转管理和服务。健全土地经营权流转服务体系，推广委托流转、土地托管、代耕代种、整村整组流转等做法，完善土地流转风险保障金制度。鼓励和支持企业、合作社、种植大户等通过土地流转等形式，建设银耳规模化、工厂化生产基地，提高福建省银耳生产集约化水平。

（五）强化品牌战略，加强文化宣传

品牌作为产品的理念、价值、技术及产品质量等方面的集合展示，是产品的灵魂，也是彰显企业乃至地区竞争力的标志之一。一个优秀的品牌能为产品带来溢价，促进产业的可持续发展。打造银耳产业品牌应从以下两个方面入手。

一是强化品牌意识。为实现品牌强农，进一步发挥“古田银耳”区域公共品牌及企业品牌优势，要积极引导企业和菇农等经营主体参与品牌建设，加强政府引导，整合优势资源。通过开展品牌体系建立知识培训，强化经营主体的品牌意识。同时，建立产品评级和品牌评估体系，以“质量”“品牌”等为导向，逐步形成优质的品牌效应，进而强化生产者的品牌意识，夯实品牌建设理念。

二是挖掘品牌文化内涵，加强品牌宣传。品牌文化赋予品牌深刻的文化内涵，建立鲜明的市场定位。目前，福建银耳及其加工产品应根据产品特质及目标受众确定合适的品牌战略定位，寻找如银耳栽培历史、相关诗文、营养功效等各类文化资源，打造品牌故事，通过传统展销会、抖音、微信、微博等各类社交媒体的宣传，逐渐让品牌故事、品牌文化价值深入人心，形成品牌黏性，进而提升品牌力，赢得稳定的市场。

（六）强化银耳产业科技引领

产业兴旺关键在人才。为保障银耳产业稳定发展，应坚持把产业人力资本开发放在首位。强化科技创新主体地位，加强与高校、科研院所协同推进产学研深度融合，完善创新链与产业链有效衔接机制，大力推进科技创新、制度创新等，打造银耳全产业链的“创新高地”。

一是大力推进产业人才振兴。强化人才引进和服务政策保障，针对产业人才需求，制定激励措施，吸引高校及科研院所专业技术人才、乡贤、乡民、大学生等入乡创新创业了

依托高校、科研院所等，加快培养银耳一二三产业发展人才。

二是提升产业科技自主创新能力。依托福建农林大学、古田民间科研院所等科研力量，整合相关科研院校、龙头企业科技资源，夯实基础性研究工作，重点开展食用菌液体菌种技术研发、绿色高效生产技术研发、食用菌精深加工等产业关键技术创新攻关。围绕食用菌产业全产业链关键共性技术，组织实施一批重点科技项目，提升科技研发水平。

三是增强企业创新能力。强化企业创新主体地位，促进各类创新要素向企业集聚，支持有条件的园区或龙头企业建设产业技术中心，推动“产学研用”一体化发展。

第五章 四川省银耳产业发展研究报告

王国英[2]，许瀛引[1]，唐杰 1，陈影[1]，陈代科[2]，刘如县[2]，谭伟[1]，赵树海[2]，彭卫红[1]
1.四川省食用菌研究所；2.巴中市通江银耳科学技术研究所

摘要：四川省段木银耳发展历史悠久，目前已初步形成了以通江县为核心的秦巴山区段木银耳生产区，是我国段木银耳主产区，为该区脱贫攻坚与乡村振兴作出了积极贡献。但段木银耳产业发展存在基础设施条件较差、产业发展人才缺乏、科技支撑不足、龙头带动作用较弱、品牌效应不够突出等系列问题，阻碍了产业持续健康发展。在新发展背景下，四川省实施区域协同发展模式，统筹银耳产业布局，以段木、绿色、有机、生态为特色，立足于秦巴山区资源优势，坚定生态产业化、产业生态化协同发展，突出科技创新，加大招商引资，吸引各类新型经营主体聚力推进银耳产业化开发，力争将四川秦巴山区建成全国最具特色的段木银耳生产示范区。
关键词：四川省；段木银耳；秦巴山区；发展路径

四川银耳生产以段木栽培为主，以通江县为优势主产区。代料银耳设施栽培仅在成都市周边有少量分布，产品多以鲜耳作为蔬菜进入超市、农贸市场销售。近年来，广元市剑阁县、利州区，巴中市南江县等县（区）陆续引入通江段木银耳栽培作为脱贫攻坚和乡村振兴特色产业发展，生产规模逐年增大，初步形成了以通江县为核心的四川秦巴山区段木银耳发展区。

一、产业概况

（一）资源环境

秦巴山区属于南方暖湿气流与北方干旱气流的交汇地，地形地貌多样，河流纵横，植被丰富，森林覆盖率 60% 以上，气候温和湿润，常年云雾缭绕，是理想的银耳孕育繁衍之地，通江先民总结的“天生雾、雾生露、露生耳”就是对银耳生长发育环境的经典写照。

银耳段木栽培需要以栎木为生产原料，根据林木资源调查与分析，四川秦巴山区适宜段木银耳生产的县（区）至少10个以上。以通江县为例，全县现有成片青冈林及其混交林等耳林资源156.6万亩，主要分布在海拔400～1 200m的区域，占全县森林面积1/3以上，栎木活立木蓄积量627.2万m^3，占全县活立木蓄积总量30%左右。根据通江县已形成的“坐七砍八”耳林再生循环利用制度，通江县现有耳林资源理论上每年可承载以段木银耳为特色的各类食用菌用种量2 000万袋的生产规模*。据统计，四川秦巴山区10个段木银耳发展适宜区县活立木蓄积量1.5亿m^3以上（表5-1），理论上每年可发展以段木银耳为特色的各类食用菌用种量1亿袋以上的生产规模，资源开发潜力巨大。

表5-1　四川秦巴山区段木银耳适宜发展县（市、区）林木资源条件

县（区）	森林覆盖（%）	森林面积（万亩）	活立木蓄积量（万m^3）	备　注
通江县	67.84	419.0	2 115	通江县2020年国民经济和社会发展统计公报
南江县	69.1	360	2 100	南江县林业局政府信息公开
万源市	63.7	337.1	1 583	达州日报网，2017年底数据
宣汉县	62.09	397.9	1 267	2020年宣汉县国民经济和社会发展统计公报
旺苍县	63.63	314.4	1 201	广元市人民政府网，2019
剑阁县	52.75	250.3	892	剑阁县2020年国民经济和社会发展统计公报
利州区	63.65	138.3	528.4	利州区2020年国民经济和社会发展统计公报
朝天区	64.19	159.1	393	广元市人民政府网，2019
青川县	74.01	355.7	1 267	广元市人民政府网，2019
平武县	71	689.9	4 000	平武县2020年国民经济和社会发展统计公报

（二）起源发展

通江是中国银耳人工栽培的发祥地。《通江银耳志》记载，通江银耳与黑木耳同源，最初是伴随黑木耳生产偶然出现，但通江县究竟何时开始进行黑木耳人工栽培已不可考，据民间相传，在唐朝时大巴山一带就已大规模种植黑木耳。民国《续修通江县专稿》记载，在清光绪六年至七年间（1880—1881年）通江县已成功进行银耳人工栽培，并出口东南亚和欧美国家。1976年1月，科学出版社出版《银耳》一书提出“四川省通江县是我国人工有意识进行银耳生产的发源地”。

通江段木银耳种植技术曾翻越巴山传播到陕西、湖北、贵州、福建、河南、江西、黑龙江、吉林、辽宁等省以及日本、西印度群岛等地，但目前仅河南省等部分地区还有银耳

*：秦巴山区段木银耳生产按照菌种用量为统计口径，一般1袋菌种接种段木30～35kg。

段木栽培。四川省通江县一直承袭了银耳原生态段木栽培模式并发展至今，是我国段木银耳的道地产区，有“世界银耳在中国，中国银耳在通江”之说。通江段木银耳产业随着社会变革和技术进步逐步发展，大致经历了摸索起步、快速发展、冲击萎缩、恢复增长、现代探索等发展阶段（图 5-1）。

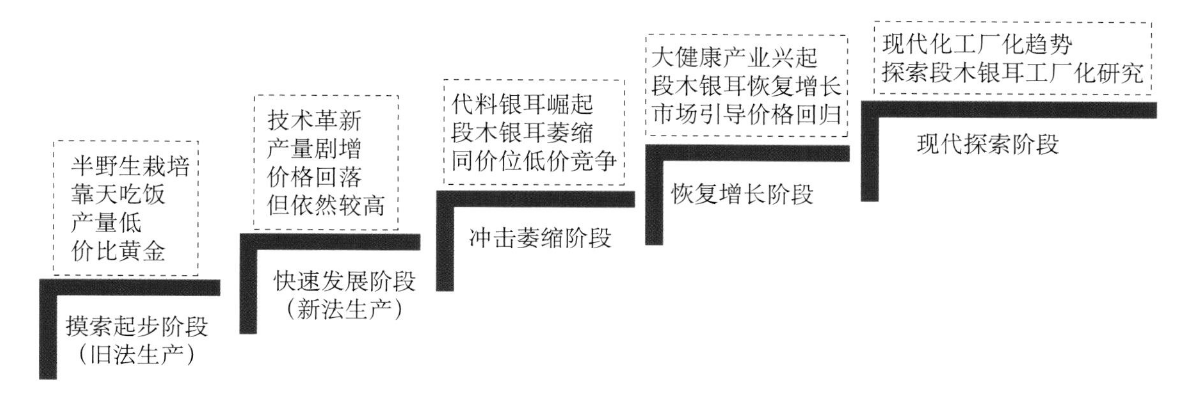

图 5-1　通江段木银耳产业发展历程

银耳人工培育最初采用半野生栽培模式，将耳木砍伐截段经架晒（炕棒）砍花后，不接种、不建棚，选“三分阳七分阴”的野外林坡地作为天然“耳堂”顺坡紧贴地面“排堂”，凭自然条件靠风力传播孢子生产，完全“靠天吃饭”，产量极低，收成无保障，称为“旧法生产”。1950 年 9 月后，通江县陆续引入孢子悬浮液菌种法、银耳香灰混合菌丝体菌种制种技术，并加大栽培技术革新开展“新法生产”，银耳生产规模、总产量迅速提升，1974 年，通江银耳总产首次突破万斤大关 *，1985 年，产量突破 10 万 kg，达到阶段性历史高峰。与此同时，银耳加工研发也取得了明显进步，银耳软糖、银耳白酒、银耳化妆品等产品相继问世，通江银耳产业一度呈现繁荣发展局面。

20 世纪 80 年代后期，银耳代料生产技术日益成熟，因代料银耳生产具有生产周期短、产量高等优点，迅速占领了银耳消费市场，但受到经济体制改革及农村青壮年劳动力大量外出务工影响，通江段木银耳生产出现大幅萎缩，总产量徘徊在 50 t 以下。

随着生活水平的不断提高，天然、绿色和大健康概念开始深入人心，原生态段木银耳产品重新受到市场青睐，段木银耳产品与代料银耳产品价格呈现显著差异，不断吸引各类新型经营主体陆续介入段木银耳产业开发。近 10 年间，通江县政府着力部署重振银耳产业发展，集中力量整合资源，启动实施银耳产业倍增计划，注重品牌打造和文化内涵发掘，加强银耳生产基地建设，突出银耳产业园区创建，银耳生产逐步实现恢复性增长。

近年来，机械化、设施化、信息化生产技术迅速发展，为了顺应现代农业高质量发展要求，通江县开始启动探索段木银耳工厂化智能化生产研究，探索在未来竞争中走出四川以段木为特色的银耳产业发展之路。

*：1 斤 =0.5kg。

（三）市场价格

银耳在“旧法生产”时期，作为朝廷贡品，价格昂贵，堪比黄金，非一般人家所能享用。据记载，在清光绪年间，每斤银耳可换60名丫鬟，可在通江县内买90亩水田或10 000枚鸡蛋。“新法生产”后，产量剧增，价格逐渐回落，较长时期稳定在160元/kg（时价），依然处于较高价位，仍属于奢侈消费。随着代料银耳低价位的市场冲击，段木银耳市场价格显著降低，20世纪80年代中后期，通江银耳最低时销售价格约30元/kg。而后市场经济体制改革深入推进，通江银耳市场价格缓慢回升，21世纪初回升至100～120元/kg，2007年后价格达到200元/kg以上。目前，通江银耳产地收购价保持在600～700元/kg，市场销售价格平均1 200～1 600元/kg，其中，精品银耳价格高达6 000元/kg以上，通江段木银耳逐渐摆脱了代料银耳低价位的市场冲击。

四川其他产地的段木银耳，产地收购价普遍在400元/kg左右，较通江产地的收购价约低200元/kg。其他产地银耳产品多数流向了通江市场集中对外销售，通江县已成为川东北银耳产品集散地。

（四）生产规模

目前，全省段木银耳菌种生产厂家主要分布在通江县境内，据统计，通江县常年食用菌栽培种生产规模300万袋以上（表5–2），菌种以内销为主。全省段木银耳生产接种规模约170万袋，其中，通江县占90%左右。2020年，通江银耳用种量152万袋，接种段木约500万段（约5 000万kg），实现了银耳生产规模的历史性突破。

表5–2 四川省通江县食用菌菌种生产规模

序号	菌种生产单位	单位住址	菌种生产能力	备注
1	巴中市通江银耳科研所	诺江镇周子坪	母种2万支 原种10万瓶 栽培种50万袋	含以银耳为特色的各类食用菌种
2	通江天宝银耳专业合作社	诺江镇赤江村	栽培种25万袋	
3	通江县玉珍食用菌种植场	诺江镇千佛村	栽培种10万袋	
4	通江龙腾食用菌种厂	诺江镇赤江村	栽培种30万袋	
5	通江县诺水河国文食用菌种场	诺水河镇街道	栽培种30万袋	
6	通江县东升食用菌种厂	涪阳镇街道	栽培种35万袋	
7	通江源乡菌业有限公司	陈河镇老鹰嘴村	栽培种50万袋	
8	通江县陈河太华食用菌种场	陈河镇街道	栽培种40万袋	
9	四川裕德源生态农业公司	诺江镇城南街道	栽培种40万袋	
10	四川通江漫山红现代农业公司	诺江镇高明新区	栽培种35万袋	

随着全球气候变暖，通江银耳生产的环境条件发生了变化，同时，多年来通江段木银耳生产一直沿袭劳动强度大、生产工艺烦琐的原生态生产工艺，没有明显的技术革新，

病虫发生率显著增加，银耳单产逐年下降。目前，四川段木银耳老产区平均单产始终徘徊在 0.25 kg 以下（指银耳干品 / 袋菌种），而通江毗邻的其他新产区平均单产一般能达到 0.4 kg。

四川省银耳总产量波动也较大。据记载，四川通江银耳 1985 年总产量首次突破 100 t 大关，后受代料银耳快速发展冲击，在 20 世纪 90 年代萎缩下滑至 50 t 以下，直至新型经营主体陆续介入银耳产业开发，推行适度规模经营开发，2013 年银耳总产恢复到 100 t 左右。2020 年，全省段木银耳总产量突破 400 t，其中通江银耳总产量 350 t 左右，占 87.5%。

二、发展措施

（一）加强组织领导

近年来，四川银耳产业发展立足资源优势，坚持“绿水青山就是金山银山”的理念，紧紧抓住脱贫攻坚和乡村振兴的历史机遇，强化组织领导，为秦巴山区段木银耳产业规模化开发进行了有益探索。

一是强化组织保障。四川银耳优势主产区通江县为了做大做强通江特色产业，整合力量组建了包括银耳产业在内的 7 个特色产业推进工作组，实行“一个特色产业、一名县级领导、一个工作班子、一套实施方案、一笔专项经费、一套考核办法”的“六个一”工作机制，银耳产业推进工作组由县政协主席任组长，县政协党组副书记、县农业农村局局长为副组长，县级相关业务主管部门负责人为成员，形成了较强的特色产业推进阵容与合力攻坚机制，强化组织保障。

二是建立技术研发推广体系。为了发展壮大银耳产业，1997 年，通江县成立了集科学研究、技术推广、科技培训、行业管理等多重功能于一体的公益性事业单位通江县银耳科学技术研究所（2014 年更名为巴中市通江银耳科学技术研究所，简称银耳科研所），并依托银耳科研所先后组建了四川省通江银耳工程技术研究中心、巴中通江银耳产业技术研究院、通江县食用菌产业技术创新联盟等，为科技创新搭建了重要平台；依托县供销合作社成立了通江银耳协会，强化以通江银耳区域公共品牌管理为重点的产业发展协调；各乡镇均成立了农业综合服务站，全面负责辖区内农业技术推广；在银耳产业推进工作组的组织下，借助“互联网 +”优势，以“通江三农”、银耳产业推进 QQ 群和微信群等为交流平台，统筹全县力量，及时开展技术交流、生产进度统计通报、技术疑难问题咨询、产销对接、典型宣传等工作；全县初步建立了以通江银耳科研所和乡镇农业综合服务中心为主，银耳企业、专业合作社、乡土专家为辅的“一主多元”技术研发推广体系。

三是出台落实优惠政策。通江县委县政府高度重视银耳产业发展，组织编制《通江银耳产业发展规划》《通江银耳产业倍增计划实施方案》，提出了“做大基地、做强龙头、做精产品、做响品牌、做活市场、做优环境”的发展策略；制定《培育新型经营主体带动脱贫攻坚扶持办法》，支持新型经营主体广泛介入银耳产业开发，鼓励农民工返乡创业，助推了以大户、企业等适度规模经营快速发展；出台《关于做大做强通江银耳产业的决定》，为科研创新、社会化服务、园区建设、质量安全、品牌战略、产业链延伸、耳林资源开发保护等制定了相应的扶持政策，成为通江银耳产业发展纲领性的“1 号文件”，为通江银耳产业持续健康发展提供了政策保障；中国农业银行通江县支行、邮政储蓄银行推出了“通江银耳快农贷”和“信用村建设”服务项目，有效解决了产业发展资金短缺问题，并将银耳生产纳入政策性农业保险，按照实际保费的 75% 进行财政补贴，为稳定发展规模降低生产风险发挥了重要推动作用。

（二）加强科技创新

四川银耳研究以段木银耳研究为主要方向，以银耳科研所为纽带和平台，充分发挥通江县作为国家现代农业食用菌产业技术体系成都试验站基地县、四川食用菌创新团队基地县的载体作用，持续加大与四川省农业科学院等专业科研院所的科技合作，对银耳种子资源发掘、品种选育、创新栽培、绿色防控、品质研究、产品加工、资源循环利用等开展全链条联合攻关。

一是加强本土品种选育。段木银耳生产使用的菌种与代料银耳差异显著，为保持通江段木银耳的品质特征，通江县坚持以选育具有传统通江银耳特征的段木栽培新品种为重要任务，每年组织技术人员奔赴秦巴山区采集野生银耳种质样本，年均采集以银耳为主的各类菌物标本 1 000 余个，通过目标菌株筛选，经多年努力，已育成 4 个具有通江银耳本质特征的新品种，其中，川银耳 1 号、川银耳 2 号已于 2013 年通过四川省农作物品种审定委员会审定，成为当前秦巴山区银耳的主推品种，并被推广到河南等地；选育的川银科 3 号（菌株 20–1）、川银科 4 号（菌株野生 4 号）已通过田间技术鉴定，两个新菌株均具有多糖含量高、易炖化等突出优势，正在申请四川省非主要农作物品种认定，四川段木银耳产业发展的“卡脖子”问题正在逐步破解。

二是强化栽培创新。为了减轻劳动强度，减少病虫发生，实现资源循环利用，科研人员积极开展技术创新研究，先后开展了 1 m 长段斜架式排堂、50 cm 中段覆瓦式排堂、20 cm 短段立地式排堂方式比较研究，废旧耳棒循环利用生产代料木耳、大球盖菇、天麻、鸡腿菇等生产示范，生物频振灯、黄粘板、糖醋液、食盐水诱杀和生石灰消毒等病虫绿色防控技术示范，引进铝箔遮阳网等新材料示范应用，配套滴灌、微喷灌改善出耳管理，因地制宜推广土墙耳堂、钢架塑料大棚、坑道式耳堂、林荫耳堂等多种生产模式，积极开展研究成果转化与集成应用，取得了一定的效果。通江银耳科研所与四川省农业科学院农业资源与环境研究所（原土壤肥料研究所）共同完成的《银耳产业化开发关键技术研究与应用》荣获 2017 年四川省科技进步奖三等奖；与重庆市中医研究院等单位共同完成的《野生银耳驯化栽培及系列新产品研发与应用》获得2019年重庆市科技进步奖二等奖。

三是加强产品加工研究。为了进一步发掘段木银耳的优良品质，通江县以科技合作为依托，先后开展了优良银耳种质资源发掘研究、段木银耳特征品质分析、加工性能测试、功效发掘研究等。结果表明，通江银耳总酚、甘露糖、多糖含量等活性物质均高于其他产地银耳，通江银耳产品的还原力、DPPH自由基清除率、超氧自由基清除率、羟自由基清除率等抗氧化活性均显著高于其他产地银耳产品；确定通江银耳独特清香的主要成分物质为芳樟醇，其含量占香味物质成分的70%以上，是其他产地银耳的30倍以上，通江银耳汤汁的硬度、胶黏性、黏附性、内聚性、弹性、咀嚼性均高于其他产地银耳；实验还证明了通江银耳具有较强的保肝活力。为段木银耳产品精深加工和加工工艺研究奠定了基础。

四是加强标准制定。与相关科研院所合作制定《段木银耳生产技术规程》（DB51/T 440—2012）、区域性地方标准《通江银耳等级规格》（DB5119/T 14—2020），完成国家标准《银耳栽培基地建设规范》（GB/T 39357—2020）《段木银耳耳棒生产规范》（GB/T 39922—2021），修订的2015年版《四川省中药饮片炮制规范（银耳）》均已颁布实施，促进了四川银耳标准体系建设。

五是严格质量控制。四川省立足段木银耳绿色有机高端产品定位，引导企业开展品牌认证，扎实开展生产质量控制，通江县制定了银耳质量可追溯制度，积极推进溯源体系建设，建立了生产经营主体监管名录、“黑名单”制度和生产投入品准入、购销、实名购买等规章制度，制定了产品应急处理机制、风险防控机制，并依托四川省食用菌产品质量检测中心落户通江的监管条件，组织开展常态化银耳产品及投入品的监督抽查。建立“双随机、一公开”联勤联动机制，打假治劣，净化市场，依法保护通江银耳产品市场信誉。

（三）打造品牌文化

通江银耳生产历史悠久，流传着各种美妙传说，记载了大量的文献史志、诗词歌赋，形成了地域特征明显的“通江银耳”品牌优势。通江银耳被收入《中药大辞典》《全国中草药汇编》《四川道地中药材志》，已成为四川段木银耳产品的一张“金字招牌”。1995年3月，“首批百家中国特产之乡命名暨宣传活动组委会”正式将通江县命名为“中国银耳之乡”；2002年“通江银耳”获得证明商标注册使用权，2004年获A级绿色食品标识使用权，2005年获国家地理标志产品称号，2008年被评为“四川省著名商标”，在第二届中国西部国际农业博览会上被评为金奖，2009年获“四川老字号”称号；2010年通江县被省人民政府确认为四川省首批现代农业产业基地强县（食用菌）；2014年通江银耳入选“四川十大特产”，获“天府七珍”之首称号；2015年原国家工商总局商标局认定“通江银耳及图”注册商标为“驰名商标”；2016年通江银耳生产系统被列入全国农业文化遗产保护名录；2018年成功入围全国区域品牌（地理标志保护产品）百强榜单；2019年荣登四川省“一城一品”金榜，入选中国农产品区域公用品牌目录（第一批）；2020年通江银耳入选四川省和国家特色农产品优势区。

通江县还先后在银耳发祥地和县城建立了通江银耳博物馆2个，成功举办通江银耳节3届，成为通江对外文化传播和商贸交流的重要窗口；编撰出版了全国首部特色产业专业志书《通江银耳志》；创作的大型歌舞《巴山恋歌》、歌曲《银耳花开》、小说《银耳姑娘》等文艺作品受到大众喜爱；“品通江银耳、享绿色天珍”扶贫广告在国内主流媒体滚动播出，通江银耳品牌价值逐年攀升，2020年通江银耳品牌价值评估达到40.41亿元。

（四）注重联农带农

一是强化生产技术公益培训。强化产学研合作互动，依托“三区人才”计划、科技特派员等，积极组织银耳产业专家到银耳产区“手把手”传经送宝；依托科技合作机制，四川省食用菌研究平台接受基地县选派技术骨干开展专业人才培养；组织职业高中、乡镇农民大讲堂等精干力量编写实用教材，培养后续种耳接班人。创新了省专家培养县骨干、骨干培训乡、乡培训村、县乡联合指导的梯级培训模式和跟踪服务制度，通过召开产业发展动员大会、生产现场会、技术培训会、种耳交流会、银耳订种会、村组会、户院会等加强层级技术培训，确保户户都有明白人。

二是创新联农带农机制。通江县创立了“银耳产业推进工作组＋科研推广机构＋龙头企业＋专业合作社（家庭农场）＋农户”的产业推进机制，探索完善“公司＋专业合作社＋基地＋农户”利益联结机制，充分发挥龙头引领作用，按照统一规划、统一标准、统一管理、统一销售“四统一”模式指导农民种植银耳和基地建设，订单生产、股份合作、托管寄养、联耕联种等利益联结机制在主产区得到普遍推广，极大地提高了银耳生产抗御市场风险的能力。2020年8月1日，《人民政协报》以《“金扁担”挑起好日子》为题对通江银耳产业进行了专题报道。2020年8月8日“云游中国看巴中”央视新闻新媒体直播走进通江，以《小小银耳花，带动2万余人增收致富》为题进行了现场直播。2010年以来，通江银耳产业已助推1.3万户4.1万贫困人员脱贫致富。

三、发展特征

（一）生产分布已向秦巴适宜区域扩展

通江县是四川段木银耳生产核心区，一直沿袭原生态银耳段木栽培方式，秉持生态绿色发展理念，生产天然无污染的绿色产品，成为一直是段木银耳和高端银耳产品的代表。近年来，通江县提出重振通江银耳产业，瞄准产业高端，立足段木特色，优化产业布局，以培育农业新型经营主体推行适度规模经营为突破口，生产基地规模逐年扩大，全县银耳产业乡镇21个，银耳生产专业村20个，示范基地40个，年接种银耳菌种150万袋左右，建立了以小通江河流域为主的银耳产业发展带，使银耳成为通江县最具特色的农业主导产业。

与通江毗邻的南江、旺苍、青川、利州等县（区），有相似的生态环境，有丰富的耳林资源。在脱贫攻坚产业扶贫和乡村振兴产业兴旺的政策推动下，先后引入通江银耳栽培，由通江银耳技术人员指导，银耳生产获得成功，银耳平均单产甚至高于通江主产区，生产规模呈逐年增大趋势，四川段木银耳生产逐步向秦巴山区适宜区扩展，成为段木银耳新产区，初步形成了以秦巴山区为核心的段木银耳产业发展集中区。

（二）生产方式以适度规模经营为主导

四川段木银耳产区所处的秦巴山区，大多属于劳务输出大县，农村劳动力缺乏，对段木银耳持续发展带来较大影响，传统分散的以农户家庭为单位生产的规模逐渐萎缩。2000年后通江县通过强化领导、政策刺激、产业扶持等手段，吸引龙头企业、专业合作社、家庭农场、种植大户等各类新型农业经营主体积极参与银耳产业开发，新型经营主体培育蓬勃发展，全县银耳产业从业主体数量3 200个左右，其中，生产企业28家，专业合作社21个，家庭农场10家；有省级农业重点龙头企业2家，省级示范专业合作社5家，年产值1 000万元以上的专业村达15个，年收入5万元以上的专业种植大户3 000多户，全县90%以上的耳农加入了专业合作组织，银耳生产适度规模经营达到80%。四川段木银耳产业发展由传统的家庭分散生产正向规模化、标准化和集约化方向发展转变。

（三）产品销售实现线上线下互动引流

通江县为四川银耳产品集散地，随着“互联网+”的广泛应用，银耳传统销售模式与电子商务融合并进、互动引流，线上销售成为新兴渠道，通江县组建了“壁州创谷”吸纳电商入驻。农村青年利用购物网络、抖音平台向外销售，全县企业、专业合作社、家庭农场开展电子商务应用198家，其中，网上销售额突破1 000万元的企业有3家；通江县内现有物流快递22家，城区服务网点135个，乡镇网点39个，村级服务点337个，拥有各类物流配送车257辆，基本实现产业园（乡镇）有电商服务站、社区有电商门店、村有电商服务点的新型营销网络。近年来，通江银耳正借力“一带一路”倡议，搭乘中欧班列重新走向世界。

（四）产业开发逐步迈入深度融合时代

四川银耳优势区通江县通过加大招商引资，一二三产业融合发展逐步突破，引进培育银耳加工和经营企业16家，开发研制银耳系列加工产品20余个，建成通江银耳交易展示中心，建设银耳休闲观光基地3个，积极组织企业参加西博会、农博会、菌博会等，制作银耳栽培宣传片，举办通江银耳节，承办中国银耳发展高峰论坛会，在中央电视台、四川电视台等主流媒体的多个专栏节目宣传报道通江银耳产业发展，通江银耳上架同仁堂，通江银耳面膜、银耳精油、银耳原液、银耳酒、银耳挂面、即食银耳、银耳粉丝、银耳茶、银耳饮料等系列精深加工产品受到消费者欢迎。银耳产业正在逐步形成向银耳科研、良种繁育、基地建设、产品加工、品牌营销、农文旅融合的一体化发展。通过带动秦巴山区相似生态区县共同发展银耳产业，正在形成银耳产业秦巴山区区域开放合作格局。

四、发展制约

（一）基础设施条件较差

高速公路和铁路骨干路网的加速建设为秦巴山区快速融入“西三角”（四川、陕西、重庆区域）和成渝经济圈改善了交通条件，但横向比较，区位交通仍是发展的重要限制，且秦巴山区耳林大多长在深山，运输通达率较差，为耳林资源有效利用带来严峻挑战。同时，四川适宜规模发展段木银耳的县（区）主要集中于川东北，大多属于财政转移支付县，贫困山区、边远地区、革命老区等“三区”特征明显，经济基础薄弱，财政贫困，投入能力弱，除交通外的其他公共基础设施建设也相对落后，对有实力的大企业大集团吸引能力不强，成为做大做强四川段木银耳产业的重要限制。

（二）产业发展人才缺乏

产业的持续推进需要强力党政人才决策指挥，需要高端科研人才技术储备，需要优秀企业人才引领发展，需要专业技术人才培训指导，需要高素质农民从事生产，各环节所需人才共同形成产业发展人才体系，缺一不可。由于四川段木银耳产区地处偏远，生活工作条件相对较差，对高新人才吸引力较弱，优秀人才难以长留，而农村大量的青壮劳动力资源涌入城镇务工，农村劳动力也十分匮乏。以通江县为例，2020 年全县农村劳动力 32.1 万人，其中，外出务工劳动力 16.7 万人，占全县农村劳动力 50% 以上，且现有银耳产业人员受思维方式和知识结构等影响，综合素质不高，已不能适应标准化、智能化、信息化、品牌化的现代农业发展需要，因此，对创新型复合型人才的需求与现有人才结构存在较大的供需矛盾，银耳产业的生产模式及发展方式亟待进行系列变革。

（三）代料银耳产品冲击

四川各地段木银耳生产均采用通江模式，一般在 3 月上中旬开始接种，清明前接种结束，6—8 月为出耳盛期，9—10 月采耳结束，从接种开始计算，生产周期 6 个月以上。传统段木银耳生产技术生产周期长、生物转化率低、机械利用不足、盈利空间小，难以吸引真正有经济实力的大企业、大集团投资段木银耳产业开发，而代料银耳生产随生产技术不断完善已逐步向工厂化生产迈进，且周期短，从接种到采收约 40 d，同时，段木银耳产品虽然品质优良，但在精深加工过程中，基于成本考量，企业一般均会优选价廉的代料银耳产品作为原料。因此，在全国分布范围越来越广，市场份额越来越大。

（四）科技支撑仍然不足

段木银耳生产包括 15 道工序，即砍棒、截段、架晒、打孔、接种、发菌、搭棚、排堂、出耳、采耳、剪脚、淘耳、烘干、分级与包装，基本保持着 20 世纪 50 年代的生产模式，在生产过程中不添加任何辅料，不施用化学农药，产品质量优良，但同时劳动强度大，受环境因素影响大，对菌种活力要求高等问题也十分突出。

段木银耳生产由半野生栽培转变到目前普遍采用的农法设施栽培，是通江银耳技术的飞跃，但由于段木银耳研究缺少持续的专项经费支持，段木银耳栽培技术的研究零散，相比代料银耳栽培，在银耳—香灰菌菌种保藏、菌种制备工艺、接种方式、发菌条件和出耳管理规范等方面研究较为缺乏，机械套用代料银耳的生产方式已被证明效果有限，老辈耳民逐渐无力从事银耳种植，年轻耳农不愿从事银耳生产，传统农业生产方式不适应现代农业高质高效发展要求。随着产业的发展、技术的进步以及市场需求的变化，段木银耳机械化、工厂化、专业化生产研究将成为重要课题。

（五）龙头带动作用较弱

近年来，四川银耳新型农业经营主体快速发展，但大多停留于基地生产和产品初加工，产品层次低，产品单一，产业链条短小，且多依赖于政府推动，市场并没有发挥主导作用，第一产业向后端延伸不够，第二产业向两端拓展不足，第三产业向高端开发滞后，主体间各自为政，抱团意识不强，缺乏集团作战能力，市场开拓渠道狭窄，产能负荷不足。银耳产业的真正“龙头”还没有出现，无法形成规模和整体效应，龙头企业的缺位导致产前的信息不灵，产中的服务跟不上，产后的市场无保障，难以从产业的深度拓展和广度开发去实现段木银耳产业的跨越发展。

（六）品牌效应不够突出

四川银耳通过历史积淀，形成了较为厚重的银耳文化，创建了诸多品牌，但缺乏品牌的整体运作，特别是“通江银耳”公共品牌的使用管理并不规范，标识管理机构与使用机构缺乏监督管控，没从源头上控制标识使用，甚至个别企业利用自有品牌大量印制包装，通过倒卖包装标识获取利益。品牌宣传多依赖于政府，没有真正有实力的大企业大集团介入产业化开发和品牌包装宣传，停留于“保品牌”，缺乏“做品牌”，而假冒通江银耳泛滥干扰市场，品牌价值得不到公正体现，对区域公共品牌造成了一定负面影响。在市场体系建设上，缺乏统筹规划，虽然建立了通江银耳交易展示中心，但距离城镇较远，交通不便，无法发挥市场交易功能，银耳产品交易大多依赖于农贸市场和产品门店，市场散乱，设施不全，产品标准不一，各个经营主体自由定价，未能形成统一的定价话语权，品牌效益不明显。

五、发展建议

（一）明确指导思想

以农业供给侧结构性改革为动力，以乡村振兴农业高质量发展为主题，加大区域协作，立足秦巴山区资源优势，走生态产业化、产业生态化协同发展之路，以“做优规划、做大基地、做强龙头、做精产品、做长链条、做响品牌、做活市场、做浓气氛”为工作重点，以绿色、有机、生态为特色，以“通江银耳”区域公共品牌为引领，加大引进有战略眼光、有经济实力的大企业、大集团全产业链开发秦巴山区银耳产业，打造秦巴山区段木银耳产业集群，建成全国最具特色的段木银耳生产示范片、全国区域性段木银耳良种繁育基地，打造四川盆周山区乡村振兴农业示范样板。

（二）确立发展原则

1. 坚持资源保护、绿色发展的原则

牢固树立“绿水青山就是金山银山”的理念，以资源承载力为前提，依托秦巴山区优良的生态环境和丰富的耳林资源，坚持耳林资源培植抚育与科学开发相结合，严格执行“坐七砍八”耳林资源循环利用制度，保护耳林资源永续利用，加大资源全料循环综合利用，在推动段木银耳发展的同时开发多种菌类生产。创新绿色生产方式，推广农艺、物理、生物及节水措施，坚守产品绿色、有机、生态特色，以科技引领产业健康发展，激发产业发展的内生动力。

2. 坚持区域协同、打造集群的原则

以通江县为中心辐射，将通江银耳产业成熟的生产体系、产业体系和经营体系向秦巴山区其他适宜区县纵深拓展，在更大范围、更高层面统筹资源要素配置，把“通江银耳”培育成秦巴山区共用的区域性公共品牌，促进秦巴山区资源优势转化为产业优势、产品优势、竞争优势，完善合作机制，组建秦巴山区银耳产业化联合体，打造秦巴山区银耳产业集群，增大通江银耳产业“体量”，提升区域整体实力。

3. 坚持科技引领，融合发展的原则

加强对外科技合作，加大和稳定科技投入，重点与国家食用菌产业技术体系成都试验站和四川食用菌创新团队支撑依托单位开展联合攻关，解决银耳产业发展中的关键技术和共性问题，让科技引领银耳产业发展。整合区域资源优势，加速科技成果转化与集成应用，建立政、产、学、研、用、金、服一体化产业联盟，加大信息共享和综合协调，促进银耳产业一二三产业深度融合发展。

（三）探索发展路径

1. 改进生产经营模式

适应现代农业标准化专业化生产需求，加大新型经营主体培育，以适度规模经营为主导，探索建立段木银耳“集中制棒、分散出耳、统一加工”的统分结合生产机制。在耳林集中区由新型经营主体就地建立专业化集中发菌场，完成砍棒、截段、架晒、打孔、接种、发菌等环节工作；在溪边河谷平坦地段建立标准化出耳基地，由各类新型经营主体组织农户分散出耳管理，采耳后交由产地加工中心进行统一加工，完成剪脚、淘洗、烘干、分级、包装等环节工作；形成“两头统、中间分”的专业化标准化分工合作生产经营机制。同时，加大段木银耳工厂化生产技术研究，推动段木银耳生产向智能化方向发展，努力实现段木银耳跨越发展。

2. 提高资源综合利用

依托森林抚育、退耕还林、造林补贴等项目支持，有计划地加大耳林资源培育，为银耳产业发展提供充足原料。推行耳木资源全料分类利用，小径段木用于发展木耳，中径段木发展银耳，大径段木发展灵芝或香菇，栎木枝丫及杂木用于发展代料香菇等，切实提高耳木立体综合利用效率。探索推广废旧耳棒循环利用于代料生产，逐步形成秦巴山区以银耳为特色的多样化食用菌生产开发体系。

3. 建立生产体系

加大现代物资装备应用，突出科技研发与成果转化集成应用，着力提高银耳生产良种化、机械化、信息化、绿色化水平。加大秦巴山区的野生银耳种质资源开发利用，加速选育具有通江银耳本质特征的银耳新品种，力争建立全国区域性银耳良种繁育基地，保障秦巴山区银耳菌种生产与供应。加大新型经营主体培育，利用新型经营主体的资金、人才、技术和生产规模优势，加快银耳生产机械化设备和设施化、信息化技术的创新研制与引进应用，快速推动机械化、设施化、信息化在段木银耳生产中的应用比例。坚守通江银耳的原生态生产理念，加强投入品的市场监管，加大绿色化生产技术集成应用推广，以段木品质优势培育秦巴山区银耳产品市场核心竞争力，培育段木银耳中高端消费目标群体，与代料银耳共同构成银耳产品的高中低群体消费体系。

4. 品牌创建运营

做强“通江银耳”公共品牌，将“通江银耳”培育为覆盖四川秦巴山区的区域性公共品牌，完善“区域公共品牌＋企业品牌＋产品品牌”的品牌运营体系，调整规范现有“通江银耳注册商标”“通江银耳地理标志产品”等管理，招商引进大企业、大集团推进品牌营销，通过市场化、信息化手段建立银耳产品营销网络，着力创建具有影响力和竞争力的知名品牌。

5. 人才队伍建设

坚持“大人才观”，放眼全球觅人才，广泛吸纳党政人才、专业技术人才、企业管理人才、技能人才、创新创业类人才，形成与秦巴山区银耳产业发展相匹配的人才结构，充分发挥人才资源战略性和决定性作用，形成尊重创新、崇尚创新、宽容创新的社会良好氛围。加大招商引资，着力培育大企业、大集团，集中力量做大银耳产业龙头，吸引一批熟悉市场经济规律、和具有现代管理水平的企业家和创新创业人才队伍。着眼于国际国内行业领军企业研发团队与食用菌产业技术体系，采用柔性人才引进机制，建立秦巴山区银耳产业开发“人才智库”，围绕段木银耳开发重点领域和企业创新需求，以通江银耳科研所为纽带，建立段木银耳产业技术协同创新中心，开展段木银耳“瓶颈”技术、关键共性技术、前瞻战略技术协同攻关，培养专业技术推广人才。利用通江银耳产业发展人才储备基础，依托新型职业农民培训等项目支撑，着力培育新型产业工人，将通江县打造成为秦巴山区银耳产业工人输出基地，以高素质人才队伍支撑银耳产业扩张、转移与高质量发展。

6. 产业功能拓展

充分发掘银耳特色产业的生态价值、休闲价值和文化价值，将秦巴山区银耳产业基地、银耳文化载体与秦巴山区优美的自然风光、丰富的红色文化、乡土文明以及大健康产业相融合，推动银耳产业农商文旅深度融合发展，全力助推秦巴山区银耳产业全面形成银耳科研、良种繁育、基地建设、产品加工、品牌营销、农文旅融合的一体化产业化发展格局。

7. 区域协同保障

加大统筹规划。以川东北经济区为重点，将段木银耳发展纳入四川秦巴山区相关区县的产业规划，以资源承载力为前提，坚持产业生态化、生态产业化的发展理念，促进银耳产业科学发展，全力将四川秦巴山区建设成为全国最大的段木银耳生产示范区。

强化组织保障。借鉴通江县银耳产业发展的组织体系，树立秦巴山区一盘棋的开放心态，鼓励老产区积极向新产区输入新品种、新技术、新模式、新设施、新工艺及产业人才，推动秦巴山区银耳产业协同发展，打造盆周山区乡村振兴农业示范样板。

开展社会化服务。统筹资源，建立公益性与经营性、组织性相结合的社会化服务体系，以市场为导向，广泛引导社会力量参与开展银耳产业人才输出、技术承包、电子商务、信息咨询、融资保险、法律服务、人才培训、会展服务、旅游服务、质量检测、品牌包装等中介服务，全面建立产前、产中、产后社会化服务系统。

创新多元投入。完善招商引资优惠政策，吸引大企业、大集团介入段木银耳产业开发，培育秦巴山区银耳产业化联合体，实现集资产管理、资本运作、生产经营于一体；统筹整合涉及资金，撬动社会资金、金融资本投入银耳产业开发，搭建市场化的投资平台，设立银耳产业发展专项基金，着力扩大金融供给；引导金融机构开发银耳产业贷特色金融产品，全面将段木银耳生产纳入当地农业政策性保险范围，降低农业生产风险。

总之，四川银耳产业的突破，需要“一盘棋”思维，加大区域协同合作，顺应现代农业高质量发展要求，突出段木银耳的品质竞争优势，推动段木银耳生产技术革新，加快推进段木银耳工厂化生产研究，加速生产经营方式变革，力争开创段木银耳农法栽培与工厂化栽培并存的发展局面，打造最具特色的段木银耳生产示范区，通过增量提质，做大做强四川银耳产业。

第六章 台湾省银耳产业发展研究报告

林俊义[1]，陈启桢[2]，方世文[3]，钱鑫[4]，赵东明[5]

1.原台湾省“农业试验所”所长，原亚洲大学健康学院院长，原台湾省“农业改良场”场长；2.原南台科技大学生物科技系教授，现任南非菇类有机生产农场负责人；3.蘑菇部落休闲农场；4.福建农林大学生命科学学院；5.中国食品土畜进出口商会食用菌及制品分会

摘要：台湾省作为银耳的产区之一，随着银耳人工栽培技术的不断精进，也开始大力发展银耳产业。本章通过概述台湾省银耳产业在栽培、加工和文化品牌培育方面的研究现状，对台湾省银耳产业发展过程中存在的问题进行分析，并从银耳种质资源的开发、菌种的选育、栽培技术的改进、标准化银耳经营体系的建立及精深加工产品的研发等方面简述了促进台湾省银耳产业发展的政策建议。

关键词：台湾省；银耳；发展现状；政策建议

一、台湾省银耳产业发展概况

台湾省菇类产业已有百年以上的发展历史，中部雾峰是其主要生产地，其产值占全台的40%，拥有全球最大的金针菇场、菇类博物馆及长期投入菇类研究的农业试验所，但对银耳目及相关种属的相关研究较少，至今有记录的仅有7属36种，远远少于锈菌目的45属442种。

1990年以前，栽培银耳主要以杧果树干做季节性段木，太空包生产为辅。1990年以后，因不敌福建省购买的干银耳，菇农不再生产银耳。曾经担任台湾省“农业试验所”所长的林俊义花了4年的时间，找到40多种原生银耳，通过多次实验筛选，终于成功种出新的银耳，并选育出从阿里山带回来的台湾省原生种香水银耳。约2012年开始生产新鲜银耳，售价100/kg元左右（生鲜销售及新鲜料理）。2016年许多台湾省菇农到古田学习栽培银耳的方法，甚至购买棉籽壳，但是由于完全依古田栽培模式生产，同质严重，2018年价格崩盘，但

总体而言，单价仍高于其他方式栽培的食用菌。银耳作为著名的食药兼用菌，其所含的多种生理活性物质对辅助性治疗多种疾病具有重要的作用，在调节免疫功能、增强抗氧化能力、抗癌、消炎、皮肤保湿等方面的作用也逐渐受到越来越多的关注，故台湾省银耳产业的发展也大多集中在相应功能性产品的研发方面。

（一）银耳栽培业现状

夏天是台湾省的银耳销售的旺季，但夏天不是银耳自然气候的产季，需要用空调进行生产，相较于秋冬及初春季节，成本高且产量低。从 2018 年及 2020 年台湾省主要食用菌生产种类的产量及产值来看（表 6–1），银耳并不是台湾省重要食用菌生产项目，目前仅少数农户有栽培。1990 年以来，台湾省主要从福建一带购买（表 6–2），即使现在有少数农户栽培银耳，但每年仍需购买 200 多吨的干银耳，才能满足台湾省市场的需求。

表 6–1　2018 年及 2020 年台湾省主要食用菌种类的产量及产值

食用菌种类	产量（t/ 生鲜菇）		产值（新台币，万元）	
	2016 年	2017 年	2016 年	2017 年
香菇	36 000	33 750	404 280	438 750
金针菇	35 000	37 500	1 219 500	124 125
杏鲍菇	32 200	33 810	238 280	234 303
秀珍菇	3 000	3 300	23 730	23 951
黑木耳	16 500	14 000	113 050	89 479
双孢蘑菇	3 850	3 080	26 526	23 069
蟹味菇及海鲜菇	5 520	4 140	2 064	16 516
其他菇种	11 600	12 000	58 000	60 000
总计	143 670	141 580	1 006 460	1 010 195

表 6–2　台湾省食用菌进口统计资料　　单位：t

食用菌种类	2015 年	2016 年	2017 年	2018 年
香菇（D）	14.59	1.44	26.78	98.1
黑木耳（D）	685	770	1 024.55	893.3
银耳（D）	224	214	221.83	293.96
双孢蘑菇（D）	31	44	22.34	26.01
巴西蘑菇（D）	17	24	18.7	35.35
其他（D）	200	158	182.02	249.33
双孢蘑菇（F）	0.31	0.11	0.45	0.06
杏鲍菇（F）	85	20	8.03	20.9

注：F，生鲜菇；D，干菇。

台湾省食用菌总生产量高，但皆以内需为主，并没有足够的量可以出口，反而是每年还要进口一定量的干菇及生鲜菇。随着菇类生产技术的不断进步，近年来，台湾省菇类年产值已逾新台币 120 亿元，目前已有半数以上从业者利用设施环控进行栽培。应用设施环控技术不仅可以创造出适合菇类生产的环境因子，使菇类可有计划地整年生产，而且还隔绝了栽培库房内外的环境，使得害虫与病原微生物不易入侵，不需使用化学药剂就可有效控制病虫害。现代消费者对食品安全的要求严苛，环控栽培因子可以提供给消费者安全、价格平稳的农产品，故逐渐形成一个趋势。

目前，台湾省市场进行新鲜银耳栽种的厂商有蕈优、伟裕和龙谷 3 家（表 6-3）。蕈优生物科技公司于 2013 年进行银耳自动化量产栽培关键技术开发，银耳自动化专用瓶开发、自动化机械与制程的研发等解决了规模化生产可能发生的问题，排除病虫污染，达到银耳产业规模化生产效能。通过自动化种原生产制程作业管理，已成功建立专用瓶与菌种筛选、比例调配保存条件，使其流程建置更高效地实现了病虫害的防治与提高鲜菇保存期天数延长的目标，获得台湾省“农委会”科技农企业菁创奖。

表 6-3　台湾省生产新鲜银耳状况及需求量

厂商	生产方式	产品安全性	生产次数	生产量	良品率
中阳公司（台湾省）	大陆菌棒	有机	6 次 /a	600t/ a	高（90%）
蕈优（台湾省）	自动化瓶装	有机	10 次 / a	32 t / a	中（80%）
亚大衍生公司（伟裕，台湾省）	云端自动化生产	有机	12 次 / a	800 t / a	高（90%）
全省年需求	购入大陆干品	多为非有机	—	7800 t / a	尚有 10 倍以上需求

（二）自动化量产栽培关键技术

1. 自动输送封箱机台开发

机器主要是由计算机控制，即由风压上下压，再由两侧输送皮带输出，高度也可依箱体大小随时做调整（图 6-1）。此设备的特性是功能好、操作简便，易于人员操作；设有紧急按钮，异常状况发生时机器会停止运行，以此设备开发的方式减少人员胶带封箱的作业、节省作业时间与身体劳力上的负载，并不断地进行此新开发设备的微调校正和修正。对使用此机台的相关人员进行培训后，方可进行操作，目前使用状况良好。

图 6-1　封箱机设备

2. 包装动线建置优化

先行通过输送带导入生产线作业，可以达到包装作业效益的提升，陆续再搭配自动化设备建置开发与投入，以避免或减少不必要的浪费，进而提高生产效率，亦能减少包装单位人员的配置。使用自动封箱机和包装作业动线优化后，确实能达到省时省力又节省空间的优势（表 6–4）。

表 6–4 不同封箱模式作业上的优缺点比较

封箱模式	优点	缺点
自动封箱	1. 减少作业人员因封箱作业所造成的职业伤害（手伤与腰伤）	1. 初期投入成本较高，且需定时维修保养
	2. 胶带成本支出减少 36%，节省成本支出	2. 所需空间较大、机动性较差
	3. 自动封箱较人工封箱省时、省力	3. 操作人员使用前需进行安全教育
	4. 成品良率高、稳定性较人工封箱佳	4. 技术性较高，操作人员须熟悉机台操作流程才可操作
	5. 减少不必要的人力及物力资源	5. 仅能单一机台作业，要适当安排人员及动线规划
	6. 性能稳定，使用寿命长，能够长时间地使用	
人工封箱	1. 配合度高	1. 作业人员职业伤害增加，如腰伤、手伤
	2. 空间利用机动性佳	2. 胶带成本支出较自动封箱作业高
	3. 技术性较低	3. 成品良率较自动封箱模式低
	4. 可同时由数名作业人员进行封箱作业	4. 人工封箱较耗时、耗力，且封箱成品稳定性较差

3. 开发自动手臂包装机台

托盘容器进入机台后，经由电光体感应大小高度，会自动输送定位并由机械手臂将胶膜向左右拉开，托盘再经机械手臂往上推定位，胶膜会由左右机械手臂再封到托盘左右边底部交叉，前后推杆由内向排出口推进，再将前后胶膜的总长切断，前后再交叉封膜 1 次，即完成包装，后端输送带到加热板，会顺势把胶膜预热，达到收缩的状态，并经电光体感应有实质物体后，再往斜坡输送带排出。自动贴标机会经电光体感应物品，让贴标纸经由风压吹出贴在所需位置上，贴标机可以前后移动来控制贴标位置上下，后经由输送带的位置与输送速度来调整贴标左右位置。

自动手臂包装机台（图 6–2）开发与设计使自动封膜及贴标已可达到良好的上膜、加热、贴标作业。运用自动封膜及贴标机前，须以手工包装及贴标，1 盒银耳需耗时 16 s 才能完成包装，运用自动封膜及贴标机后，仅需耗时 7 s 即可完成包装作业，效益提升 56%，且菇体洁净度较高，后续保鲜效益提升。

图 6–2 自动包装

4. 开发银耳自动采收机

全自动采收机尚无法精确完整地摘下栽培架上的银耳，因此，开发了便利机动采收工具以暂时性替代全自动采收机。运用机动采收器前，须以手直接摘除，原 16 瓶 1 篮的银耳需耗时 50 s，利用采收器后仅需耗时 30 s 即可完成采收作业，效益提升 40%，且菇体基部残留较少，后续加工剪除及清洗效益提升。

5. 开发银耳自动清洗机及风干机

在自动清洗机导入前，当产出 9 kg 时，在 5 名人力的作业下，平均每 100 g 工时为 1.4 s，而在自动清洗机导入后，同样以 5 名人力进行包装作业，平均每 100 g 只需要 1.05 s，自动清洗机导入后效益提高了 25%；而在自动清洗作业的机台开发引进后，银耳的清洗作业由 1 道清洗作业提升至 3 道清洗作业，风干机作业经由测试以 3 kg 风干 15 s 最佳，明显改善效率和质量，且提高了人员作业的稳定性和工作环境的舒适性。

自动清洗机以 3 道（纯净水）进行清洗，槽体底部与侧面皆以打气方式让水流动，以提升洗净附着在银耳上的杂质的效果（图 6–3，图 6–4）。风干机以离心力脱水作为主要原理，将银耳表面附着的水分脱水甩出，以 15 s 在湿度型态较能达成理想效果（图 6–5，图 6–6）。

图 6–3　银耳清洗机作业

图 6–4　清洗完成自动过滤

图 6–5　银耳风干机（15s）

图 6–6　银耳风干机（20s）

林俊义团队创立的伟裕生技公司与亚洲大学合作后，开发适合自动化量产的品种并建立自动化生产技术的标准流程，利用环控栽培技术与量产经验来实现银耳规模化生产。技术开发着重在自动化技术与资源再利用技术的开发，台湾省人力与资材都相当匮乏，唯有利用自动化生产技术，同时研发资源再利用的技术，方可减少生产成本，提高生产效率，强化产品竞争力。银耳的各项成果已得到许多台湾省客户的认可，包括王品公司、老行家、有机通路业者、素食业者与一些喜好银耳的使用者及保健加工业者，消费者也可食用到安全、无农药、新鲜、优质的银耳。

在台湾省设有菇类子实体栽培的研究机构或大学甚少，规模最齐全者仅有亚洲大学的菇类中心。亚洲大学已创新开发栽培具有保健和药用功能的菇类及其加工品，转化为亚大衍生企业的量产商品。林俊义教授辅导亚洲大学菇类中心师生团队，转型为衍生公司即伟裕生技公司的员工，将产品量化销售，不仅成为台湾省优良保健药用菇类产品供应中心，亦将进军国际市场，供应安全菇类功能性产品。

（1）银耳为养生保健美容产品，亚洲大学已研发可量产有机新鲜银耳并具有多项专利，已开发全球首创自动化栽培模式（图 6-7，图 6-8）。

图 6-7　亚洲大学银耳自动化环控栽培

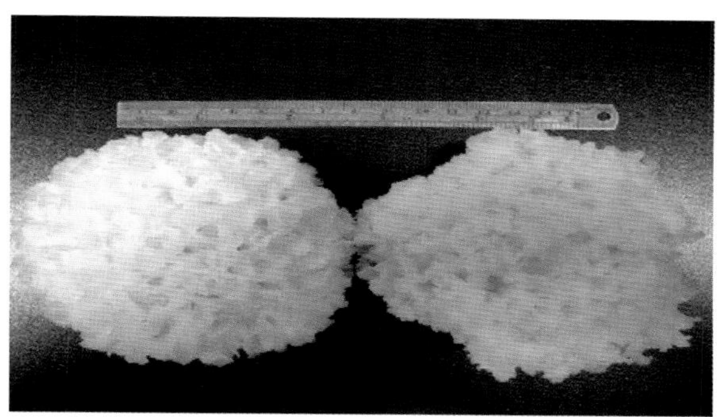

图 6-8　亚洲大学育成的白色及黄色银耳品种

（2）亚洲大学所育成的本土化（阿里山采集）T8 银耳品种，多糖体高达 60%，营养价值高并具茉莉香味。已建立银耳双菌式菌种生产三级制度，利用香灰菌促进银耳生产，生长期缩短为 42 d（图 6-9 至图 6-11）。

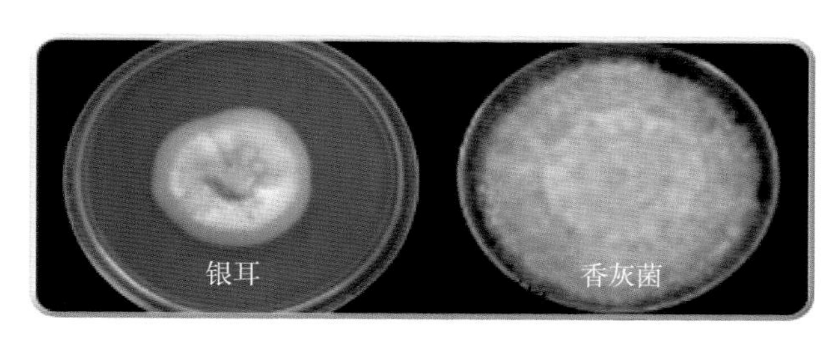

图 6-9　10 ～ 14d 原原种

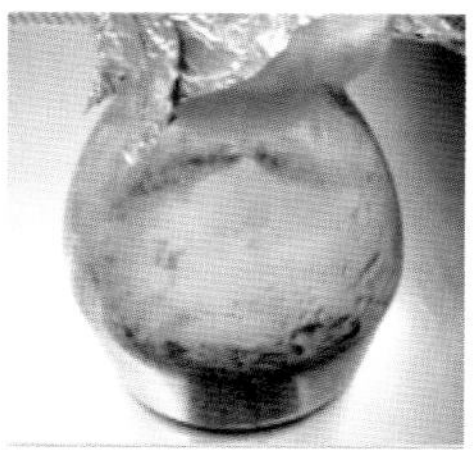

图 6-10　35 ～ 40 d 原种

图 6-11　10 ～ 12 d 栽培种

（3）银耳在台湾省首次开发银耳鲜菇新产业（取代以往的干菇），鲜菇储藏期（4℃）经研究可达 4 星期。首次开发银耳专用自动化栽培瓶，已获中国、日本及韩国专利，并开发银耳自动化接菌机、填料机及清瓶机。

（三）银耳加工业现状

目前，台湾省的银耳产品主要有新鲜银耳、银耳饮品及银耳保养品。近年来，银耳加工技术不断取得进步，在传统的干制等初级加工形式的基础上，出现了即食银耳食品、功能营养产品、美妆保养品等一系列精深加工产品。此外，随着银耳多糖提取技术的应用及现代药理学研究的不断深入，各类银耳深加工产品如冻干银耳羹、有机银耳露、鲜炖银耳等一系列即食产品也陆续被研发出来。鲜炖银耳作为健康饮品的代表，其出现让银耳产业从传统的干货迈向了现代潮流饮品的进击之路。同时，部分企业着眼于银耳的活性物质提取及护肤品的开发，银耳多糖保湿霜、银耳多糖防晒乳、银耳多糖面膜等一些银耳小分子多糖系列保养品也受到越来越多主流消费群体的关注和喜爱，极大提高了银耳产业的附加值。经中国医药大学、亚洲大学的动物实验证明，银耳多糖体萃取物具提高免疫力，多食不具毒性（已 SCI 发表）；具保湿及防晒功能（已获专利），提高视网膜细胞活性以保护视网膜（已获专利），防止便秘等功效。同时，开发了银耳露、银耳面膜、化妆品精华液、保膳减肥代餐、纯多糖体粉等具保健功能的创新产品（图 6–12）。银耳多糖体因其抗肿瘤、提高免疫力、抗辐射、降低血胆固醇、消炎等保健功效而广受关注。亚洲大学菇类研究中心在银耳多糖体方面的研发产品包括银耳新鲜优格（Yogurt）、高机能性乳品、银耳机能性纤维饮品、防晒系列保养品如银耳防晒乳、面膜等、银耳机能性成分的降血脂产品等（图 6–13）。

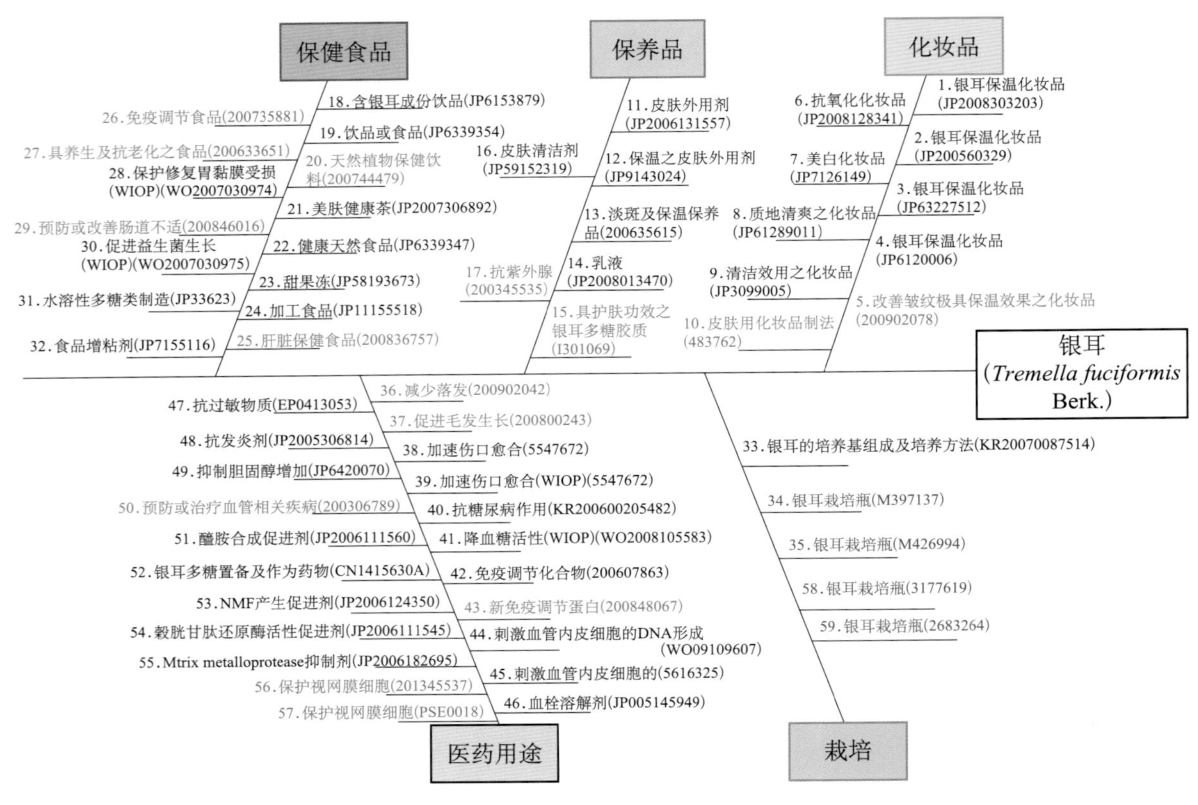

图 6–12　现有银耳全球的相关专利汇集及应用

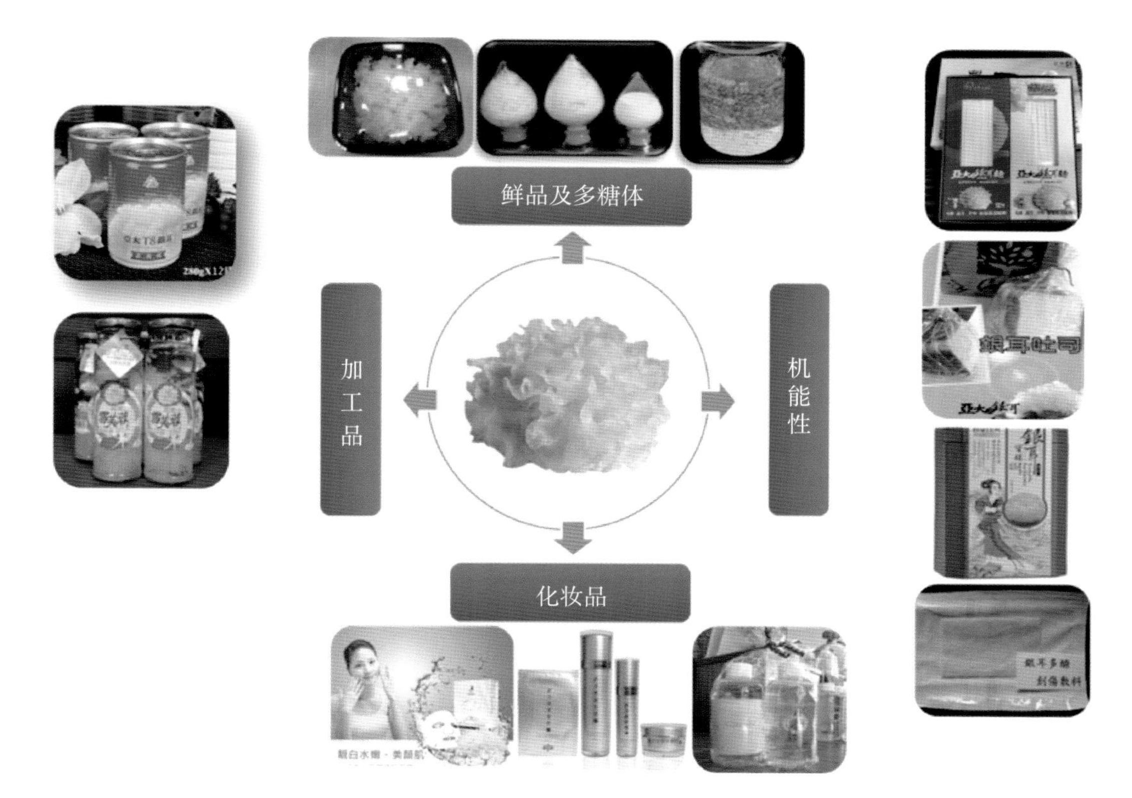

图 6-13 亚洲大学菇类中心开发的银耳产品

（四）银耳文化品牌培育现状

银耳产业发展的潜能是通过对银耳品牌竞争力现状的分析以及后续发展的可能所决定的。塑造好的银耳品牌形象，进行精准定位，对于银耳产业的发展起着至关重要的作用。近年来，随着银耳生产技术的不断提升，台湾省也涌现出了一些银耳产品品牌，例如位于台湾省彰化县的方格氏，将有机菇蕈带入生活保健保养的价值，主营银耳多糖保湿霜、银耳多糖防晒乳、银耳多糖修护面膜等一些银耳小分子多糖系列保养品。

8More 是台湾省第一家银耳专卖店，选择台湾省新鲜银耳，手工熬成低热量银耳饮。2016 年，8More 营业额 700 万元；2017 年成长了 3 倍，做到 2 300 万元；2018 年再翻近 1 倍，达到 4 300 多万元；2019 年再成长，营收达 7 000 多万元。疫情后，业绩非但没下滑，反而逆势成长，2020 年营收达 8 000 多万元；2021 年营收近亿元。林益庆、郭怡妙两位好友，中年时依靠银耳创业。他们没有餐饮服务业经验，以自己的想法做无添加银耳饮品。2013 年开店，不知道客人在哪里，健康饮品也没那么受重视，第一年营收只有 200 多万元，但两人如实做好手中的银耳饮，慢慢调整，找到市场，自此业绩年年爆发性增长。2019 年营收达 7 000 多万元，新冠肺炎疫情后每年成长两成，2022 年直逼亿元。无添加、少糖的银耳，吸引豪门贵妇成为顾客，还有熟客夸赞 8More 是银耳“饮界 LV”。8More 与蕈优目前也有进行银耳多糖保养品的合作，8More 以现有银耳食品为主，搭配蕈优自行的银耳多糖系列保养品。

林益庆归纳3年来8More业绩逆势增长，有以下5个原因：一是2020年，原本推出的产品“冰糖炖梨银耳汤”热卖，因为民间认为炖梨可以润肺，造成抢购。二是妇幼展取消，转而发展经销商，目前在全台湾有近20家门市，包括有机店、药局、亲子店等。三是聚焦孕妇市场，针对高敏感族群、孕妇开发一系列无添加产品和口味。四是因应产量增加，将工厂搬到中和，从原本的1条生产线，变成2.5条生产线，而且是GHP（食品良好卫生规范）工厂。五是整合自有一条龙，从实体门市、电商营销、百货柜位、展场、出货与生产，让服务更具有弹性和变化。

品牌价值需包含信誉、质量、文化等多方面的内涵。一个好的品牌会在无形中激起消费者的购买欲。台湾省银耳产品品牌价值的不断提升，也将为台湾省银耳产业的发展提供更多的机遇。

二、台湾省银耳产业发展存在的问题

近年随着我国经济的快速发展，社会各领域都在不断进步，银耳产业也受到越来越多的关注。银耳因其清肺止咳、补脑提神等功效引起了台湾省一些学者在其应用方面投入研究。对于台湾省银耳产业的发展来说，了解其发展的现状，找出发展过程中存在的问题，分析相应问题产生的原因，从而总结出产业今后发展的思路和对策，成为促进银耳产业发展的重要因素。

（一）台湾省真菌资源丰富但研究成果不足

台湾省对银耳目及相关属种的研究较少。异担子菌亚纲属于担子菌亚群之层菌纲（Hymenomycetes），较大群的有银耳目（Tremellales）、黑木耳目（Auriculariales）、隔担菌目（Septobasidiales）、花耳目（Dacrymycetales）及胶膜菌目（Tulasnellales）等。截至目前，系统进行此亚纲的分类研究者台湾首推杜金池和郑燮（1975），他们曾经对台湾省产黑木耳的种类进行调查。Bandoni（1993）则自3 000m的合欢山冷杉上，采得寄生于*Aleurodiscus grantii*上的台湾省新记录种*Tremella mycetophiloides*，他的新发现等于为台湾真菌研究人员打了一支强心针，只要努力就会有更多成果。近年来，吴声华、林义方等分别研究了台湾省皮壳菌科及韧革菌科的分类、分布，也已发现一些种类，但仍未注意到Tremella属或其他真菌寄生。

（二）菌种变异性大、稳定性差

银耳栽培目前以银耳菌及香灰菌固态菌种混合后接种为主，虽然可以成功栽培，但变异性大、稳定性差，银耳混合固态菌种老化情形严重，单批及多批次间栽培质量及产量变异性大。同时，香灰菌与银耳菌在菌种瓶内生长差异性大，接种到栽培瓶后菌龄与比例不一致，导致收成的稳定性差。

（三）科研滞后，缺乏科技引领

随着银耳产业的发展，规模逐渐增大，其种植效益也引起了其他领域的关注，但往往因被菌种供应商夸大了种植收益而忽视了种植关键环节中存在的风险，导致市场盲目跟风的现象较多。同时，当地种植技术和品种大多依赖外省菌种供应商及其远程指导，未能与当地银耳研究机构建立紧密联系，银耳产业科研滞后、研究人才不足，制约了台湾省银耳产业的发展。

（四）缺乏标准化、集约化管理

台湾省现有银耳生产模式随现代农业生产进程的加快不断暴露出一些问题。例如银耳的生产大多仍以传统农户生产为主，加之行业管理不规范，导致产品质量参差不齐等。同时，行业的发展也较为盲目，缺乏标准化的管理和调控，市场竞争处于无序状态。

（五）缺乏品牌及知识产权保护意识

台湾省的银耳栽培和加工技术较为落后，产品没有采用国际通用标准，也没有建立自己的行业标准体系。大家往往只关注收益，却忽视了转化率和加工产品质量的好坏。技术、菌种、设备、生产等同产品一样，都缺乏相应的标准。较多的劣质产品充斥市场，仅有的优质产品又缺乏品牌的包装和保护。品牌意识的淡薄，加之对知识产权保护的欠缺，致使银耳产业的科研在低水平上徘徊。

（六）精深加工水平有待提高

虽然银耳产品加工技术取得阶段性进展，但与日益增加的市场需求相比，产业优势还明显不够突出。目前，生产的冻干银耳羹、鲜炖银耳、银耳保养品等产品深加工水平较低，生产工艺较为简单，易出现同质化问题。精深加工产品的匮乏严重制约了台湾省银耳产业的发展升级。大部分银耳新产品尚处于试验研究阶段，如何使这些试验研究实现推广应用，也将是银耳产业发展过程中亟须解决的问题。

三、台湾省银耳产业未来发展主要政策与措施

目前，全球仅中国大陆银耳可外销（图 6–14）。根据中国海关统计，2007 年出口银耳 15 064 t，价值为 2 246 555 美元，而其主要市场为中国香港（41%）、泰国（30%）、日本（9%）、中国台湾（4%）、美国（1%），可见银耳在东亚市场的需求量。据台湾省“工业研究院”调查数据显示，银耳在台湾省未来需求量 11 594 t/a，产值至少 27 亿元。

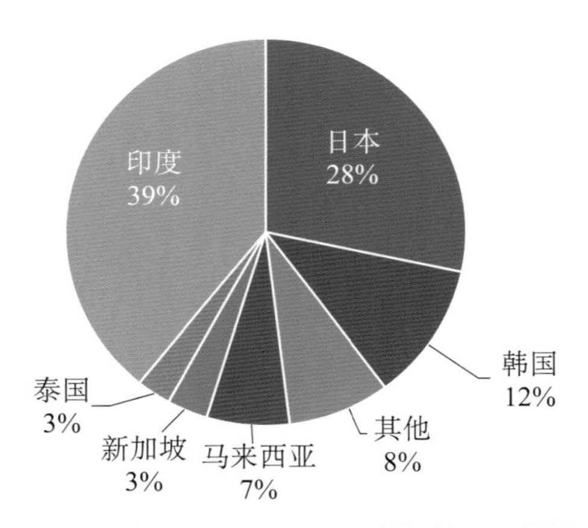

图 6–14　主要银耳干品需求国家及地区

数据来源：中国企业调查整理。

亚洲大学衍生企业公司——伟裕生技公司因首创银耳自动化栽培技术并具多项专利，在银耳产业的发展中具有很大的竞争优势，极具未来发展潜力（表 6–5，图 6–15）。因此，就台湾省银耳产业现存问题及未来发展趋势，提出以下政策与措施。

表 6–5　亚大伟裕公司对中国大陆银耳的竞争优势

	中国大陆	亚大伟裕公司（优）
生产方式	多为人工草寮式栽培	瓶装全自动化云端植物工厂
生产季节	春秋两季（2 次 /a）	周年生产（10 ～ 12 次 /a）
农药残毒	非有机	有机产品
销售方式	干银耳	新鲜银耳
多糖体含量	约 46%	约 60%
栽培基质	棉籽壳	锯木屑及玉米芯
味道	无味（干）	茉莉香味
颜色	黄色（干）	雪白色
接种方法	人力接种（固态）	自动化接种（固态及液态）
人力需求	高	为人工栽培的 1/10

优势技术竞争力分析：标准化管理技术

技术项目	国内现况（少量）	本技术套组	优势 胜
栽培介质	木屑/棉粗壳	独特配方	多糖体含量上升
环境控制	传统菇舍	环控菇舍	全年生产/有机
云端调控技术	经验控制	自动化调整	品质产量稳定

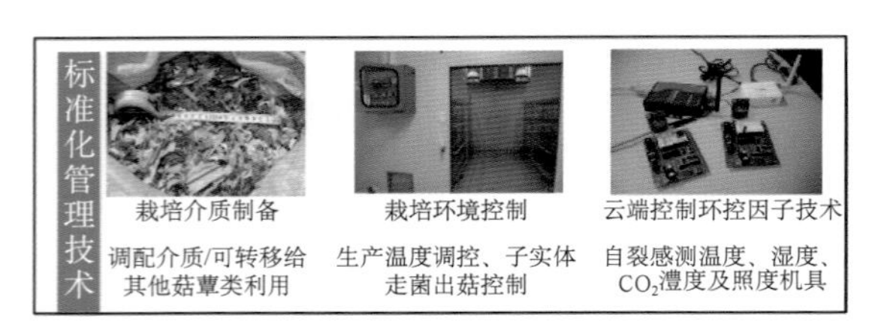

优势技术竞争力分析：自动化栽培系统

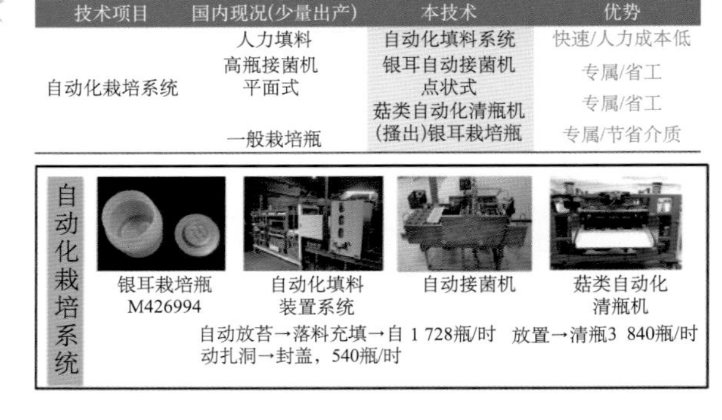

图 6–15　亚洲大学伟裕生技公司具竞争力的菇类核心技术

（一）重视银耳种质资源的开发利用

热带及亚热带的真菌具有生物多样性，但以往的研究成果较少，还有许多新种属有待发现，受到全球真菌学者广泛关注。台湾省位于亚热带，岛上又有中央山脉纵贯，具有从低海拔到高海拔，热带到亚热带、温带气候型的真菌相，可谓得天独厚，尤其是胶质菌（*Jelly Fungi*），雨后即可在野外采集到，只是大部分子实体的体积都很小，少被留意，以致台湾省的真菌研究历史记录几乎空白。一直到与德国真菌大师、分类学家 Franz Oberwinkler 教授多次调查并发表数个台湾省新种后，大陆学者才发现台湾省的现存种类繁多。种质资源是良种选育及后续试验研究的基础。因此，要大力开展银耳种质资源的收集保护，通过建立银耳种质资源库，为种质资源的开发利用奠定坚实的基础。

（二）加强菌种选育，改进栽培技术

筛选性状稳定、抗逆性强的优良银耳菌株，引导耳农选用经资格认证的菌种企业生产的优良新品种并规范种植技术。同时，需加强对传统栽培技术的改进，使其适应现代化银耳产业发展的需求。目前，台湾省菇类栽培大多以金针菇、杏鲍菇为主，银耳无大规模的栽培，因此，需将银耳栽培技术予以突破，建立量产安全无农药银耳栽培技术，使用自动化生产模式量产银耳，除可提供人们鲜食外，其干燥产品还可外销，并为菇类栽培业者开创新契机，再创造另一个菇类市场的高峰，增加台湾省外销农产品的收益。

台湾省银耳栽培技术主要“仿”大陆福建古田的生产技术以混合菌种进行固态培养，仍未有液体菌种混合接种技术。相关人员对银耳混合液体菌种进行田间栽培试验，在使用混合液体菌种前，将香灰菌与银耳菌分别进行液态发酵，接种前再依一定比例混合，可使每瓶栽培瓶（或菌袋）的菌种量及菌种活性均一，菌丝生长及产量质量也能达到标准化生产的要求。试验结果表明，银耳与香灰菌混合液体菌种替代传统固体菌种接种生产银耳，试验证实是可行的。且混合液体菌种的工厂化栽培，具有接种效率高，耳基形成快且多的优势（图 6-16，图 6-17）。此外，混合液体菌种亦可用来生产银耳菌种瓶使用，减少传统制程老化的情况发生。可见，银耳混合液体菌种势必成为台湾省银耳未来发展的主流。

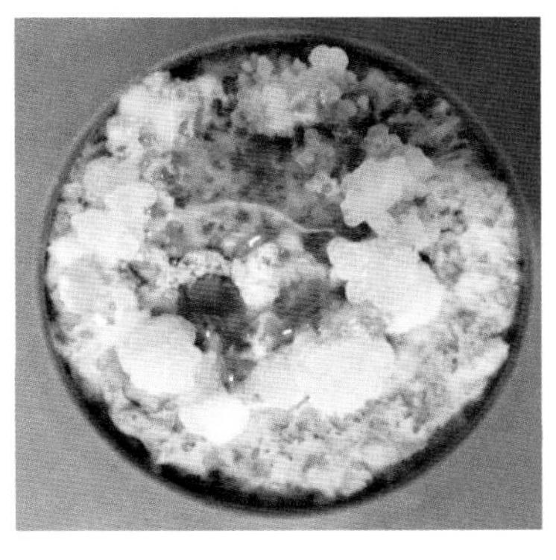

图 6-16　银耳混合液体菌种接种后第 15 ～ 20 d 形成泌液及耳基

图 6-17　银耳混合液体菌种接种的栽培瓶出菇情形

（三）强化银耳产业科技引领

科技支撑不足、相关设备不够先进、缺乏资金支持等因素都阻碍了银耳产业的发展。因此，要强化科研阵地建设，充分依托银耳科研所，持续加大对外科技合作，依靠科技支撑来促进台湾省银耳产业的快速健康发展。同时，要大力推进产业人才振兴，强化人才引进和服务政策保障。此外，还需加强与高校、科研院所协同推进产学研深度融合，通过“产学研用”一体化结合促进更多成果推广应用，从而打造更多品质优良的银耳产品。

（四）建立标准化银耳经营体系

首先，要制定好能确切反映市场需求、令消费者满意的产品标准，建立以银耳产品标准为核心的有效标准体系。其次，通过运用多种标准化形式来支持银耳产品的开发，同时也要引导企业制定相关产品的行业生产标准，建设规模化、工厂化银耳的生产基地，提高银耳生产的集约化水平。台湾省过去虽有以段木栽培的记录，但皆为小农小规模栽培，并未有企业进行大规模栽培，且近年来已无相关菇农进行栽培，因此，需重新培育相关从业人员，建立相关生产技术的标准流程，让银耳产业重新在台湾省生根茁壮。

（五）拓宽营销渠道，加强品牌宣传

任何产业的发展都需要一定的营销传播，营销传播渠道在产业的发展中起到至关重要的作用。银耳企业需与新闻媒体协调配合，借助媒体宣传，扩大知名度，树立银耳品牌的形象，扩大银耳品牌的影响力。同时，要借助互联网、电视等媒体，开设专栏介绍当地的银耳产品，通过拓宽营销传播渠道，提高银耳品牌的曝光率。除了持续拓宽线上营销渠道，也需逐步扩展线下体验店的推广工作，做到线上线下相结合的宣传模式。此外，需强化经营主体的品牌意识，积极引导企业和菇农等经营主体参与到品牌的建设中，促进银耳产业的可持续发展。

（六）加强银耳精深加工产品研发

通过研究轻型化、机械化、智能化等栽培技术来突破银耳产品加工现有技术，实现银耳功能因子产品开发等精深加工，打破台湾省银耳功能性成分研究的瓶颈，加强银耳药用产品及精深加工产品的研发和创新。此外，需根据不同年龄段消费者的需求，加大银耳精深加工产品的研发力度，研发多样化、个性化、高端化的银耳产品，促进银耳加工产品的创新化发展，实现银耳精深加工产业的健康、快速发展。

第七章 山东省银耳产业发展研究报告

高霞[1]，崔慧[1]，门庆永[2]，李东起[3]，刘永[4]
1. 山东省农业技术推广中心；2. 莒县农业技术服务中心；3. 惠民县农业农村局；4. 鱼台县农业农村局

摘要：山东银耳相对较少，本章主要简单介绍了山东银耳总体情况，具体介绍了山东银耳的栽培方式和新技术以及加工情况。

关键词：山东省；栽培方式；技术模式；加工

中国是世界上银耳栽培最早的国家，也是产量最大的国家。银耳属中温菌，耐寒性极强。其栽培季节一般在春秋季，在我国分布较广泛，以四川通江和福建古田两地最为著名，在山东、江苏、江西、河南、河北等地均有不同规模的发展。近十几年，山东省银耳产业发展迅速，产量和产值稳步增长，成为全国银耳的重要生产区域。

一、总体情况

"十一五"以来，在山东省委、省政府的鼓励引导和项目资金扶持下，山东省银耳产业快速发展，银耳产量从 100 t 增加到 15 907 t，增加了 159 倍；银耳生产企业或合作社从几家扩增至 15 家，主产区从滨州、济宁扩展为滨州、济宁、日照、临沂、菏泽、淄博、青岛等地，种植区域不断扩大，种植水平不断提高。主要种植方式为代料栽培，其中，滨州、临沂、日照等地部分企业（合作社）实现了周年化栽培。

目前，山东省银耳加工企业（合作社）有 6 家，加工年产值约 6 500 万元，加工产品类型以银耳干制品为主，即食鲜品、饮料、酒品、化妆品等其他加工产品种类不断增多，产量不断增加。

二、银耳生产情况

（一）主要栽培方式

山东省银耳的主要栽培方式有传统农法栽培、林下栽培和周年化栽培等，栽培原料主要为木屑、棉籽壳、麸皮等。近年部分企业在栽培原料中添加枸杞、莲子、白术、枣仁等多种中药材提高其营养价值，增加商品属性。

图 7-1　银耳鲜品

图 7-2　银耳干品

传统农法栽培受季节环境影响，主要在春、秋两季进行，高标准生产大棚内生产周期延长，可栽培 3 ～ 4 茬。主要分布在山东省的惠民县、梁山县、莒县和沂水县等（图 7-3）。周年化栽培不受外界环境影响，通过在标准化控温生产菇棚内安装智能化控制设备、设施，实现周年化生产。主要分布在惠民县、梁山县、邹城市（图 7-4）。

图 7-3　传统农法栽培

图 7-4　周年化栽培

（二）新技术新模式

1. 标准化智能控温大棚

山东省惠民县标准化智能控温大棚借鉴爱尔兰食用菌大棚结构模式（图 7–5），采用钢架结构，覆盖玻璃丝绵作为保温材料，每个棚长 33 m，宽 7 m，高 3.5 m，棚内共 6 排银耳栽培架，两边 2 排 7 层，中间 4 排 9 层，层间距 0.3 m，棚内可放置银耳菌包 10 000 袋左右，配套温度、二氧化碳、湿度、光照自动控制系统调控银耳生长环境，初步实现了银耳智能化、工厂化、周年化生产（图 7–6）。目前，惠民县已建有 50 余个标准化智能控温大棚，成为江北最大的银耳标准化生产示范基地。

图 7–5　标准化智能控温大棚外部

图 7–6　标准化智能控温大棚内部

2. 新型食用菌栽培大棚

山东省莒县种植银耳以新型食用菌栽培大棚为主，大棚每栋 1 500 m^2（100 m×15 m），棚高 6.3 m，棚内配套栽培架、通风降温及遮阴设施。栽培架宽 90 cm，过道间距 100 cm，架高设置一般 7 ～ 9 层，层间距 25 cm，按不同栽培季节确定数量，每平方米放棒 50 ～ 60 个（图 7–7，图 7–8）。

图 7–7　新型食用菌栽培大棚外部

图 7–8　新型食用菌栽培大棚内部

3. 银耳菌渣高效利用模式

银耳菌渣有机质含量高，各种速效养分齐全，可作为栽培料重新用于其他菇类生产，不但提高了银耳菌渣利用率，而且降低了其他菌菇的生产成本。目前，银耳菌渣在山东省主要应用于滑子菇和平菇栽培料中，促进了银耳产业绿色循环发展（图 7–9）。

图 7–9 银耳菌渣生产平菇

三、银耳加工情况

银耳含有丰富的营养成分和功效成分，现代药理研究证明，银耳的药理活性均与银耳多糖显著相关，银耳多糖具有优异的降血脂、降血糖、降胆固醇、抗病毒、抗肿瘤、抗溃疡和提高人体免疫机能等生理作用。同时，银耳多糖具有极强的增稠稳定性，可作为天然添加剂广泛应用在食品、医药和日化领域。山东省银耳加工产品丰富，主要产品类型和企业如下。

（一）即食鲜品

随着人民消费水平的提高，鲜品银耳需求量不断增加，通过生鲜冷链物流配送，其产品效益不断提高。山东冠铭菌业有限公司、青岛联合菌业科技发展有限公司、山东福禾菌业科技股份有限公司、沂水县继鑫蘑菇种植农民专业合作社等企业均销售鲜品银耳，产品以按朵包装或整个菌棒鲜品等多种形式进行销售（图 7–10）。

图 7–10 按朵销售鲜品银耳

（二）加工食品

银耳多糖具有增加溶液黏度及乳化稳定作用，可用于饮料、乳制品及冷饮等食品加工中，而且作为天然的食品添加剂，可提高食品的营养价值。山东冠铭菌业有限公司、广富（山东）生物科技股份有限公司、山东众成菌业有限公司等企业生产的银耳加工食品类型丰富，包括银耳健康养生饮料、银耳挂面、银耳罐头、银耳果冻、银耳粥、银耳冲剂、银耳薯片、银耳养生酒等。山东冠铭菌业有限公司与郑州好想你枣业健康食用股份有限公司合作生产的“清菲菲”银耳系列产品，市场占有率较高（图 7–11 至 7–14）。

（三）化妆品

银耳多糖具有保湿、美白、抗皱等功效，可作为功效成分添加剂应用于化妆品中。山东冠铭菌业有限公司和山东众成菌业有限公司等公司开发出保湿乳、面膜等美容养颜化妆品，目前已在市场销售。

图 7-11 银耳加工品

图 7-12 银耳胶

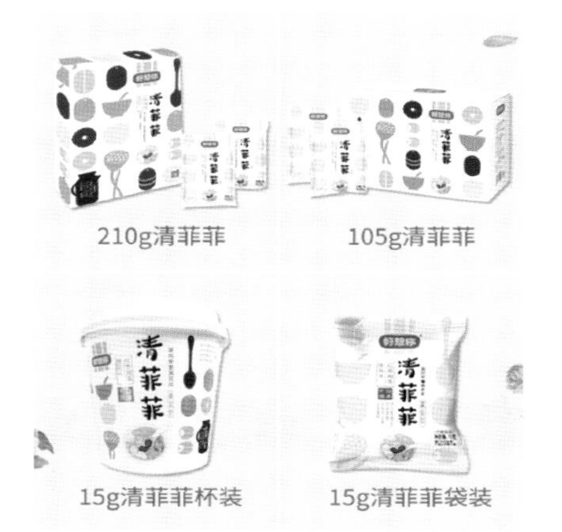

图 7-13 银耳代餐粥

图 7-14 银耳饮品

第八章

广西壮族自治区银耳产业发展研究报告

赵承刚[1]，祁亮亮[1]，李俐颖[1]，吴小建[1]，郎宁[1]
1. 广西农业科学院微生物研究所

摘要： 广西壮族自治区作为我国后起的银耳产区，2020 年，全区银耳总产量 4 006.13 t（折鲜），占全国银耳总产量 556 300 t 的 0.72%，总产值 3 695.22 万元。本章通过总结广西银耳产业在栽培、加工、经营、品牌培育、科技创新与推广等方面的发展现状，对广西银耳产业发展过程中存在的问题进行分析，同时，从种业创新与产业化、高质量生产体系建设、发展银耳加工业、推进现代化银耳经营体系建设、强化品牌战略、科技引领等方面浅析推进广西银耳产业转型升级的政策建议。

关键词： 广西；银耳；种业创新；绿色生产；三产融合

一、广西壮族自治区银耳产业发展概况

银耳首次栽培记载为 1800 年，当前我国银耳产区主要集中在福建古田和四川通江等地，随着制种和栽培技术的发展，银耳产量大幅度提高。广西壮族自治区（以下简称广西）银耳栽培源于 1940 年前后，在 20 世纪 70 年代曾有较大规模，根据一些老专家回忆，在 1979 年对越战自卫反击战期间，仅桂林地区就生产 33 t 银耳干品，由百色地区采购慰问参战部队伤员。

（一）银耳栽培业现状

主产区优势显著。广西银耳工厂化种植主要分布在桂南，农法种植主要分布在桂中、桂北、桂西等海拔较高的山地或丘陵地带，重峦叠嶂，植被丰茂，溪流纵横，春夏凉爽。近年来，广西银耳产业快速发展，产量逐年递增（图 8-1），2020 年，全区银耳总产量 4 006.13 t（折鲜），占全国银耳总产量 556 300 t 的 0.72%。

广西银耳栽培主要集中在崇左市龙州县广西龙州现代农业食用菌示范园区内的两家工厂化生产企业，其中，广西龙州北部湾现代农业有限公司2018年下半年正式投产，年产60万棒，干品60 t；2019年产400万棒，干品440 t；2020年产300万棒，干品330 t；2021年产300万棒，干品330 t。广西君宝颜食品有限公司2021年投产，年产100万棒，干品110 t，2022年1—4月共生产180万棒（表8–1）。

广西君宝颜食品有限公司和广西龙州北部湾现代农业有限公司的鲜银耳、干银耳产品均获有机产品认证。主要种植黄色品系，共6个菌株。菌种主要来自福建古田，菌株编号混乱，菌种进入广西后重新定义并编号，编号为BBWHYE-01、BBWHYE-02、BBWHYE-03、BBWHYE-04、BBWHYE-05、BBWHYE-06。6个菌株种植数量平均分配。两家公司合计共有技术人员30人、工人82人。

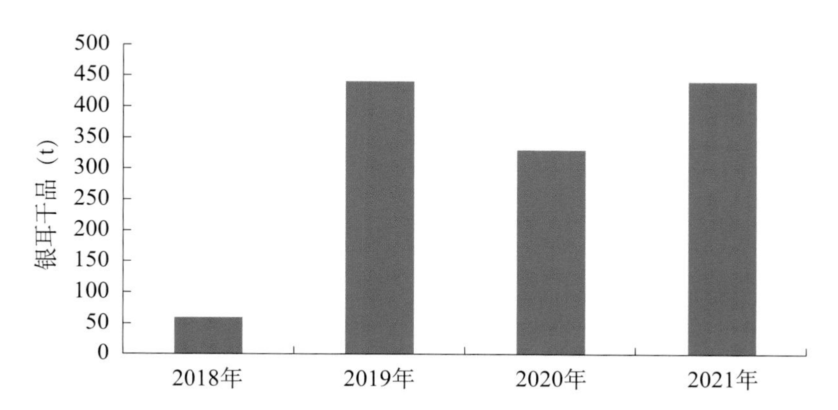

图8–1　2018—2021年广西银耳产量变化情况

数据来源：广西农业部门统计数据。

表8–1　广西袋栽工厂化银耳生产企业（2020年）

序号	所在市（区、县）	企业名称	日产量（万袋/瓶）
1	崇左市龙州县	广西君宝颜食品有限公司	5
2	崇左市龙州县	广西龙州北部湾有限责任公司	1

注：表中未标注均为袋栽生产企业。

（二）银耳加工业现状

广西君宝颜食品有限公司年产量5 940 t，年产值237 600万元，主要产品有银耳鲜露、冻干银耳羹、冻干银耳，公司获广西壮族自治区“专精特新”小巨人、“广西好嘢”认定；“猫千岁”品牌获中国长寿之乡养生名优产品认定、香港优质“正”印认定。

（三）银耳产业经营现状

广西君宝颜食品有限公司产品销售线上占比80%、线下占比20%。广西君宝颜食品有限公司与李佳琦、林依伦等头部主播建立直播带货合作，迅速扩大产品的市场占有率和知名度。广西龙州北部湾现代农业有限公司产品销售主要以批发市场及加工原料为主，连锁超市为辅，采用线上全网销售，产品主要销往两广和福建，各占 30% 和 70%。

（四）银耳文化品牌培育现状

广西君宝颜食品有限公司获“农业企业品牌”，注册商标“猫千岁”银耳露及银耳羹获“农产品品牌”“广西好嘢”品牌等。

（五）银耳产业科技创新与推广成效

1. 社会团体

自工厂化企业建成以来，鉴于企业的技术支撑需求，广西农业科学院微生物（食用菌）研究所药用真菌团队从零基础起步，经过几年的科研工作，取得了可喜的成效。

广西君宝颜食品有限公司企业自有研发团队 1 个、技术人员 24 人，与广西农业科学院微生物（食用菌）研究所、广西农业科学院农产品加工研究所、江南大学、广西大学等高校及科研院所有长期合作关系，企业建有“专家工作站”、中国农村科技协会食用菌“科技小院”。

广西龙州北部湾现代农业有限公司自有研发团队 1 个、技术人员 6 人，与广西农业科学院微生物（食用菌）研究所等科研院所均有合作协议。广西壮族自治区农业主管部门与广西农业科研单位从品种选育、栽培技术、产业技术体系建设、科技成果转化等方面给予广西银耳主产区龙州县大力支持。

（1）牵头成立广西龙州特色作物试验站　2017 年，经原广西壮族自治区农业农村厅和广西农业科学院同意成立。广西壮族自治区财政专项经费支持，以龙州县农业科学研究所为依托单位，广西农业科学院微生物（食用菌）研究所、广西南亚热带作物研究所相关专家组成专家组担任技术支持，国家现代农业产业技术体系广西食用菌创新团队首席专家兼任特色站专家组组长。这是广西在体制不变的情况下进行机制改革的成功突破案例。政府农业主管部门和广西农业科学院合作支持共建，食用菌产业牵头成立“广西龙州特色作物试验站”，以类似方式救活了一批市县级基层农科所，农业农村部专门派人调研，广西的做法得到表扬和高度重视。

（2）建立国家及广西产业技术体系建设示范基地　“国家现代农业产业技术体系食用菌南宁试验站”和“国家现代农业产业技术体系广西食用菌创新团队”示范基地。

（3）创建广西现代农业示范园区　荣获“广西现代农业食用菌示范园区”五星级园区。

（4）开展新品种选育。与种质资源采集鉴定保存　在“龙州弄岗保护区”开展“食用菌种质资源调查收集和鉴定”项目中收集到野生银耳种，为下一步银耳育种材料打下良好基础。

（5）帮助企业解决协调生产经营中出现的问题　广西农业科学院微生物（食用菌）研

究所研究团队初步解决了工厂化生产银耳菌种繁育、病虫害防治等问题，正在进行银耳栽培光谱等种植相关研究，发表了多篇论文，取得可喜的成效。

2. 相关政策、资金投入情况

广西君宝颜食品有限公司资金总投入3亿元。广西龙州北部湾现代农业有限公司资金总投入2亿元。两家企业在“广西龙州现代农业食用菌示范园区”内已形成一二三产业融合。

二、广西壮族自治区银耳产业发展存在的问题

1. 生产规模较小

广西食用菌生产多年来普遍为农法种植，主要是利用南方冬闲季节和气候生产食用菌。银耳仅限于一些外地菇农在广西零星分布种植，点少量少，直至2018年出现银耳工厂化生产。

2. 专项政策扶持缺乏

2005年食用菌产业被自治区列为“广西新兴农业优势产业”，之后到2016年，广西食用菌产业总量实现了12年连增，得到了高速发展，但银耳种植仍未形成产业。

3. 科技支撑缺位

广西食用菌科研力量薄弱，而且大多只关注广西前四大品种。银耳生产需求不大，科研项目和工作极少，加上老一辈退休后又出现青黄不接的现象，除广西农业科学院微生物（食用菌）研究所得到逐年加强外，广西大学、广西科学院等相关科研单位举步维艰，科研及推广缺位严重。

▶ 第Ⅲ部分

中国银耳产业发展趋势报告

第九章 产业发展亟须银耳种业创新

金文松[1]，杨洋[1]，谢家成[1]，陈利丁[1]，曹继璇[1]，孙淑静[1]
1. 福建农林大学生命科学学院

摘要： 银耳种业是银耳行业发展的基石。因银耳菌种的特殊性目前发展步伐缓慢，品种选育手段传统，种质资源挖掘不足，品种同质化严重，相对单一，知识产权保护意识匮乏，菌种质量鉴定标准不全面，缺少专业人才创新，极大制约了银耳行业的高质量健康发展。针对上述问题，本章提出了一些应对措施予以参考。

关键词： 银耳种业；育种；品种；菌种质量检测

我国南北纬度跨度大，气候差异大，有海拔低于海平面的城市，有“世界屋脊”青藏高原，也有世界第一高峰珠穆朗玛峰，有“紫色盆地”四川盆地，有沙漠，有森林，有草原，有湿地，国土面积居世界第三位，广阔的土地赋予了中华大地得天独厚的菌物资源，给予了炎黄子孙珍贵的礼物。目前，世界上可食用的菌物资源约有 2 000 种，中国的食用菌种质资源有 876 种，可以进行生产的约有 80 种，可进行规模化生产的约有 50 种，可以进行食品加工的食用菌有近 30 种。

自 20 世纪 60 年代，随着食用菌产业的发展，大批科研人员开始探索我国野生菌种质资源，出版了多部著作记录我国野生的菌物资源，为食用菌产业的蓬勃发展打下了坚实基础。种质资源的保藏是食用菌育种和生产的重要环节。我国自 1979 年 7 月建立了菌种保藏制度，成立中国微生物菌种管理委员会，其下设的中国普通微生物菌种保藏管理中心、中国农业微生物菌种保藏管理中心、中国工业微生物菌种保藏管理中心、中国林业微生物菌种保藏管理中心都可以进行菌种保藏。其中，食用菌菌种主要保藏在中国工业微生物菌种管理中心。此外，我国台湾省“工业食品发展研究所生物资源保存及研究中心”也可以对食用菌菌种进行保藏。与此同时，食用菌产业较为发达的城市如福建、四川等地也会对当地的食用菌种质资源进行保藏。菌种保藏有斜面保藏法、低温液氮保存法、石蜡油保存法、真空保存法等多种方法可供选择。

虽然我国食用菌种质资源保藏发展了近60年，但由于资金少、起步晚，仍落后于其他国家。我国虽有菌种保藏中心，但是大部分只留了样本而没有进行分离保藏菌种，使得我国虽有大量野生菌物资源，但是可以使用的菌物资源较少，育种材料相当有限，限制了食用菌育种的发展，致使选育的品种间几乎无太大差别。其次，由于知识产权保护意识的匮乏，使得我国食用菌种质资源流失严重，多个我国最先种植栽培的品种被其他国家抢先注册。

银耳作为“菌中之冠”，是我国重要的食用菌资源。我国是银耳生产大国，各地银耳产量逐年上升，生产的银耳销往全球各地，出口量占世界银耳出口总量的95%以上，我国银耳产业在国际上的地位不言而喻。银耳种业作为整个银耳生产行业的基石，目前我国的研究相对较少，亟须创新发展来推动整个银耳产业发展，孕育产业发展新动能。

一、我国银耳种质资源现状

（一）我国银耳分布情况

我国银耳主要分布于福建、四川、湖北、云南、贵州、陕西、江西、安徽、浙江、江苏、山西、广西、广东、海南、台湾、青海等省（区）。其中，福建古田县产量最大，四川“通江银耳”和福建“漳州雪耳”也颇负盛名。

（二）我国银耳采集分类情况

广义的银耳属有90多种真菌，高度多源，寄主多样，其中一半的真菌寄生在地衣上。2015年，我国学者刘新展等对广义银耳进行了分类系统重建，根据其在系统进化树上的位置，分为8个单源分支和若干单种分支。其中，1个单源分支被定义为新属（*Pseudortremella* gen. nov），并对4个单源分支所代表的属进行修订（*Tremella seusu-stricto*，*T. Carcinomyces*，*T. Naematelia*，*T. Phaeotremella*），另外3个单源分支内的种寄主都为地衣，不能分离到活菌株，因此保留现在的命名和分类地位。

修订后的银耳属也被称为狭义银耳属，包括30余种真菌，模式种是*Tremella mesenterica*。深受国人喜爱的食用菌银耳（*T. fuciform*）就是狭义银耳属的一员。此外，我们常见的*Naematelia*属的金耳（*T. aurantialba*）和*Phaeotremella*属的茶耳（*T. foliacea*）也深受老百姓欢迎。

（三）我国野生银耳驯化情况

目前，我国银耳品种选育的研究机构主要有四川省食用菌研究所（原土壤肥料研究所）、福建农林大学生命科学学院、重庆市中药研究院、巴中市通江银耳科学技术研究所。针对通江椴木银耳行业中存在的优良品种欠缺的问题，四川省食用菌研究所的彭伟红及其团队分析椴木中香灰菌的物种，评价其特性，证实了银耳香灰菌并非严格意义上的一一配对，而是可以通过交叉配对的方式获得新的栽培组合。探索银耳航天育种，培育了新的椴木银耳品种“川银耳 1 号”和“川银耳 2 号”。其中，杨勇等基于 ISSR 分子标记鉴定技术，筛选出具有潜力的 23 个银耳野生菌株及其伴生菌，通过区域适宜性、遗传稳定性、抗性等试验，选育出高抗、高产、优质银耳新品种 08ls-y2 号及伴生香灰菌 08ls-xh2，经新品种审定委员会审定为“川银耳 2 号”，该银耳品种在主产区重庆黔江和四川通江等大规模栽培，良种覆盖率达 95%。福建农林大学团队探索了诱导银耳 YLCs 萌发条件和与香灰菌配对出耳的方法、银耳双核酵母状孢子的萌发条件，建立了野生银耳驯化育种体系，该团队在全国范围内收集野生银耳种质资源，通过野生菌种驯化和不同菌株的担孢子杂交获得新的品种，2020 年选育出形态特征独特、多糖含量高的新品种“绣银 1 号”来自福建安溪野生银耳的驯化，适用于代料栽培和段木栽培。

（四）我国银耳菌种保藏情况

我国银耳种质资源相对其他栽培历史悠久的食用菌如香菇、平菇等面临的种质资源问题更为严峻。银耳需与香灰菌共同培养才能较好地出耳，因此，必须同时分离到纯银耳菌丝和与其配对的纯香灰菌丝才能完成银耳种质资源的保藏。同时，银耳的耳片又是片状的，野生银耳耳片上附着大量杂菌，组织分离以及耳木分离较难分离得到银耳菌丝，孢子弹射得到的酵母状孢子难以萌发出菇。此外，银耳菌种保藏方法也是难以解决的问题，目前还没有公认的能够长时间保藏银耳菌种优良性状的方法。银耳菌种保藏通常是将银耳菌株与香灰菌菌株一同保藏，若将银耳菌株单独长期保藏会有子实体变黄的趋势。常用的保藏方法为低温保藏法、液体石蜡保藏法、基内菌丝团风干保藏法，银耳芽孢滤纸保藏法对农艺性状产生的影响尚不可知，低温液氮保藏法则不适用于银耳菌种保藏。

（五）我国银耳资源情况

目前，我国在各地区通过认定、审定或鉴定银耳的主要品种有 7 个，分别是银耳 9901、古田银耳 Tr21、古田银耳 Tr01、银耳 Tr2016、绣银 1 号、川银耳 1 号、川银耳 2 号。

1. 银耳 9901

银耳 9901 作为增白银耳菌株，曾为解决“熏硫”银耳作出重大贡献，挽救了当时岌岌可危的古田银耳产业。菌株生产过程中，温度应保持在 21 ～ 28 ℃，最适宜温度为 24 ～ 28 ℃，耳片在培养温度、湿度、光线正常的情况下才显牡丹形。底架喷水量少，温度低，光线不足，叶片较易变为菊花形。温度高于 28 ℃，孢子就会受到伤害，而香灰菌丝耐温性较强，高于 30℃还可正常生长，但空气太干燥，将使香灰菌丝衰老以至死亡。银耳 9901 菌株白毛团一般比常规品种松弛，颜色较白，子实体呈纯白色，折干率 27% ～ 27.5%，朵形为牡丹形，耳蒂直径 2 ～ 3 cm，子实体直径 15 ～ 20 cm。

2. 古田银耳 Tr21

古田银耳 Tr21 是兴华真菌研究所戴维浩从家栽香灰菌株 1 号与野生银耳芽孢 02 号配对筛选得到的 1 个性状优良的变异单株。子实体成熟时耳片舒展，无小耳蕾，蒂头黄，耳片下垂，弹性强，形似牡丹花或菊花，朵直径 10 ～ 14 cm，产量高，单朵鲜重 90 ～ 150 g，最大 250 g，全生育期 35 ～ 42 d。优良菌株具有朵形美、耳片较白、产量高、品质好、抗逆性强等优点，生物学转化率 134%，可作为银耳工厂化栽培的主要推广品种。该品种能在 18 ～ 26 ℃的环境下生长，最适温度为 23 ～ 25 ℃，最适 pH 值为 5.2 ～ 6.2，培养基含水量以 53% ～ 61% 为宜，光照对该品种的发菌、出耳也有一定的影响，发菌期光强一般在 300 lx 以下，出耳期则以 10 ～ 500 lx 为宜。此外，在栽培时添加 1% ～ 2% 蔗糖和 1% ～ 5% 石膏粉及 0.3% 硫酸镁能增强该银耳品种菌丝活力。该品种适合剪花销售。

3. 古田银耳 Tr01

古田银耳 Tr01 是兴华真菌研究所戴维浩从家栽香灰菌株 1 号与野生银耳芽孢 02 号配对筛选得到的 1 个性状优良的变异单株。子实体颜色洁白，蒂微黄，伴有光泽，形状一般呈菊花状或牡丹状，单朵鲜重 80 ～ 110 g，生长周期 33 ～ 40 d。成熟时耳片完全展开，耳片下垂，无小耳蕾，弹性强，耳片大小及形态随性状、温度、湿度、光度、营养及两种菌丝比例等不同而变化。该银耳品种能够在 18 ～ 26 ℃的环境下生长，最适温度在 23 ～ 25 ℃，最适 pH 值为 5.2 ～ 6.2，培养基含水量以 53% ～ 61% 为宜，光照对该品种的发菌、出耳也有一定的影响，发菌期光强一般在 300 lx 以下，出耳期则以 10 ～ 500 lx 为宜。此外，栽培时添加 1% ～ 2% 蔗糖和 1% ～ 5% 石膏粉及 0.3% 硫酸镁能增强该银耳品种菌丝活力。该品种适合剪花销售。

4. 银耳 Tr2016

严俊杰等（2015）邓优锦等在福建省尤溪县洋中镇后楼村枕头山的枯木上发现 1 株野生银耳，通过近 2 年的反复驯化和完善，最终获得适合工厂化瓶栽的新种 Tr2016。菌丝生长温度范围 5 ～ 35 ℃，适宜范围 22 ～ 25 ℃，致死温度 40 ℃；pH 值为 5 ～ 8，最适 pH 值为 5.5 ～ 6.5；基质含水量 45% ～ 70%，最适含水量 55% ～ 60%；不需光照。后熟期 5 d，原基发育分化温度 20 ～ 22 ℃，空气相对湿度 85% ～ 90%；CO_2 浓度 0.25% 以下，需要一定光照刺激。子实体发育温度 18 ～ 26 ℃，最适温度 23 ～ 24 ℃；适宜相对湿度

90%～95%；CO_2浓度1 800～3 500 mg/m³。子实体由多片波浪状卷曲的耳片组成牡丹花状，颜色雪白，干后淡黄色。子实体颜色与对照白色主栽品种Tr01相当，但明显比对照黄色主栽品种Tr21白。子实体直径13.2 cm，高度7.2 cm，培养周期从接种到采收约45 d。

5. 绣银1号

张琪辉等（2021）在福建省安溪县发现1株野生银耳，经过3年反复驯化，多年多点生产试验，得到高产、优质、强适应性、性状明显的品种绣银1号。子实体丛生或单生，片状，形态呈菊花型或绣球型。新鲜时柔软，为半透明胶质状，纯白色或淡黄色，相比于对照Tr21耳片边缘呈锯齿状、不规则，光滑富有弹性，耳蒂黄色至橘黄色，耳片由5～14枚薄而波曲的瓣片组成，耳心硬度部分较小。银耳子实体富含胶质，含水量较高，干燥后强烈收缩成角质，硬而脆，白色或米黄色，吸水后又能快速恢复原状。子实体隆起度高，平均隆起度7.0 cm，平均直径13.4 cm。

6. 川银耳1号

四川省农业科学院土壤肥料研究所、通江县银耳科学技术研究所、四川金地菌类有限责任公司，在通江县诺水河镇碧山村采集分离野生的银耳并与其伴生菌香灰菌进行两两配对，筛选获得菌株“川银耳1号”。子实体呈鸡冠状，朵型较大，耳片厚，耳基小，产量高。出耳温度适宜范围20～28 ℃，最适温度为23～25 ℃。菌丝体生长培养基最适含水量为60%～65%，子实体形成和发育阶段适宜空气相对湿度85%～90%，出耳期间温度控制在20～30 ℃，空气相对湿度85%～90%，光照强度以100～400 lx的散射光线为好，保持空气新鲜。采收标准为子实体停止生长，耳片没有小耳蕊，全部伸展、疏松，形似牡丹花或菊花，颜色鲜白或米黄，稍有弹性，及时采下并去除耳脚。

7. 川银耳2号

川银耳2号是由野生菌株通过基内菌丝分离并与其伴生菌香灰菌进行配对，从多个具有出耳特征的组合菌株中筛选获得，子实体形态为菊花状，朵形较大，耳片较厚，耳基小，产量高，出耳温度范围20～28 ℃，最适温度23～25 ℃，全生育期200 d。

8. 银耳新菌株20-1、野生4号

2021年7月，巴中市通江银耳科学技术研究着力开展院所合作，与四川省农业科学院开展技术联姻，成功选育通江银耳新菌株20-1、野生4号。两年的品比试验显示，两个新品种均有出耳整齐、耳片致密、泡发率高、胶质含量重、生育期短等显著特性，可分别增产11.3%、11.9%。

9. 银耳菌种比较

目前，我国银耳菌种在栽培方式上可以分为三大类。第一类是段木栽培的菌种，段木栽培主要分布在四川通江，使用的菌种主要为川银耳1号和川银耳2号，而新选育的两个菌种 20-1、野生 4 号经过试验证明比川银耳 2 号高产，未来可能成为新的主栽品种；第二类是瓶栽菌种，目前主要是古田银耳 Tr21 和 Tr2016；第三类是袋栽品种，袋栽银耳的产区主要在福建古田，其产量占我国银耳总产量的 80% 以上，主要使用的品种是古田银耳 Tr21 和 Tr01。孔旭强等（2019）对比了两个菌种的生理生化指标以及农艺性状，发现两者除子实体颜色外无显著区别，同质化严重，且两者由于传代次数的增加已经出现了菌种退化的现象。新选育菌种“绣银 1 号”适合于瓶栽、袋栽、段木栽培，单产比对照银耳 Tr21 提高 7.1%，且可出菇 2 ～ 3 茬，总糖含量高，耳片形态特点明显区别于其他品种，在加工及细分市场定位有明显优势。

二、银耳育种技术现状

目前，我国食用菌育种方法主要有选择育种、杂交育种、诱变育种、原生质体融合育种以及分子育种等方法。银耳的育种流程是：纯银耳菌株选育—相应香灰菌株选育—菌种制备。银耳的育种范围主要是纯银耳菌株的选育以及银耳原种制备的优化。银耳品种的选育主要使用野生银耳驯化、选择育种以及杂交育种。优质银耳菌种是保证优质银耳商品的前提。

银耳菌株的选育常用的方法是驯化及人工选择，主要通过采集理想的野生银耳子实体进行组织分离或者担孢子弹射法来收集菌株，丰富银耳种质资源，为下一步银耳育种做准备。收集到的银耳菌株通过栽培试验、反复测评，可以筛选出优良银耳菌株用于生产。银耳既可以进行无性生殖，也可以进行有性生殖。银耳属于四极性、异宗结合，通过筛选出不同菌株的、不同交配型的担孢子进行杂交可以获得具有新性状的杂合种菌株。

香灰菌是银耳菌丝生长过程中不可或缺的伴生菌，在收集银耳菌株时也要收集与其配对的香灰菌株。经过遗传多样性表明，香灰菌株之间差异较大，且香灰菌作为伴生菌影响着银耳菌丝的生长发育以及银耳出耳的性状。此外，银耳纯菌丝与香灰菌丝并不具有“专一性”，但近年来香灰菌研究较少，深入研究的更是寥寥无几，因此，选育适应性广、具有优良性状的香灰菌菌株十分重要。

由于银耳的特殊性，银耳菌种在银耳生产环节中变得格外重要，要求科研人员对于银耳纯菌丝和香灰菌丝都进行深入研究。目前，我国对于香灰菌的研究尚处于起步阶段，成为制约我国银耳育种的一大因素。同时，由于银耳酵母双形态互换的机理尚不明确，尚未了解出菌丝态和酵母态转换的条件，使得银耳育种技术发展停滞不前。由于野生种质资源开发严重不足，种质资源缺乏，银耳育种材料较少，造成目前主栽的银耳品种同质化严重，差异较小。此外，银耳菌种退化成为银耳种业的一大难题，除选育新品种外，菌种退化的根源是否为香灰菌丝的问题尚未可知。

三、银耳菌种知识产权保护现状

（一）国外食用菌菌种知识产权保护制度

目前，世界上在食用菌菌种保护方面做得比较好的国家是日本和美国。日本在食用菌菌种保护方面的做法较为全面和细致，主要通过植物新品种对食用菌进行保护。早在1978年，日本就对食用菌实行品种注册制度，在1981年加入了国际植物保护公约，2004年颁布并实施《种苗修正法案》对侵权行为和处罚作出了规定。截至2004年年底，日本已经公布实施保护的食用菌有32种，有145个品种通过了注册保护，包括香菇、平菇、凤尾菇等重要食用菌。美国则是通过专利、植物专利以及植物新品种制度三者协同保护食用菌的知识产权。在美国，食用菌的菌种也可以获得专利保护，对于像食用菌等可进行无性繁殖的品种实行植物专利保护制度，2019年修订的《植物新品种保护法》也同样适用于食用菌。法国、丹麦、意大利、匈牙利等国家也对食用菌菌种的知识产权进行保护。

（二）我国食用菌菌种知识产权保护制度变革

我国食用菌知识产权保护制度主要有专利制度和植物新品种保护制度两种。专利制度主要对食用菌菌种、菌种选育技术和食用菌生产技术等进行保护。植物新品种保护制度则是专门对选育的食用菌新品种进行保护。我国食用菌知识产权保护虽起步较晚，但发展迅速，且随着我国法律法规的不断完善，目前已赶超多个国家。20世纪90年代以前，采用生物学方法得到的食用菌菌种，根据《中华人民共和国专利法》（以下称《专利法》）第25条的规定并不能被授予专利权。1993年，修改后的《专利法》正式实施，删除了第25条对“药品和用化学方法获得的物质”不授予专利权的规定，食用菌菌种从此成为专利保护的对象。1994年，我国加入了布达佩斯条约，中国微生物菌种保存管理委员会普通微生物中心（CGMCC）和中国典型培养物保藏中心（CCTCC）正式成为专利程序认可的国际保藏单位，极大方便了国内外食用菌领域的发明人在我国申请和获得菌种方面的专利保护。我国于1997年实施《中华人民共和国植物新品种保护条例》，并于1999年加入了国际植物新品种保护联盟（UPOV）。2001年，《专利法》再次修改，将食用菌基因等遗传材料也纳入专利保护范围。截至2019年2月，纳入我国植物新品种保护名录的食用菌属种包含白灵侧耳、黑木耳、灵芝、蛹虫草、长根菇、平菇等15个属种。

但是由于人们对专利意识的缺乏和专利制度的不完善，长期以来，食用菌开发者对专利保护制度缺乏基本的认识，绝大多数科研人员未认识到保护食用菌菌种的重要性与必要性，我国在食用菌菌种保护方面认知严重不足，这导致部分食用菌新品种菌株未得到保护，我国品种资源受到严重破坏。同时，国内食用菌品种随意引种、自行命名现象普遍，严重打击品种创新品牌的创新热情，也导致品种混乱、菌种质量差，影响企业健康发展。

我国一些品种资源以民间方式不断流传到国外，反而被其他国家研究并注册，其中白灵菇便是由我国先行栽培但被日本率先纳入食用菌品种保护名单的食用菌。目前，我国大面积种植的香菇品种引进自日本，草腐菌品种来自欧美，而木腐菌种则大多由日韩提供。由于缺乏知识产权保护意识，近年来，我国食用菌出口频繁遭遇日本等国的专利保护壁垒，极大影响了我国食用菌产品的出口创汇。

2020 年，我国首例食用菌菌种专利侵权案宣布审判结果，标志着我国食用菌菌种保护进入新阶段，对于激发我国食用菌菌种研发的积极性、规范菌种行业生产管理、促进我国菌种行业健康有序发展具有积极意义。

（三）我国银耳菌种知识产权保护现状

目前，我国食用菌菌种在知识产权保护上存在较大缺口，银耳尤其如此。专利是知识产权的重要体现，以“银耳”为检索关键词在国家知识产权局专利检索网站上共检索到 8 997 条专利，主要涉及银耳的培养方法、栽培料配方、接种方式、加工生产工艺、银耳产品研发等方面。但以“银耳菌株”或“银耳品种”为检索关键词，只能检索到 18 条专利，与银耳菌种密切相关的专利仅 1 条。此外，截至 2019 年 2 月，银耳尚未被纳入《中华人民共和国植物新品种保护条例》。这些情况表明，我国银耳菌种的知识产权保护水平较香菇等食用菌尚存在一定差距，和世界先进水平相比更是相差甚远。

四、我国银耳种业发展的未来方向

（一）全面调查银耳种质资源，加强资源保护

整合现有银耳种质资源与开展野生银耳种质资源调查同步开展，在全国范围内收集野生银耳种质资源以及国内外栽培种质，分离保藏菌种，通过系统鉴定评价，建立银耳种质资源库和标本库。

针对银耳资源表型鉴定与深度挖掘的前瞻性、针对性、精准性不强等问题，加大银耳资源挖掘力度，对银耳安全与健康产业重要资源开展全面持续的调查与收集。根据银耳生长的自然环境地域特点，加大对银耳种质资源的调查力度。

在现有银耳遗传资源获取技术的基础上，挖掘极端环境生长的银耳种质资源，揭示分布规律及物种多样性，创建高价值菌种基因与大数据，为银耳科学研究及应用开发提供原料。

（二）建立银耳种质资源平台，开展种源“卡脖子”技术攻关

应用分子标记等技术手段高效筛选并准确评价银耳的菌种、基因、代谢产物，获得银

耳产业具有应用前景的核心菌株，实现银耳品种创新。

建立银耳种质资源平台，为有机整合我国银耳资源的储备、评价、开发、利用提供条件。运用现代信息技术，建立银耳种质资源库、基因数据库，高效收集包括银耳菌种与资源采集信息、生理生化信息、酶学及代谢产物活性信息、核酸序列信息在内的生物资源信息。

建立生物信息学数据处理、功能分析、结构设计等专业软件环境，发挥网络技术、大数据分析等特色功能，促进全国范围内银耳资源的数据共享。

（三）深入研发种质资源，实现育种技术体系创新

启动种质资源精准鉴定，构建资源分子指纹图谱库，推进银耳种质资源应保尽保，为品种溯源、新品种开发利用奠定基础。

开展种质资源挖掘利用、分子育种、菌种生产质量全程控制等关键共性技术研发，提升菌种自主研发能力。同时，运用基因组学、转录组学、蛋白质组学等技术手段，解析银耳菌株的环境耐受、环境适应、益生功能的分子机制，建立银耳从分离、筛选、评价到相应品种出菇所需的一系列技术设施，覆盖基础研究、功能研究、试验验证（含临床研究）、产业化应用等环节。

发展银耳菌株高密度发酵、冷冻保护、微胶囊化、活性保持等产业化应用技术，显著改善功能微生物制品的生产效率，实现对培养基原料及配料、温度参数、时间参数的严格配比，按照功能微生物菌株的差异来设定优化参数，实质性提升产业化能力。开发设备自动化程度较高的微生物仪器与设备，适应银耳菌种质量评价、功效评价、菌剂生产、可靠保存、精深加工产品调控、专用设施等需求。

（四）加强良种繁育平台建设，建立银耳自主品牌实现产业自立自强

推进高质量银耳良种繁育平台建设，结合全国各地银耳生产情况建立标准示范基地，优化基地布局，配套提升标准化、集约化、机械化良种繁育基地。

支持科研机构、高校和银耳菌种企业合作，大力推广自主可控的优良品种，鼓励银耳生产企业、合作社以及散户栽培银耳新品种，实施优质品种展示推广示范，打造银耳优质菌种研发、生产与供应基地，建成标准化、规范化的全国银耳菌种生产供应基地。

通过菌博会、菌物学会会议、新品种发布会等重大活动，提升新品种曝光度，提高种业创新成果转化率。

（五）全面推进银耳菌种知识产权保护工作，激发银耳菌种创新活力推动构建行业发展新格局

全面加强银耳种业知识产权顶层设计，通过立法、执法、司法等一系列手段强化对菌种的知识产权保护，深化菌种知识产权保护工作体制改革，构建起知识产权保护大格局，

塑造菌种知识产权保护良好环境。加强自主知识产权的创造与储备，努力实现菌种知识产权保护，达到公共利益和激励创新的共赢。

（六）完善菌种质量监督管理体系，推动银耳产业高质量健康发展

统筹银耳菌种市场布局，以福建古田、四川通江为生产双中心，建设菌种生产中心，同时，在周边规划机械设备生产、原辅料供应中心，规范菌种生产原料来源，丰富原料种类，建设菌种市场基础数据库，推动菌种市场信息化建设，强化菌种精细化管理和刚性管理，开发建设多种类、多功能、多功效的现代菌种生产物资，为菌种生产提供稳定的原料来源。

推进菌种标准化生产，加快完善菌种质量监督管理体系，制定完善产地环境、投入品管控、运输保鲜、品牌打造、分等分级等关键环节标准，实施生产前、生产中、生产后全程标准化、规范化生产。建立菌种生产标准化机构，鼓励企业参与制定各项银耳菌种生产标准，严格执行菌种生产各方面相互配套的质量标准，形成科学、统一的菌种质量生产标准，使银耳菌种生产各环节都有标准可依、有规范可循；加强监管、检测、执法三大菌种生产体系建设，启动追溯管理信息平台建设，加快建立覆盖全过程的菌种质量可追溯制度；加大银耳菌种检验检测力度，增加抽检频次，提高检测覆盖面积，保证银耳菌种品质安全；加大对银耳菌种品质检测的投入，建立切实可行、简单易操作的菌种质量检测机制。

（七）大力推进银耳种业产业人才振兴，加快建设人才中心和创新高地

坚持以业聚才，以才兴业。针对银耳种业的人才需求，制定奖励措施，实施专项推进，建立招才引智引资制度，通过直接补助、项目扶持等方式，引导更多资金、人才、技术、信息资源聚集银耳种业，建立人才驿站、人才服务站、专家服务基地、青年之家等人才服务平台；建立健全表彰激励机制，对成果突出、影响力大、带动力强的银耳种业人才予以表彰。

第十章 银耳生产模式变革中寻找新途径

杨彬[2]，张海洋[3]，彭传尧[4]，严少妹[5]，李晓玉[6]，李佳欢[1]，胡开辉[1]，周翔[7]，孙淑静[1]

1. 福建农林大学生命科学学院；2. 福建省尤溪县农业科学研究所；3. 古田县现代食用菌产业园服务中心；4. 福建省尤溪县食用菌技术推广站；5. 福建省尤溪县农业农村局；6. 四川通江银耳协会；7. 古田县食用菌产业发展中心

摘要：近年来，随着国民经济的快速发展和居民生活水平的不断提高，对产品的关注从产量转移到品质，大众消费需求观念的改变以及现代化科技的进步都助推了银耳生产模式的革新与发展。目前，我国银耳生产有袋式栽培、段木栽培和瓶式栽培，不同模式的栽培条件、工艺流程、生产成本等不同，本章简要介绍了不同银耳生产模式的特点，分析比较不同模式的生产成本和适用性并针对银耳产业发展不同模式提出了前瞻思考，以期为银耳产业的现代化建设提供参考思路。

关键词：银耳；栽培模式；栽培条件；成本；新途径

银耳是我国的特产，因其营养丰富，口感富有弹性，深受消费者喜爱。由于野生银耳数量稀少，自 1894 年起，在四川通江开启了我国银耳人工栽培的序幕，总结培植银耳的经验是“天生雾，雾生露，露生耳”。人工栽培银耳发展至今已有 100 多年的历史，经过一代又一代研究人员刻苦攻关，在栽培条件改良、栽培模式创新方面取得了重大突破，形成了袋式栽培、段木栽培和瓶式栽培多种栽培模式共存的良好局面，开启了现代化银耳栽培之路。

一、银耳栽培条件的转型升级之路

经过半个多世纪的发展，银耳的栽培场地不断更新换代，从最初房前屋后的空地，到传统土木结构房、专用栽培房，再到标准化钢构栽培房，随着现代化技术的发展，工厂化栽培耳房也在逐步投入应用之中。

（一）露地栽培

图 10-1 露天栽培段木银耳现场

银耳的人工培育最初采用半野生栽培模式，即将耳木砍伐经晾晒至七八成干时，接入菌种，接种后的段木按“井”字形堆叠，保温保湿，培养菌丝，待菌丝培养成熟后，将段木“人”字形架起，进行出耳管理。当时的银耳出耳场所，一般在山边、林下、房前屋后的空地等天然“耳堂”（图 10-1），主要利用自然温度培养菌丝体和子实体，用草帘等遮阴，喷水保持湿度。这个时期为银耳栽培的起始阶段，实现了早期人们对银耳栽培的认知与推广，但该栽培模式下单产极低，产量少且易污染。

（二）第一代银耳专用生产房——土木结构耳房

1977 年，银耳瓶栽技术试验成功，单产大幅度提高，生产周期缩短为 36 ～ 40 d，古田银耳逐步进入商品化生产，在银耳瓶栽阶段，古田银耳从户外搬进了户内，但是没有专业的生产用房，由农户在自家住房中种植生产。

20 世纪 70 年代末，银耳袋栽工艺诞生，随着袋栽银耳工艺的不断突破，80 年代中后期，由于棉籽壳代替木屑栽培银耳取得成功，生产规模逐渐扩大，第一代银耳专用生产房——土木结构房诞生，古田银耳有了自己的“家”（图 10-2，图 10-3）。第一代菇房墙体用土坯搭建，屋顶以木头制作房梁并覆盖草木，外层覆盖瓦片，在菇房顶端设置有通风口可以更好地调控菇房内温度。目前，第一代菇房已经完全淘汰。

图 10-2 第一代银耳菇棚（内景）

图 10-3 第一代银耳菇棚（外景）

（三）第二代银耳专用生产房——砖瓦耳房

2000 年以后，随着栽培管理技术的创新，银耳专用栽培房及其设施也不断完善。第二代银耳专用生产房——砖瓦耳房诞生，墙体以砖块搭建，房顶结构与土木结构房相似，在菇房顶端设置有通风窗，房内墙面用石灰粉刷，第二代银耳房相对于第一代银耳房来说更坚固，防水性能更好，菌包污染率更低，管理成本也更节省（图 10–4，图 10–5）。

图 10–4　第二代银耳专用生产房（外景）

图 10–5　第二代银耳专用生产房（内景）

（四）第三代银耳专用生产房——泡沫水泥瓦耳房

为适应银耳多季度的生产，更好地提升库房的保温保湿效果，菇农在二代菇棚的基础上进行改造，第三代银耳专用生产房——泡沫水泥瓦耳房诞生，房体以空心砖或者砖块搭建，墙内墙外以水泥粉刷，墙外包裹泡沫板并搭建外棚（夏天拉上遮阳网，冬天包裹塑料薄膜），第三代银耳房温控功能再次升级，更适合银耳的多季度生产，管理成本更低（图 10–6，图 10–7）。

图 10–6　第三代银耳专用生产房（外景）

图 10–7　第三代银耳专用生产房（内景）

（五）第四代银耳专用生产房——彩钢瓦标准化耳房

2015 年，第四代银耳专用生产房——彩钢瓦标准化菇房诞生，房体为钢结构，施工周期短，大大节约了建筑成本，外观美观整洁，不需要搭建外棚也可以达到第三代菇棚的保温效果。房内清理更方便，很大程度降低了污染率，房内安装雾化系统，在降低劳动成本的同时，创造了更加有利于银耳生长的环境条件，大幅提高了银耳的产量和质量。该类菇棚是目前古田代料栽培银耳主要使用的菇棚类型（图 10–8，图 10–9）。

图 10–8　第四代银耳专用生产房（外景）

图 10–9　第四代银耳专用生产房（内景）

（六）第五代银耳专用生产房——工厂化栽培耳房

21 世纪以来，随着市场对于银耳产品品质、产量的需求提升，银耳栽培耳房也在标准化耳房的建设基础上不断完善升级，2013 年，全国首家全自动工厂化栽培银耳项目在海西（尤溪）食用菌科技创业示范园落户。另外，位于古田县大桥镇的天天源银耳生产基地是全国首个袋栽银耳工厂化生产项目，采取与小农户栽培截然不同的工厂化生产方式，这些项目的建设标志着第五代银耳专用生产房——银耳工厂化栽培耳房开始逐步建立。

目前，国内银耳工厂化栽培耳房的主要形式为密闭式保温菇房，有的是钢筋混凝土结构作保温隔热处理，有的则采用聚苯乙烯双面彩钢板作为库板，采用标准空调厂房和温、光、水、气的人工模拟生态环境测控系统，生长周期不受外界环境影响，四季均能稳定地进行高品质生产，相较于标准化栽培耳房，工厂化生产具有独立完成各环节的功能，功能区布局规范，实现了原料仓储、菌种制作、接种、养菌、出耳、采收加工等功能的合理规范布局。银耳工厂化生产过程都是在企业生产车间内完成，不受气候等自然因素条件影响，车间配备一整套温、光、水、气等环境因子的自动化、智能化、精准化控制系统，配套标准化生产工艺流程，实现每个环节的标准化生产，不仅做到银耳产量稳定和品质可控，还能实现产品质量可追溯、周年化生产（图 10–10，图 10–11）。

图 10-10 第五代银耳专用生产房（外景）

图 10-11 第五代银耳专用生产房（内景）

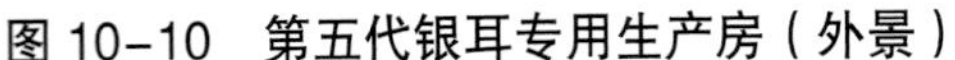

二、不同银耳栽培模式发展现状

据《续修通江县志稿》记载，银耳栽培历史可追溯至1880—1881年，通江县陈河耳农经过反复试种，获得人工栽培的银耳子实体，银耳生产开始从野生走向人工种植。20世纪50—60年代，随着银耳制种取得重大突破，段木银耳的产量大大提高；随后银耳经过了70年代木屑瓶栽栽培、70年代末木屑袋式栽培、80年代棉籽壳袋式银耳栽培，实现了银耳单袋产量的突破。进入21世纪以来，银耳生产开始由机械操作、以保温库房多季栽培为主，到现阶段开启工厂化栽培模式的探索，我国银耳栽培形成了段木银耳栽培、袋式栽培及工厂化瓶式栽培多种生产模式共荣的局面。我国银耳产业位居世界领先，享有“世界银耳在中国”的美誉。

（一）主要栽培模式

1. 段木栽培模式

段木银耳栽培是通江耳农依据野生银耳的生长环境及特点总结提升创立的栽培方式，并沿用至今。目前，我国段木银耳栽培主要集中在四川通江、河南信阳两大产区，其中，以四川通江银耳最著名。四川通江作为我国银耳人工栽培的发源地，具有悠久的银耳栽培历史。经过近年来的发展，通江段木银耳栽培条件由最初的土堂栽培向塑料薄膜等棚式耳堂转变，且生产段木规格有所改变，但变化不大，仍以古法栽培为主。因原生态的栽培方式，使得通江段木银耳在众多银耳产品中保持其品质特性，以“朵厚、胶质重、色泽纯、易炖化、营养丰富”等品质享誉海内外。通江银耳适合制作银耳羹等传统银耳饮食习惯，市场价格较高，有“耳中极品”“菌中魁首”的美称。2004年10月，“通江银耳”入列国家地理标志产品，发展至今，通江银耳正在成为享誉全国的知名品牌，品牌价值达40.41亿元。

通江段木银耳栽培以树龄7年以上的青冈树等为宜，一般每年3月下旬气温稳定10℃以上可开始接种，清明前后接种最佳，接种两个月后出耳采收，至10月左右结束生长。随着段木栽培技术的不断革新和优化，段木新法栽培技术的突破较旧法栽培单产提高6倍，且产量逐年递增。以通江段木银耳为例，2018—2020年，通江银耳产量产值实现了三连增，2020年，通江银耳40万kg（干品），银耳产业综合产值22亿元以上。同时，通江县通过发展银耳特色产业，在脱贫攻坚阶段带动8 000多户20 000余名贫困群众脱贫致富，“小银耳大能量，青冈木上开出致富花”（图10–12）。

图10–12 通江段木银耳出耳现场

因段木银耳对生态环境、生产原料及栽培方式的特殊要求，其产区主要集中在四川通江县，产能产量较为有限，目前，其产量占全国银耳总量的0.7%左右（2020年产量）。同时，由于古法栽培模式易受气候变化影响、温湿度难以控制，导致单产较低、生产成本高。近年来，社会经济的飞速发展，城镇化步伐加快，大量乡村的青壮年流入城镇，缺乏懂技术、懂管理、懂经营的农业经营主体，如何破解段木银耳对于劳动力的密集需求也是限制其发展规模的关键瓶颈问题之一。

2. 袋式栽培模式

20世纪70年代中后期，福建省古田县先后试验成功银耳瓶栽和银耳袋栽技术，开创了全球食用菌袋栽技术先河，极大地降低了银耳的生产成本，提高了银耳生产效率，加速了全国银耳产业的发展，促进银耳这一昔日珍贵的滋补品走入寻常百姓家。随后，古田银耳栽培者在实践中不断推进银耳袋式栽培技术创新，经历了数十年来的积累与沉淀，实现了袋式银耳产业的技术革命。

目前，银耳袋式栽培是利用塑料薄膜袋作为容器进行银耳生产的栽培技术，一般为“一棒三朵”，该模式是目前我国银耳栽培的主要生产方式，在福建、山东、河南、广西等地推广应用。袋式栽培虽然技术要求高，但原料来源广、成本低、周期短、产量高、品质好、管理方便，有利于农民增产创收。根据栽培场所条件不同，主要有袋式常规栽培、袋式设施温控栽培及袋式工厂化栽培，但其工艺流程基本相同（图10–13）。

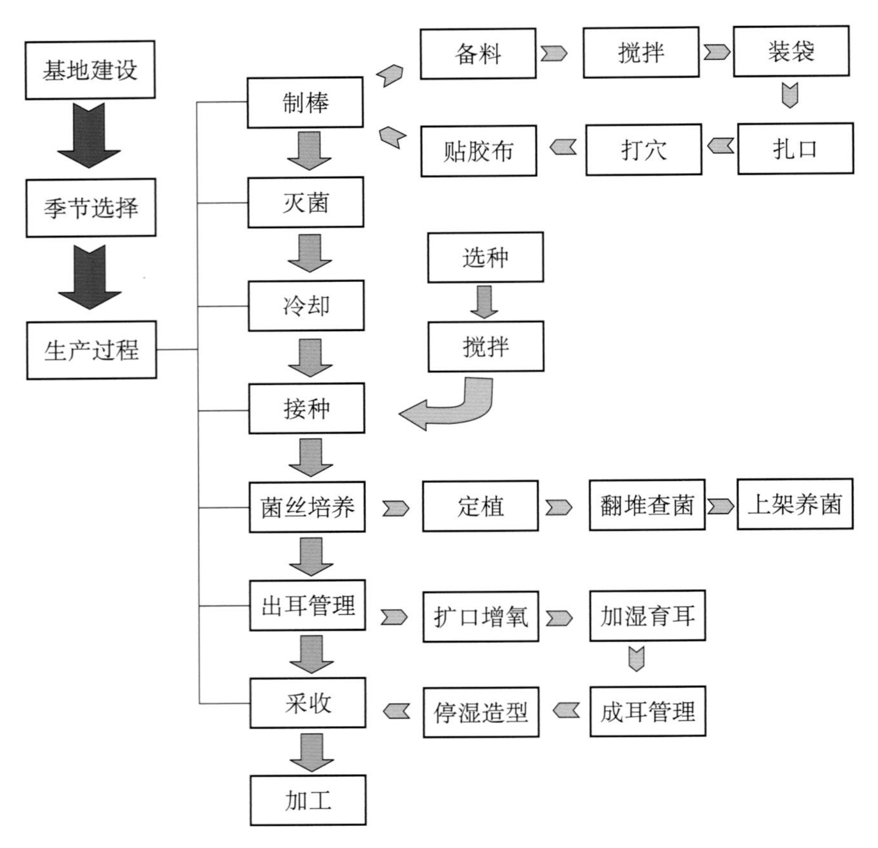

图 10–13 银耳袋式栽培工艺流程

作为袋式银耳栽培的发源地，福建省古田县有“中国食用菌之都”的美誉。2020 年，古田银耳产量达 3.57 万 t（以干品计），年产能占全国银耳的 63% 左右。伴随着银耳生产技术不断提升，配套服务体系的不断完善，袋式银耳产业在古田县稳定发展，逐渐形成了专业化分工、社会化服务、标准化生产、组织化经营的“古田县域工厂化”发展格局。围绕银耳产业，将生产各个环节分工细化（图 10–14），由原辅料供应商、菌种厂、菌包厂及烘干厂负责设备投入大、技术要求高的生产环节，而农户仅需负责接种、培养及出耳环节，减轻菇农劳动力投入，降低生产成本，提升菇农种植积极性，培育农户种植，实现农民就地就业与创业相结合，是乡村振兴的较好模式。实现袋式银耳生产的单元化操作，通过集中制种、打包、烘干等环节，节约设备成本，减少环境污染；生产过程中，可以根据乡镇所处环境合理安排生产，并根据市场需求调节生产规模，降低种植风险。

值得一提的是，古田除银耳栽培外，还能根据生产季节不同安排茶树菇、香菇、秀珍菇等多品种栽培，实现多品种周年化生产，保证了负责原料供应、菌种、菌包供应环节的工厂全年运行且具有稳定的收入来源；同时，几十年的食用菌产业发展为古田积累了大量经验丰富的食用菌从业者，为“县域工厂化”的运行注入不竭动力。因此，在该模式的推行前，各地应根据当地的食用菌产业规模、品种生产情况、分布特点及从业人员基础等方面进行综合考虑，合理分工布局，以保证各种植单元能够长效稳步运行。

装袋

扎口

打穴

贴胶布

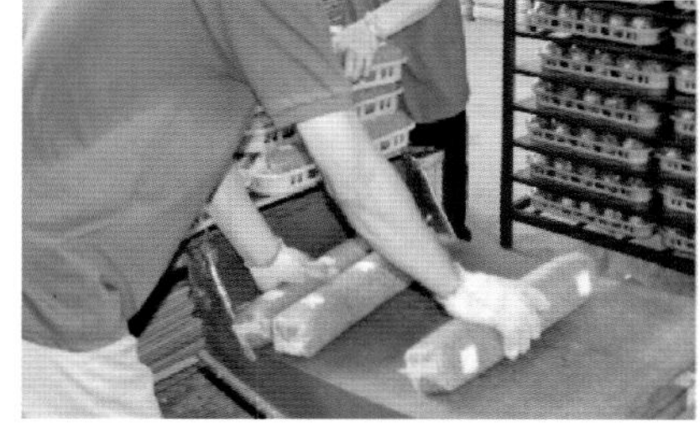
装框

进柜灭菌

图 10-14 袋式银耳栽培制棒中心生产流程

近年来，随着科技不断进步，银耳袋式常规栽培逐步向设施温控栽培及袋式工厂化栽培迈进。其中，银耳设施温控栽培即通过雾化系统实现对银耳出耳期间自动控湿，降低了劳动成本，创造了更加有利于银耳生长的环境条件，大幅度提高了银耳的产量和质量。

工厂化袋式银耳栽培可对银耳生长的全周期进行光温水汽的自动化调节，彻底摆脱了外界环境对银耳生长的影响，保证银耳的稳产与高产，实现银耳的周年化生产。因银耳不同生长阶段对温度、湿气的需求不同，产生的水电能耗较高，生产成本高于传统袋式栽培；且银耳袋式周年化栽培对企业资金、栽培技术、管理人才及产品营销等方面都提出了更高的要求；同时，因对设备依赖度较大，投产后工艺较为固定，若配套栽培技术不完善或者设计不合理，生产企业将存在着能耗大、成本高的问题，需要谨慎投入。

3. 工厂化瓶式栽培模式

1980 年，三明市真菌研究所的研究人员在瓶栽银耳方面取得突破，随后，姚淑先创新瓶栽技术，使之成为一种商品银耳的栽培方式。首先将小口玻璃瓶改为了大口玻璃瓶，变在瓶内生长的银耳为瓶口外生长，解决了过去破瓶采摘的问题，使瓶子可以在种植中循环使用，减少了不必要的开支，提升了效益。此方法银耳生产周期短，栽培不受季节限制，用工少，收益快，但由于瓶栽银耳操作不方便，难以大面积推广，很难形成大规模种植，所以不容易达到产量上的需求（图 10-15）。2013 年，福建省祥云生物科技发展有限

图 10-15 传统瓶栽

图 10-16　新型银耳培养瓶

公司在原有瓶栽基础上进行改良，将玻璃瓶替换为聚丙烯塑料瓶，内盖带有凸点，外盖带有通气口，银耳栽培瓶相对其他食用菌工厂化栽培瓶瓶口直径更大，瓶身较矮，抗压性好，相较于玻璃瓶来说，其成本较低，是目前银耳瓶栽工厂化生产的首选（图 10-16）。

银耳工厂化瓶式栽培在拌料、装瓶、灭菌、冷却、接种、养菌、脱盖、催蕾、出耳、采收、清洗、烘干、挖瓶等关键环节实现机械自动化操作，在提高工效、减少工时、降低污染等方面具有突出优势。通过对温、光、湿、气精准控制，达到栽培技术标准化、企业管理规范化、产品品质高质化等优势，且因周年化生产、产能稳定，可作为国内大型食品公司、餐饮企业的直接供应基地，客户较为稳定。通过企业规模化运营，便于实现企业品牌化发展，增强企业的市场竞争力，提升企业生产经营效益。同袋式工厂化相同，瓶式工厂化栽培生产、投资成本大，准入门槛高，且较袋式工厂化栽培相比，瓶式工厂化栽培自动化程度更高，对设备要求更高，一次性投入成本高于袋式工厂化栽培。

（二）不同银耳栽培模式比较

1. 生产成本比较

针对不同银耳栽培模式生产特点，将银耳生产成本分为原材料成本、折旧成本、水电成本、人工成本和其他成本等 5 个方面，其中，折旧成本按照 10 年的使用年限折旧摊销。不同银耳栽培模式生产成本比较见表 10-1。

表 10-1　不同银耳栽培模式生产成本比较　　单位：元 /kg

成本构成		段木栽培	袋式栽培			工厂化瓶式栽培
			传统	设施	工厂化	
原材料成本	原料（耳棒）	160.00	20.00	20.00	19.44	24.58
	栽培袋 / 瓶（菌种）	33.80	0.90	0.90	1.00	0.99
	农药和病虫害防控	2.50	0.10	0.10	0.10	0.16
	合计	196.30	21.10	21.10	20.54	25.74
折旧成本	大棚及场地搭建、租赁和维护费用摊销	25.00	2.30	2.30	3.61	3.17
	机械购置、租赁和维护费用摊销	17.50	0.00	2.00	3.61	6.27
	合计	42.50	2.30	4.30	7.22	9.44
水电成本	水、电等	2.50	0.02	0.20	5.56	9.90
人工成本	劳动力成本	195.50	9.00	9.00	13.33	9.57
其他		10.00	8.80	8.80	1.56	3.96
总成本		446.80	41.12	43.30	48.21	58.60

数据来源：银耳产量以干品计。段木栽培、袋式栽培、工厂化瓶式栽培成本数据分别由自四川通江银耳协会、古田县食用菌研发中心及福建省尤溪县农业科学研究所提供。

不同银耳栽培模式的生产成本从高到低为段木栽培 > 工厂化瓶式栽培 > 袋式栽培。其中，段木银耳的生产成本显著高于工厂化瓶式栽培和袋式栽培，主要是由于段木银耳采用古法栽培，单产较低，以 5 m×10 m 段木银耳塑料大棚为例，可放置 4 000 kg 耳棒，1 年生产 1 批次，产耳量为 20 kg（干品）；而以建设成本较低的 3.5 m×10 m 的银耳袋式常规耳房为例，可放置 3 500 个菌棒，1 年生产 4 批次，年产耳量为 1 400 kg（干品），上述产量的差异导致段木银耳所需的原料、折旧、人工等方面成本显著提升，生产成本达 446.8 元，显著高于其他两种生产模式，生产效率较低。

袋式栽培的 3 种模式生产成本由高到低为袋式工厂化栽培 > 袋式设施栽培 > 袋式常规栽培，因设备投入、工艺控制等方面的差异，导致 3 种模式在折旧、水电、人工和其他成本方面的成本不同。折旧成本方面，由于设施栽培和工厂化栽培均需投入一定设备，一次性投入较大，折旧成本相对较高；在水电成本方面，由于工厂化栽培菇房生产需对光、温、湿气进行控制，用电成本显著高于其他两种栽培方式；人工成本方面，由于工厂化生产制种、制包、烘干等环节均需人工参与，且企业运行需要日常管理人员参加，故工厂化袋栽所需成本高于其他两种栽培方式；其他成本方面，袋式常规栽培和设施化栽培均需委托工厂进行菌棒加工（约 0.36 元 / 棒）和烘干（约 5.2 元 /kg），故此项费用较高。在现有条件下，“古田县域工厂化”生产模式因其合理的专业化分工，可在降低菇农投入的同时降低生产成本，保持生产优势。

通过工厂化瓶式栽培和袋式栽培的成本比较发现，除人工成本外，瓶式栽培的其他成本均高于袋式栽培，说明瓶式栽培的自动化程度较高，大部分工作已经用机械代替人工，相对袋栽银耳工厂化瓶栽银耳用工成本相对较低，但由于栽培原料、栽培模式、管理工艺等方面的差异导致瓶栽总体生产成本较高。

2. 生产效益及适用性比较

不同银耳栽培模式生产效益情况如表 10–2 所示，其中，段木银耳栽培获得的毛利润最大，达 353.2 元 /kg，毛利率可达 79.05%，说明通江银耳虽然生产成本较高，但因其年产量较少，主要面向高端市场销售，在“通江银耳”的中国国家地理标志产品的加持下，形成了一定的品牌效应，市场认可度高，产品溢价率高。袋式银耳栽培模式中，传统栽培和设施栽培利润较低，其中，设施栽培较传统栽培因有简易温控装置生产批次可多 1 ～ 2 批，生产效益优于传统栽培模式。袋式工厂化栽培和瓶式工厂化栽培均为周年化生产，利润适中，且年收益较高。

表 10–2 不同银耳栽培模式生产效益

栽培模式	生产成本（元 /kg）	销售价格（元 /kg）	毛利润（元 /kg）	备注
段木银耳	446.80	800	353.20	投资少，利润高

续表

栽培模式		生产成本（元/kg）	销售价格（元/kg）	毛利润（元/kg）	备注
袋式银耳	传统	41.12	48	6.88	投资较少，利润低，一年4～5批
	设施	43.30	52	8.70	投资中等，利润低，一年5～6批
	工厂化	48.21	58	9.79	投资大，利润适中，可周年生产
工厂化瓶式栽培		58.6	68.5	9.90	投资大，利润适中，可周年生产

注：银耳以干品计。

在适用性方面，通江段木银耳因其遵循古法栽培，对于种植地的气候环境条件、原材料等方面均有较高要求，导致其生产地域范围较小，生产模式较难复制；而袋式传统栽培及袋式设施栽培是在古田县几十年来对于银耳栽培技术研究和探索基础上形成的完备的技术、生产和市场体系，需要依托“古田县域工厂化”生产模式和大量有经验的银耳种植户，其他地区在没有科研技术突破的前置条件下贸然发展该模式，在技术、成本、市场等方面并不占优势。

袋式银耳工厂化栽培近年来在福建、广西、山东等地悄然兴起，周年化生产摆脱了对气候环境、生产原料等方面的依赖，较袋式传统栽培方式相比，其栽培模式便于由经验型向数据型转变，便于规范化管理；较瓶式工厂化相比，其一次性投入成本和生产成本均较低。但现阶段，因银耳市场价格波动较大，工厂化栽培生产成本高于传统袋式栽培，若无法形成品牌效应提高售价，现阶段投资回报率较低。未来，随着银耳需求量的逐年扩大，市场价格稳步回升，银耳工厂化生产作为一种易于复制的栽培模式势必会在全国范围内落地开花，但如若盲目扩张会导致几年后出现供大于求的现象，进而导致银耳价格降低，生产效益降低，因此应顺应市场需求，理性投资。

（三）不同银耳栽培模式发展前瞻

21世纪以来，随着银耳栽培技术的不断突破与应用，形成了现阶段以袋式栽培为主，段木、瓶式栽培等多种生产模式共荣的局面，银耳的栽培范围也由原来的福建、四川等地扩展至广西、山东、河南等地，栽培范围不断扩大。随着我国乡村振兴战略及大健康战略的持续推进，银耳作为一种气味清香、营养丰富、绿色健康的食药兼用真菌，发展前景广阔。现阶段银耳不同生产模式具有各自的特色，各地在发展银耳产业时，应首先考虑市场容量，把握产业发展的“度”，立足于当地的资源条件，依托当地技术基础和从业人员水平，进行整体规划，引领银耳产业稳步发展。

1. 立足各自资源优势，走特色产业发展之路

现有银耳生产模式有其各自的特点与优势，在发展产业时，应当立足于各自的产业特点和优势条件，明确发展思路，找准产业定位，聚焦目标，重点突破。例如通江作为银耳人工栽培的发源地，具有深厚的历史文化底蕴，在产业发展的过程中坚守传承古法栽培，历经

百年历史仍然保持原生态的段木栽培方式，在保持品质的同时赋予了段木银耳深厚的品牌文化价值。加强品牌建设，深挖文化，向“国礼”等系列高端产品路线进发。依托其“少而精”“品牌大”的优势，通过建立产业协会、产业联盟等方式，规范区域品牌准入标准，提升产品品质。袋式银耳作为生产模式的创新代表，极大地提升了银耳的生产效率，助推我国银耳产业转型升级，依托其“大而优”的特点，应进一步规范其生产规程，建立产品检测标准，做好监督工作，以提升袋式银耳品质的稳定性、一致性。同时，应通过品种改良、配方优化、做强加工等方式，开发具有差异化的高端袋式银耳产品。

2. 坚持绿色发展，加强产业规划

2021 年 8 月，农业农村部等 6 部门联合印发《“十四五”全国农业绿色发展规划》，将绿色发展作为实施乡村振兴战略的重要引领。不同银耳生产模式在发展时要将绿色发展放在首位，例如段木银耳在产业发展时需考虑产业的发展规模与所需生产林的适应性，提前做好生产林的科学规划，实现耳林资源、环境与产业协同发展。袋式、瓶式银耳作为一种银耳高效的生产模式，在设备选型、生产管理及病虫害防治等环节均应做到节能适度、绿色低碳，应做好银耳采后的废耳棒、菌渣等原料的二次利用开发，建立环境友好型生产模式，推进银耳产业健康稳定发展。同时，各地在进行银耳产业的规划时，应考虑产业发展的规模和现有市场容量的匹配度，以及当地的原材料、交通、市场销售、技术研发等各方面的实际情况，还有当地政府对于该行业的支持和认可程度，力争实现银耳产业集群发展，保证生产效益。

3. 加大科技投入，以创新驱动产业健康发展

科技创新作为驱动产业高质量发展的第一动力，其作用不容忽视。不同的银耳生产模式存在共性问题，也有个性问题，都应引起重视。关于银耳产业的共性问题，如种质资源、品种选育、菌种质量控制等，可依托中国食用菌协会银耳产业分会等联合各省银耳产业专家，联合开展共性问题研究，集中科研力量，共同攻克产业发展瓶颈问题。在个性问题的处理上，各地应针对不同生产模式的关键“卡脖子”问题，有针对性地开展科学研究。例如段木银耳栽培在古法栽培的同时，是否可以通过现代的光温水汽环境的控制，提升其栽培产量和生产效率；袋式栽培作为银耳创新生产的代表，大大提高了银耳的生产效率，现阶段，袋式银耳正向绿色高质的目标发展，如何推进标准化生产、建立全产业链农业绿色发展标准体系成为目前袋式银耳发展迫切需要解决的问题；而袋式、瓶式工厂化栽培，则应根据生产过程中的关键控制点，系统地开展不同生长因子对银耳生长的研究，确定合适的工艺参数，将传统“经验型”种植向“数据化”种植转变。

4. 提升宣传力度，提高全民对银耳产业的认知

不同生产模式的银耳产品各具特色，但其均属银耳这一大类，各地在发展自身银耳产业的同时，应注重对于银耳这一品类的宣传与普及，提升银耳的曝光度和在消费者中的认

可度，引导提升消费需求，促进我国银耳产业的整体发展。

三、银耳经营模式的历史沿革

（一）传统农户生产经营模式

传统农户生产模式是我国最早出现的银耳生产模式，该模式的主要特征是千家万户各自以“手工作坊”的方式进行种植。由于耳农的素质和栽培条件不一，故而银耳单产低、品质参差不齐。此外，在该生产模式下产品供应局限于固定的时间和季节，较难实现全年供货，并且受销售渠道和产品保鲜限制，只能短距离销售，市场竞争力较低。

（二）合作社 + 农户生产经营模式

在国家政策的扶持下，传统农户生产经营模式逐步演化为地区合作社的模式，该模式与传统农户生产经营模式的不同在于拥有协调服务组织合作社，合作社为农户提供菌种、资金、技术支持，而农户负责种植，再通过合作社统一销售，这一系列服务有效解决了农户产前、产中、产后遇到的问题。但早期的合作社多停留在原料供给等一些低层次服务上，规模相对较小，服务内容单一，产业发展规划能力有限，带动能力不强，合作层次不高。

（三）公司 + 基地 + 农户生产经营模式

公司 + 基地 + 农户生产经营模式下实现了农业生产的分工合作，公司为农户提供菌种、栽培技术支持，向农户按协议价格收购产品并负责产品的最终销售，确保农户的利益。推行“统一建棚、统一供种、统一制棒、统一技术、统一品牌、统一销售和分户管理”生产模式，建立银耳栽培示范基地，通过该生产经营模式及“六统一分”管理方式，企业与农户间形成了风险共担、互惠互利、共同发展的经济利益共同体，使农民直接参与企业经营，较好实现了企业与农户的有效对接。

（四）工厂化生产经营模式

工厂化生产经营模式与以上 3 种模式有着本质上的区别，其生产经营主体不是农户，而是企业。企业按照企业经营模式来从事银耳工厂化生产，完全摆脱了土地条块分割的限制，克服了生产者分散经营、势单力薄的不足，实现在成片土地上应用现代化技术进行大规模的银耳生产，是具有现代农业特征的产业化生产方式。

生产上采用较为先进的技术手段及厂房设备，在相对可控的环境条件下，能够组织高效率的机械化、自动化作业，可实现全年均衡生产和供应，银耳品质高、产量稳定，实现了不受区域和季节变化限制的银耳规模化、集约化、标准化、周年化生产。银耳生产除需具备食用菌栽培知识外还涉及其他多学科知识，如微生物学、遗传学、生态学、栽培学、气象学等，而银耳工厂化生产在此基础上还需具备制冷、机械、建筑、保温等工业技术，并应用农业企业化管理方式，属于现代化高科技农业生产模式，与其他3种模式相比，工厂化生产经营模式更具优势。

四、银耳生产模式新探索

（一）菌种方面

大力推进银耳液体菌种开发生产，加快产业规模化、智能化建设。目前，银耳生产所用菌种大多数为固态菌种，质量参差不齐，性能不稳定，因此，银耳各主产地应当积极联合，依托研究所及高校等科研力量，整合相关龙头企业科技资源，夯实基础研究，开展银耳液体菌种技术研发关键技术创新，建立菌种资源中心，加大品种系列化力度，筛选具有抗逆性、适用不同栽培原料的专用品种以及培育周期短、产耳集中、品质优的专用品种，以稳步提升银耳的生产，推进银耳工厂化周年栽培的发展。同时，加快建设数字化技术在银耳菌种生产、银耳生产行业的应用，为银耳生产规模化、集约化、智能化奠定基础。

（二）栽培条件方面

1. 智能化环境调控耳房

智能化是未来银耳工厂化栽培发展的主流趋势，它是一种集数据采集、中心计算和设备自动控制于一体的现代化栽培环境。通过高效化、智能化、专业化栽培系统的开发，实现银耳生长环境条件精准控制、中央监控、数字化非现场控制，在智能化耳房中出耳只需要管理人员把银耳出耳所需的数据及控制参数输入计算机便可实现无人操作，有效调控银耳生长环境，自动控制环境温度、湿度、氧气、二氧化碳浓度、光照等参数，保障银耳的正常生长，实现银耳生产几近零损失，并能迅速提升银耳产量及品质。

2. 数字化品质监控耳房

农业数字化是将信息作为农业生产要素，用现代信息技术对农业对象、环境和栽培全过程进行可视化表达、数字化设计、信息化管理的现代农业。物联网技术是实现数字化在银耳生长过程中应用的有效途径，它可以使信息技术与银耳生长各个环节实现有效融合，达到在出耳过程中对银耳、栽培料从宏观到微观的实时监测作用，实现对银耳干湿度、朵型、颜色、大小、霉变情况甚至是气味及耳片韧性等相关品质参数信息的定期获取，对银耳生长中的现象、过程进行模拟，建立高品质银耳生长模型，达到合理利用资源、降低生产成本、提高银耳生产效率的目的。另外，在物联网技术的发展过程中，相关追溯系统也逐渐得到完善，可以将其应用到银耳产品安全的监管方面，以解决在质量安全方面的溯源问题。

（三）栽培模式方面

1. 竖式多孔栽培探索

现有的银耳袋式栽培技术都是横向栽培，此种方式栽培袋上生长的银耳大小及朵数都有所限制，且厂房里的一些空间会被无形浪费，若是代料银耳技术可以做到竖式多孔栽培，在栽培袋的周围合理设置接种数量及接种间距，合理控制采收时间，防止因竖向放置下重力作用对银耳朵型造成的影响，使代料单位批次就可以出更多的银耳，这将提高种植厂房的空间利用率，不仅能有效提高银耳的产量，也能减少在场地上的资金投入，显著提高银耳的栽培效益。

2. 四方平板式栽培探索

四方平板式出耳技术是指将银耳生长所需的栽培料置于四方平板状的栽培袋中，然后按一定的接种量均匀地将银耳菌种接种至袋中进行栽培的技术。将此方法运用于银耳液体菌种的栽培，可以有效解决用传统方法进行液体菌种接种不均匀、不萌发、不吃料等问题，同时，四方平板状栽培袋的灭菌也能更为彻底，给银耳液体菌种栽培提供了一种全新的可能，不仅可以有效减少银耳的栽培时间，也提高了银耳的品质，是值得研究与探索的栽培方式。

3. 球型吊袋式立体栽培探索

球型吊袋式立体栽培技术是指将传统袋料栽培银耳的栽培袋制作成球型并在其表面打孔、接种，吊挂在出菇房或大棚内，合理选取、设计菇房或大棚内所用吊绳的材质、长度及间隔，提高子实体生长空间、菇房或大棚的空间利用率、单袋产量，此方法相较于传统床架栽培，大大提高了生产效益。

（四）经营模式方面

1. 产联式合作社

产联式合作社模式的核心内容是资本联投、生产联营、经营联动、效益联赢、风险联控“五联”利益联结机制。即农户以土地和劳力参与，村集体和企业以产业发展基金投入，工商资本投入资金和技术，政府注入出台产业扶持政策，整合涉农项目和产业发展资金，多方参与，形成合力，实现资本联投；通过村集体组织发动、农户定责生产、企业指导的方式，实现组织一体化、管理精细化、生产标准化，实现生产联营；发挥企业市场优势、村集体管理优势、农户劳动力优势以及政府资源整合优势，建立“政府围绕增收转、企业围绕市场转、农民围绕生产转”的市场化经营体系，实现经营联动；政府投入不分利，最大限度保障农户收益最大化。再通过银耳产品精深加工、品牌创建提升附加值，农民增收渠道由窄拓宽，村集体经济收入由虚向实，企业盈利由薄变厚，实现效益联赢，建立以最低保障为支撑的农民收入兜底机制、以企业和农民为主的收益分配机制，将各方权益牢牢捆在一起，实现利益共沾、风险共担，实现风险联控。

2. 公司（或联合社）+ 农户

近年来，国家对环境保护要求的日益严格，个体农户难以解决灭菌过程高能耗的难题，加之用工工价上升和栽培者老龄化，将前端最复杂、劳动强度高的生产工艺交给菌包制作中心完成，栽培者购买菌包后仅需要完成出菇管理和批发出售，这是社会分工精细化发展的必然。在福建南靖县，栽培者直接从福建成发农业开发有限公司菌包中心（年生产2 000万包提供给周边农户）购买生理成熟的秀珍菇菌包，置于自家安装有制冷设备的出菇库内的网格架上，随后使用移动式制冷机组进行“打冷刺激”，并行催蕾管理。这种家门口的菇场，家庭老少及邻里均能利用空闲时间助力采菇。有的栽培者为免病虫害侵扰，仅采收1潮菇。废弃的栽培包回收破碎，经堆积发酵后可作为草菇种植原料，最后再堆制成有机肥，提升土壤疏松度和肥力，构成生态循环产业链。小型农场是新鲜事物，适合在风调雨顺有群众栽培基础的地方发展，且需采用出菇快、全年市场销售价格相对稳定的食用菌品种。这种“公司 + 农户”模式实现了政府、菌包中心、栽培者三方满意，达到共同致富的目标。这种模式是否适合银耳产业值得探索。

传统的农业合作社是针对某区域某地，一般是在乡镇之间的合作、联合，但由于各种原因会受到不同程度的限制，其规模还是非常小，难以抵御市场的变化，而联合社就是一个针对某一行业进行更大的联合，这种组织模式由从事相关产业的不同合作社组成，形成产、加、销一体化经营的联合体，并在各环节上带动社员和农户，可以实现不限区域、环境限制的跨乡镇、跨县域、跨省域之间的大联合，目前各地都在鼓励合作社成立联合社，通过联合社组建区域农业产业链经济。

采用这种模式的合作社也越来越多，例如河南驻马店有1家联合社由5家合作社组合而成，分别进行食用菌、蔬菜、流通、养殖和加工，基本组合成了一个完整的产业链，带动当地2 000多农户，成为当地的重点扶持对象。

3. 公司 + 合作社 + 基地 + 农户

在该模式下，合作社组织农户在技术员的指导下栽培银耳；企业投资建设产业基地，为农户提供菌种、菌包、栽培大棚、厂房等支持，形成规模效应，带动农户共同抵御市场风险，带头联合周边农户成立银耳栽培协会，聘请专家、教授和技术人员常年进行免费上门传经送宝，保证合作社以及农户的经济效益最大化，同时，企业以保底价格和收益提成与合作社签订合作协议，对银耳栽培采收进行全程监控，建立银耳生产可追溯体系，负责产品的冷链配送及最终销售。通过完善“公司 + 合作社 + 基地 + 农户”运作机制，为农户及时提供市场信息、收购销售等服务，构建起较为完善的银耳产业链条和社会化服务体系，通过利益共享、风险共担，聚合起共同的发展意愿。

4. 公司 + 院校 + 基地 + 农户

在该经营模式中，公司主要打造供求平台，对外链接市场，提供可靠的市场供求信息，对内链接基地、农户，开展银耳产业发展技术培训或技术上门指导，提供便捷的技术服务，按照收购合同约定及时收购，保障农户的利益；院校重点打造技术平台与公司合作，向公司不断提供银耳产业发展技术，加快成果转化，提高银耳产业发展高科技含量；栽培基地强力打造生产平台，为公司提供稳定、优质的银耳。通过“公司 + 院校 + 基地 + 农户”运作模式，构建专业化栽培、区域化加工、一体化经营、企业化管理的现代高效银耳生产经营模式。

5. 推进三产融合发展

产业融合发展就是以农业农村为基础，通过要素、制度和技术创新，让农业不单是局限在种养业生产环节，还要前后延伸、左右拓展，与加工流通、休闲旅游和电子商务等一体成为有机整合、紧密相连、协同发展的生产经营模式。其特征是在产业边界和交叉处催生出新的业态和模式（例如设施农业中有工业，加工业中有服务业，休闲农业中有旅游业等），重点是构建全产业链、全价值链，关键点是融合之后产生的利润比单纯每个产业之和要大，核心是要让农户分享二三产业增值收益。

一二三产业融合发展可以采取以银耳产业为基础，向银耳产品加工业、农村服务业顺向融合的方式，例如兴办产地加工业、建立银耳产品直销店、发展农业旅游等促进产业相互渗透和交叉重组；依托农村服务业或银耳产品加工业向银耳产业逆向融合的方式，例如依托大型超市建立银耳产品加工或原辅料基地等；支持能够让农户分享二三产业增值收益的新型经营主体，采取“先建后补”、贷款贴息、设立产业引导基金等方式，支持二三产业融合发展的关键环节和重点领域，支持合作社等新型经营主体发展加工流通和直供直销，支持银耳产品加工流通企业与农户联合建设营销设施，支持休闲农业聚集村合作组织、休闲农园企业、电子商务企业与农户联合建设公共服务设施，支持产业融合发展主体集中建设产品加工及副产物综合利用公共设施等。

五、结语

当前，我国银耳产业已经进入市场消费需求不断增长、科技发展推动生产模式革新的重要阶段。在传统的生产模式基础上要不断发展、创新和改革，才能更好地应对当今市场对于银耳产品品质化、多元化的全新消费需求，产业升级发展的需要以及市场竞争等倒逼从业人员对银耳生产模式进行优化探索。生产模式的变革也会激发新的市场消费需求，给产业高质量发展注入新活力。因此，银耳产业的发展应积极探索生产模式变革新途径、优化经营模式，开辟银耳产业现代化发展新格局，提升产业核心竞争力。

第十一章 银耳产业标准化建设分析报告

郑瑜婷[1]，张琪辉[1]，郑峻[2]，张凌珊[1]，林铃[1]，马涛[1]，余新敏，孙淑静[4, 5]
1. 福建省宁德市古田县食用菌研发中心；2. 福建省食用菌技术推广总站；3. 全国银耳标准化工作组；4. 福建农林大学生命科学学院；5. 福建农林大学（古田）菌业研究院

摘要：“十四五”时期，是银耳产业高质量发展的重要时期，要通过制定更加系统完善的标准体系，大力实施标准化建设，从而促进银耳产业实现高质量发展。本章概括了银耳产业标准总体情况、各领域标准及具体情况，重点分析了产业标准化存在的问题，并根据问题提出未来建设方向，通过标准化建设助推品牌建设，为产品认证保驾护航。

关键词：银耳产业；标准化；未来发展

一、银耳产业标准总体情况

目前，银耳以人工代料栽培和段木栽培为主，全国银耳产区主要分布于福建、四川、江苏、安徽、山东、河南、湖北、湖南、云南、河北、浙江、山西等省。福建省古田县是代料袋栽主产区，四川省通江县是段木栽培主产区。2019 年，全国银耳产业农民人均纯收入约 3.5 万元。2020 年，全国年产鲜品约 54 万 t，产值约 30 亿元。银耳栽培尤其是代料袋栽模式已经形成规模化、基地化、工厂化生产格局，随着产业的发展，银耳产业的标准也在逐渐增加和完善，标准化程度越来越高。

全国银耳标准化工作组（SAC/SWG9）于 2008 年 9 月经国家标准化管理委员会批准在古田县成立，直属于国家标准化管理委员会，由全国银耳相关生产技术、科研、教学及监督检验等方面的专家、学者和代表组成，是全国唯一的银耳标准化技术归口管理组织，也是全国食用菌标准化领域中最具权威的技术性组织。工作组主要负责银耳等领域的国家标准制修订工作，自工作组成立以来共制（修）订银耳国标、地标等 15 项，制定并完善了银耳标准体系，为全国银耳产业规范化可持续发展发挥了重要的作用。

全国标准信息公共服务平台数据显示，目前，涉及银耳专业领域的标准共计 58 项，其中，已发布的国家标准 38 项，国家标准计划项目 1 项，行业标准 2 项，地方标准 11 项，设区市地方标准 3 项，团体标准 3 项，具体见附录 1。银耳产业的标准涉及术语符号、投入品、设施设备、菌种生产、栽培技术、加工工艺、产品、检验检测、试验方法、市场建设、产品流通、管理和服务等多方面，这些标准在银耳产区广泛使用，在推动银耳产业的标准化生产，提高银耳产业规模化、集约化、专业化生产水平，促进银耳产业快速健康发展等方面发挥着重要作用。

二、银耳产业各标准基本情况介绍

（一）银耳标准体系表建设和各标准基本情况

2008 年，全国银耳标准化工作组成立时，编制的《银耳标准体系表》至今已使用 10 年，2015 年工作组换届时做了修订，此后每年维护时有少量修改。但是该标准体系基本按照企业标准体系框架编制，而且只有技术标准，管理标准和工作标准是空白。

近年来，由于银耳产业快速发展，技术不断创新，集约化生产不断涌现，许多银耳生产单位、原辅料和产品经营企业、电子商务等领域的管理理念、管理方法严重滞后，跟不上产业发展需要，产品质量不稳定，经济效益不高。因此，需要制定银耳产业全产业链相关标准，对银耳产业的生产、经营、管理等事项协调统一。为此，全国银耳标准化工作组经过调查研究，认为必须对现有银耳标准体系进行修订。

原有的银耳标准体系内容不够全面，体系框架结构层次不够合理。修订时参考了《标准体系表编制原则和要求》（GB/T 13016—2009），对原有标准体系框架和内容进行全面修订，取消了银耳技术标准、银耳管理标准、银耳工作标准的框架结构。修订后的标准体系对象涵盖银耳全产业链各环节，保证了体系的系统性、完整性、科学性。体系内子体系的划分遵循银耳专业领域标准化活动性质的同一性。

现行的银耳产业国家标准体系是经全国银耳标准化工作组在 2019 年年会审议通过的，体系对象涵盖银耳全产业链各环节，由基础标准、生产标准、产品标准、加工标准、方法标准、物流标准、管理服务标准等 7 个子体系组成。7 个子体系包括了 16 个系列 58 个序列。16 个系列中，基础标准子体系包括术语符号、投入品、设施设备；生产标准包括菌种生产、栽培、病虫害防治；产品标准包括初级产品、精深加工产品；加工标准包括初级加工、精深加工；方法标准包括检验检测、试验方法；物流标准包括市场建设、产品流通；管理服务标准包括管理、服务。这 16 个系列又细分为 58 个序列。框架图见附件 2。

截至2021年11月，已发布实施的国家标准有8项，地方标准6项，团体标准1项。其中，2012年12月31日发布的《银耳菌种生产技术规范》（GB/T 29368—2012）属于生产标准子体系中的菌种生产系列；2012年12月31日发布的《银耳生产技术规范》（GB/T 29369—2012）属于生产标准子体系中的栽培系列；2017年11月1日发布的《银耳干制技术规范》（GB/T 34671—2017）属于加工标准子体系中的初级加工系列；2018年2月6日发布的《银耳菌种质量检验规程》（GB/T 35880—2018）属于方法标准子体系中的检验检测系列；2020年9月29日发布的《袋栽银耳菌棒生产规范》（GB/T 39072—2020）属于生产标准子体系中的栽培系列；2020年11月19日发布的《银耳栽培基地建设规范》（GB/T 39357—2020）属于基础标准子体系中的设施设备系列；2021年3月9日发布的《段木银耳耳棒生产规范》（GB/T 39922—2021）属于生产标准子体系中栽培系列；2021年10月11日发布的《银耳干品包装、标志、运输和贮存》（GB/T 40635—2021）属于物流标准子体系中产品流通系列；2021年11月26日发布的《古田银耳干品分类分级》（T/GJX 001—2021）属于管理服务标准子体系中管理系列；2020年11月19日立项的《生鲜银耳包装、贮存与冷链运输技术规范》属于物流标准子体系中产品流通系列。

（二）不同标准在产业发展中的作用

1. 促进菌种质量稳步提升

《银耳菌种生产技术规范》和《银耳菌种质量检验规程》的提出实施，使得银耳菌种生产和检验检测能够做到有据可查、有法可依，有效指导和规范了银耳菌种的生产、质量检验检测和监控，促进银耳菌种质量不断提升，推动了银耳产业健康发展。

2. 促进原辅材料供应规范

银耳生产最主要的基质原料是棉籽壳，但是棉籽壳是棉花生产的副产品，长期以来作为产棉区的生物垃圾，根本没有标准可言，《食用菌栽培原料用棉籽壳》标准详细规范了栽培原料——棉籽壳的质量指标，为食用菌的安全生产提供保障，推动棉籽壳销售市场健康发展。

3. 促进生产规范，提高产量和效率

《银耳生产技术规范》《袋栽银耳菌棒生产技术规范》《银耳栽培基地建设规范》等国家标准的制定规范了生产，提高了生产效率，2018年，古田县银耳产量达到35万t，比标准实施前增长24.7%，年产值超过20亿元，银耳产业链产值达50亿元。标准的实施有力促进了银耳产业的发展壮大，取得了显著的经济效益和社会效益。

4. 促进产品加工规范，提升产品质量

银耳初加工主要采用烘干的方式，《银耳干制技术规范》的制定，使银耳烘干工艺得

到进一步的规范，产品质量更加稳定。《银耳干品包装、标志、运输和贮存》的制定，使得银耳干品包装、运输和贮存得到了规范。

5. 产品描述更加规范

《地理标志产品　古田银耳》《地理标志产品　通江银耳》和《电子商务交易产品信息描述规范　银耳》以及行业标准《银耳》的制定使得产品的描述更加规范，使得银耳商品更容易得到消费者的认知，流通更加方便。

三、存在问题分析

（一）相关标准与科技创新联系不够紧密

1. 关键技术领域标准研究不足

银耳产业拥有国家标准 39 项，其中，强制性国家标准 17 项，推荐性国家标准 22 项；行业标准 2 项；地方标准 14 项；团体标准 3 项。属于重大项目 0 项，属于基础通用项目 39 项，属于一般性项目 16 项。起草单位含科研机构的有 31 项，含企业的有 13 项。

2. 科技创新成果与标准的融合度不够

银耳产业标准中已经识别出涉及专利的有 0 项；尚未识别出涉及专利的有 58 项，重大科技成果转化、引导产业创新发展等方面关键核心技术标准项目 0 项，涉及大数据技术领域的标准有 0 项，涉及新能源的标准有 0 项，涉及新材料的标准有 0 项，涉及物联网技术领域的标准有 0 项，涉及生物医学研究的标准 0 项，涉及分子育种的标准有 0 项。

3. 科技成果转化为标准的机制体制不够完善

银耳主产区的省、市、县标准化管理机构，出台科技成果转化为标准的评价机制和服务体系的相关政策有 0 项，标准制定过程中的知识产权保护有 1 项，银耳产业涉及标准化法律法规见附录 3。标准报批周期较长，以《银耳干品包装、标志、运输与贮存》国家标准为例，2013 年 7 月立项，2013 年 8 月至 2015 年 8 月完成了标准起草、征求意见、标准审查，并于 2015 年 10 月完成报批，2016 年 6 月工作组复审结论为“继续有效”，2017 年 12 月国标委专业部审核结论为“退回，建议终止；建议与《银耳干制技术规范》（GB/T 34671—2017）修订时整合”。经过工作组秘书处的多番努力，2020 年 12 月 30 日，国标委复审结论为继续执行，2021 年 3 月正式向国家标准委报批，2021 年 10 月 11 日，国家市场监督管理总局、国家标准化管理委员会批准发布。从立项到发布共历时 8 年 3 个月，报批占 6 年多。

（二）标准深度、广度不够

从银耳产业各标准在标准体系中的位置分析得出，属于基础标准子体系的有 8 个，占比 13.8%，其中，术语符号系列有 2 个，投入品系列有 4 个，设施设备系列有 2 个；属于生产标准子体系的有 8 个，占比 13.8%，其中菌种生产系列有 1 个，栽培系列有 7 个，病虫害防治系列 0 个；属于加工标准子体系的有 1 个，占比 1.7%，其中初级加工系列 1 个，精深加工系列 0 个；属于产品标准子体系的有 9 个，占比 15.5%，其中初级产品系列 6 个，精深加工产品系列 3 个；属于方法标准子体系的有 17 个，占比 29.3%，其中检验检测系列 16 个，试验方法系列 1 个；属于物流标准子体系的有 7 个，占比 12.1%，其中市场建设系列 1 个，产品流通系列 6 个；属于管理服务标准子体系的有 7 个，占比 12.1%，其中管理系列 5 个，服务系列 2 个。由此可见，在整个银耳产业标准尚未全覆盖，例如病虫害防治、加工（特别是精深加工）环节尚未制定标准；试验方法、市场建设、管理服务等环节标准较少。

（三）对外合作交流不足

国外银耳栽培面积很小，只有韩国、日本、马来西亚、泰国、印度尼西亚等东南亚国家有少量栽培，没有对口的国际标准化组织，银耳产业国际标准 0 项，采标 0 项，标准外文版 0 项。交流范围狭窄，标准化人员往来和技术合作仅限于四川省、福建省银耳主产区，标准信息还未实现互联共享。

（四）标准化改革创新有待进一步加强

1. 标准修订不及时，时效性差

银耳产业标准中标龄达 10 年以上的有 16 项，占 27.6%；5 ～ 10 年的有 20 项，占 34.5%。是现行标准的一个重要缺点。标准标龄过长，老化现象严重，标龄老化标准制修订速度跟不上市场变化和产业发展的需要。标准制定周期长，制定出的标准滞后于市场的需求。

2. 标准与国家质量基础设施融合度低

国家质量基础设施（NQI）体系建设中，计量检验机构负责或参与起草的标准数量仅 9 项，计量、标准和合格评定（主要包括认证、检验和试验）尚未形成完整的技术链条构成质量保证体系。

3. 标准实施应用薄弱

产业从业人员和企业对标准重视不足，对开展标准实施效果评价的标准数量有 0 项。已有标准中部分标准未能充分发挥作用。

4. 标准制定和实施的监督不足

标准制定过程中，按《国家标准管理办法》的规定，标准征求意见稿需在全国标准信息公共服务平台征求意见2个月。以2020年数据为例，在全国标准信息公共服务平台征求意见反馈意见数为0项。

（五）标准化发展基础薄弱

1. 团体标准数量少

现阶段已发布3项团体标准，分别是《银耳多糖产品中多糖含量的测定》《银耳多糖》和《古田银耳干品分类分级》。

2. 标准化人才队伍稀少

起草一个好的标准化文件除要具有相应的技术专业知识外，还要具备标准化的基础知识，掌握标准化的核心概念，了解支撑标准制定工作的基础性国家标准，正确运用起草文件的原则，遵循起草文件的途径和步骤。目前既具有相应的银耳专业技术知识，又具备标准化的基础知识的专业性人才严重不足，一定程度影响了我国银耳产业的发展。

3. 标准化良好社会氛围不够浓厚

虽然全国标准信息公共服务平台提供国内所有的国家标准（50 000余个）、行业标准（70 000余个）、地方标准（40 000余个）、团体标准、企业标准、国际标准（近80 000个）的查阅，提供原文查询甚至下载功能，但部分标准下载困难，仅提供标题或摘要信息。社会公众参与标准的制修订宣贯热情不够，标准的重要性并没有引起某些部门和许多消费者的足够重视。

四、未来建设方向

（一）工作组即将开展的制定、修订标准工作

根据2020年修订的《全国专业标准化技术委员会管理办法》第三十二条，标准化工作组成立3年后，国务院标准化行政主管部门应当组织专家进行评估。具备组建技术委员会或者分技术委员会条件的，按本办法有关规定组建；仍不具备组建条件的，予以撤销。工作组作为临时机构自2008年成立至今已13年，是食用菌行业唯一一个全国性的国家标准委员会直属的标准化组织。2020年1月14日，根据国标委标准技术审评中心《关于召开2020年第一次全国专业标准化技术委员会筹建评估会议的通知》精神，工作组编写了《全国银耳标准化工作组工作开展及计划情况汇报》材料，古田县政府副县长刘晓兵、工作组秘书长余新敏、副主任委员赵理、委员雷银清前往北京向国家标准化管理委员会汇报

了工作组成立以来的总体运行情况、标准制定修订、年会召开、标准化人员培训、标准宣传贯彻、标准化科研、信息化工作，以及促进银耳产业健康发展、促进农民增产增收取得的成效；同时提出了工作组升级的必要性、可行性，得到了国标委领导、专家的充分肯定和一致好评。考评结束后，2021 年 4 月 29 日国家市场监督管理总局标准技术管理司农业农村处处长蔡彬建议“对暂时不具备组建技术委员会或分技术委员会条件但仍具有一定必要性的工作组保留一届。”全国银耳标准化工作组保留至 2025 年 5 月届满。根据对银耳产业标准体系的梳理，即将开展的标准制定修订工作见附录 4。

（二）加强标准的科技创新发展

1. 加强关键技术研究领域标准的研究

根据《国家标准化发展纲要》的要求，结合产业发展实际，未来要加大与福建农林大学、福建省农业科学院、上海市农业科学院、四川省农业科学院等科研院所的对接联系，加大重大科技成果转化等关键核心技术标准的研制，特别是病虫害防治、加工（热泵烘干、冻干）等方面的标准；二要继续引导福建省、四川省银耳主产区内优势技术企业在关键核心技术方面标准项目的研制，特别是精深加工方面；三要研究制定物联网、人工智能、大数据、新能源、新材料等新型信息技术体系在银耳产业的运用，推进新型信息基础设施领域标准研制，例如智能菇棚的研制。

2. 与各大科研院所建立利益联结机制

以国家银耳标准化区域服务与推广平台为切入点，加大与全国银耳研究高校和科研院所的联系，建立重大科技项目与标准化工作联动机制，促进最新科研成果与标准双向互动，强化核心技术指标的研究、开发、应用，及时将先进适用的科技创新成果融入标准中，标准发布后开展标准的宣传贯彻，进一步推动最新科研成果的普及，推动社会生产力的进步。

3. 健全科技成果转化为标准的机制

制定优惠政策，引入科技成果转化为标准的评价机制和服务体系，吸引第三方的技术经理人、科技成果评价服务等项目融入标准化工作中。加强标准制定过程中的知识产权保护，对已识别出涉及专利的标准实行专利实施许可声明，促进创新成果产业化应用。与各大科研机构建立友好合作关系，拓宽科技成果标准化渠道，将标准研制融入共性技术平台建设，新技术、新工艺、新材料、新方法标准研制周期从 24 个月缩短至 18 个月，加快成果转化应用步伐。

（三）健全银耳全产业链标准化水平

1. 推进产业链供应链优化升级

根据《关于加强农业农村标准化工作的指导意见》，结合产业发展实际，一要加强病虫害防治、精深加工、试验方法、市场建设、管理服务等环节的标准研制力度，开展数据库等信息技术方面标准攻关，提升标准设计水平，制定安全可靠、国际先进的通用技术标准。二要重点加强银耳鲜品冷链、现代物流、批发零售等领域标准化，加快关键环节、关键领域、关键产品的技术攻关和标准研制应用，提升产业核心竞争力，促进产业链上下游标准的有效衔接，提升产业供应链现代化水平。三要开展“古田银耳”品牌培育、评价与保护标准制修订工作，增加标准有效供给，为品牌培育奠定基础。宣传和推介“古田银耳”中国驰名商标、地理标志产品，促进银耳产业和相关产品向价值链中高端跃升。

2. 加快绿色环保标准的制定

一是对银耳产业过程中投入品质量、质量追溯、安全生产、监测预警、生产与经营环境保护等方面的标准优先立项。二是积极运用大数据、人工智能等新技术和农产品电商等新模式，推进循环农业、智慧农业、休闲农业、乡村旅游等新业态的银耳产业标准化建设。三是规范新业态发展，在服务质量、深度融合、风险管控、行业自律等4个方面下功夫，推动产业产生叠加效益，加快发展方式转变，使银耳产业更好地承担经济、文化、生态等方面的功能。

3. 推动乡村振兴标准化建设

一是以国家银耳标准化区域服务与推广平台在福建省、四川省银耳主产区建立标准实施示范点为切入点，强化标准宣贯，加快银耳主产区乡村振兴标准化进程，加强标准菇棚建设，加快“互联网＋银耳”标准研制，加快健全现代银耳产业全产业链标准，推进银耳主产区产业标准化进程。二是鼓励并支持各类人才参与银耳产业文创产业的发展，开展形式多样的文化体育、节日民俗等活动，拓宽银耳文艺创作的源泉。三是采取必要措施保护“古田银耳传统手工技艺”宁德市非物质文化遗产，挖掘银耳文化深厚内涵，弘扬银耳文化，鼓励制作反映菇农从事银耳生产生活和促进乡村振兴的优秀文艺作品。

（四）加强银耳标准的对外开放

全国银耳标准化工作组在未来几年的标准化工作中根据需要开展已发布的国家标准英文版的制定工作，对新立项的项目根据需要同步开展英文版同步立项工作。加强南南合作、“一带一路”、海峡两岸等互联互通。作为科技部定点国际食用菌培训基地，每年举办1期国际培训班培训银耳标准化技术知识。古田县作为国家级出口食用菌质量安全示范区，鼓励优势企业积极开拓新兴市场，特别是泰国、越南、马来西亚、印度尼西亚等“一带一路”沿线国家。支持企业在境外设立银耳产品营销网点、生产基地、研发中心、展示中心等。

（五）提高银耳标准改革创新水平

1. 大力发展团体标准

实施团体标准培优计划，推进团体标准应用示范，充分发挥技术优势企业作用，引导古田县食用菌协会、中国食用菌协会银耳产业分会等标准化社会团体与全国银耳标准化工作组秘书处合作，制定更多高质量的团体标准，激发市场活力。

2. 强化银耳标准实施应用

以国家银耳标准化区域服务与推广平台为基础，在福建省袋栽银耳主产区、四川省段木银耳主产区择优建立各标准实施示范点，其中，福建省古田县银耳产业标准实施示范点主要集中在原辅料基地、菌棒生产基地、银耳生产基地、银耳产品初加工企业、银耳产品经销企业；四川省通江县银耳产业标准实施示范点主要集中在银耳生产基地、银耳产品初加工企业、银耳产品经销企业。依托标准实施加快专利推广应用，建立健全技术、专利、标准协同发展机制。

3. 加强银耳标准制定和实施的监督

一是开展标准质量和标准实施第三方评估，加强标准复审和维护更新。二是建立健全检验检测、监督抽查、认证认可等相结合的标准实施评价机制，完善团体标准和企业标准监督机制，强化银耳标准全生命周期管理，共同监督标准实施。三是有效实施企业标准自我声明公开和监督制度，将企业产品和服务符合标准情况纳入社会信用体系建设。四是建立标准实施举报、投诉机制，鼓励社会公众对标准实施情况进行监督。

（六）夯实银耳标准化发展基础

1. 提升银耳标准化技术支撑水平

加强银耳标准化理论和应用研究，构建以国家银耳标准化区域服务与推广平台为支撑的标准化科技体系。发挥各标准实施示范点在标准化科技体系中的作用。完善全国银耳标准化工作组技术组织体系，健全跨领域工作机制，提升开放性和透明度。建设国家级食用菌产品质量检验检测中心。有效整合标准技术、检测认证、知识产权、标准样品等资源，建设银耳关键技术标准创新基地。

2. 加强银耳标准化人才队伍建设

一是在福建农林大学（古田）菌业研究院成功合作基础上，加强与高校、研究所等专业人才的合作，进一步提升合作空间，培养专业人才，建立实用人才培训体系，加强对新型农业经营主体和县（乡、镇）农技推广人员等的培训，提升农业农村标准化人才队伍的业务素养和专业技能；大力宣传农业农村标准化政策、优秀成果和先进典型，推广先进经验和做法，推动形成全社会重视银耳标准化工作的良好氛围。

3. 营造银耳标准化良好社会环境

全国银耳标准化工作组充分利用世界标准日等主题活动，以微信公众号、社会主流媒体、标准宣贯培训等方式宣传标准化作用，普及标准化理念、知识和方法，提升全社会标准化意识，营造标准化氛围。充分发挥古田县食用菌协会、中国食用菌协会银耳产业分会等标准化社会团体的桥梁和纽带作用，全方位、多渠道开展标准化宣传，讲好银耳标准化故事，打造银耳文化。

第十二章 银耳产业绿色低碳的可持续发展之路

金文松[1,2]，王天娇[1]，占观平[1]，高铁树[3]，黄志龙[4]，王丽芬[5]，孙淑静[1,2]

1.福建农林大学生命科学学院；2.福建农林大学（古田）菌业研究院；3.云行君成（北京）数字科技有限公司；4.福建省食用菌技术推广总站；5.福建省宁德市古田县食用菌研发中心

摘要：本章从国家绿色政策、银耳产业绿色发展现状以及未来银耳绿色生产发展方向与趋势出发，指出了银耳产业绿色发展的主要问题，通过分析提出合理的建议来探讨银耳产业绿色低碳可持续发展之路。

关键词：银耳；绿色产业；可循环发展

一、银耳产业绿色发展现状

（一）绿色原料——延长农业产业链

银耳的生产原料是绿色且环保的，因为银耳生产方式是一个将农业废弃物再次充分利用的过程。农业废弃物指的是在农业生产过程中被丢弃的有机类物质，如农作物秸秆、麸皮、棉籽壳等。据统计，单我国棉花的副产品棉籽壳年产量即达 41.2 亿 kg，其中，90% 的棉籽壳因未得到充分利用而被浪费，而种植银耳的基料主要是棉籽壳、麸皮、木屑、甘蔗渣、玉米芯等，这些农业废弃物可以通过银耳菌丝的转化而被再次利用，其生物学转化率可达 14.58% ～ 17.98%。基料中的能量转化成银耳的生物量，且生产后的菌糠可以继续用作饲料或者发酵堆肥制成肥料直接还田，形成了一个绿色农业生态系统的良性循环，这一过程有效延长了农业产业链。

（二）绿色生产——省时省力创收入

银耳属于“短、平、快”的栽培品种，即具有投资小、周期短、见效快的特点。目前，袋栽、瓶栽、段木栽培是我国银耳栽培的主要方式。其中，袋栽和瓶栽均可实行银耳的立体栽培，平均每亩产量能达到 1 000 kg，年利润可达 3 万元，在充分利用了生产空间的同时，减少了占用的耕地面积，避免浪费宝贵的土地资源。此外，银耳的栽培周期为 38 ～ 45 d，相对于其他农作物生产周期短，可以在非农忙时创造一定的经济价值。

（三）绿色产品——安全优质无公害

在银耳的生产过程中，病虫害以预防为主。多采取物理防控措施，严格把握环境、菌种和基质材料的质量，从而避免大规模病虫害的发生。特别是生产条件不断提高下，工厂化和标准化厂房越来越多，银耳在生长过程中一般不使用或很少使用农药，属于安全优质无公害的产品。

二、产业链实现高质量和绿色生产中存在问题

（一）原料不稳定，影响生产和产品的稳定性

种植银耳的原料主要为棉籽壳。大部分棉籽壳来自山东、新疆等地，由于棉花的种植环境以及棉籽壳的储存方式不同，每年每批棉籽壳的质量良莠不齐。同时，由于棉籽壳原料为转基因棉花，根据中国国家标准化管理委员会发布的《有机产品生产、加工、标识与管理体系要求》中的相关规定，食用菌栽培应使用天然材料或有机生产的基质且在生产中不采用基因工程获得的生物及其产物，转基因棉籽壳的大量使用成为有机银耳认证的障碍，且棉花生产过程使用农药较严重，也会影响银耳的品质进而影响使得银耳产业的高质量发展。

（二）标准不完善，影响产品的稳定供应

一是原料标准匮乏。银耳栽培原料在种植、加工处理、储存、运输、收购等环节缺乏严格的质量标准要求和监管力度，导致原料的品质参差不齐，影响银耳生产品质的稳定性。

二是生产标准相对单一。目前，银耳的栽培形式多样，有袋栽、瓶栽、段木栽培等；栽培条件差异大，有工厂化栽培、标准厂房栽培、农户菇房栽培、仿生栽培等。但目前银耳的生产标准相对单一，仅规定了袋栽银耳菌棒、段木银耳耳棒、银耳菌种以及银耳生产规范，其他栽培形式以及栽培模式缺乏个性化、精确的生产标准。

三是产品质量标准缺乏。目前，银耳的产品形式主要以银耳的干品为主。但是，银耳干品质量划分标准单一，且以特征为主，未能充分体现银耳内涵价值；银耳的深加工业处于蓬勃发展阶段，各种深加工产品和工艺都缺乏相应的标准，导致产品质量不稳定，影响品牌的打造。

（三）加工减损利用不足，导致产业附加值低

目前，银耳的初加工和深加工企业对于银耳加工过程中产生的副产物的综合利用不足。资料显示，传统银耳初级加工工厂正常生产时，仅 1 d 就可以产生 100 ～ 150 kg 银耳蒂头，也会产生一些碎耳、预煮银耳的废水、银耳残次品等副产物。这些副产物中富含银耳多糖，具有很高的利用价值，但再利用率很低，对其处理方式不当造成大量资源的浪费，甚至会对环境造成污染，从而导致产业附加值降低。

（四）产业链循环低碳有待进一步加强

废菌袋的循环利用需要进一步加强。以福建省为例，福建是银耳生产大省，每年产生食用菌废塑料袋近 2.5 万 t，数量极其庞大，而废菌袋的主要成分是聚苯乙烯塑料，无法经由生物分解及光分解进入生物地质化学循环，如果随意处理，会在土壤中不断累积，必然会造成严重的固体废弃物污染、白色污染、大气污染等生态问题。目前，我国对于废菌袋的低碳无害化处理强度不够大，尚未建立银耳废塑料袋回收利用市场监督管理机制，缺乏废塑料袋加工龙头企业带动，集中管理难度大。

菌糠应进一步充分发挥重要价值。随着银耳产业的飞速发展及工厂化栽培方式的成熟，银耳栽培后的菌糠越来越多，菇农们大多采取随地堆放、燃烧等不环保的处理方法，再利用率较低，大量的可利用资源被浪费。银耳菌糠中富含蛋白质、糖类物质等营养物质，且含有大量氮、磷、钾等营养元素，可用来生产有机肥和简单发酵用来种植水果、蔬菜，具有很高的二次利用价值。

减小采伐段木对森林资源的影响。段木银耳产量低，但其周期长，积累的胶质、矿物质比袋料银耳更多，在银耳销售市场上深受消费者喜爱。虽然段木栽培银耳品质上佳，但是对木材的使用数量较大，同时银耳菌种使用木屑较多。银耳段木栽培是以除松、杉、柏、樟、桉科以外的阔叶树为原料，10 万 kg 新鲜木材为原料只能生产出 600 ～ 750 kg 段木银耳，每年因生产银耳而被砍伐的树木数量巨大。

减轻废水排放造成水体富营养化。废水污染主要体现在银耳的初深加工方面，银耳多采用浸泡后烘干；还有多种深加工产品的清洗产生的废水，这些水中有机物占 80% 以上，包括大量大分子蛋白、小分子寡糖、有机酸和盐类等物质，不经处理排放易造成水体富营养化。

减少废气排放以减轻空气污染。目前，银耳菌棒的灭菌一般采用高温蒸汽灭菌，通过锅炉产生的热蒸汽输入灭菌锅中，对其中放置的菌棒进行高温灭菌。锅炉的燃烧热源有很多种，煤炭燃烧、电力等皆可作为热源。目前，仍有工厂作为处理废菌包而将其作为燃料直接投入锅炉燃烧排放大量未经处理的废气造成空气污染。具有一定规模的正规工厂会对废菌包进行脱袋处理后再燃烧，并且在排气口增加脱硫尾气处理设备，但个别中小型企业

存在不脱袋直接燃烧的情况。由于聚苯乙烯塑料在生产加工过程中添加了阻燃剂等各种助剂，聚苯乙烯塑料在燃烧时多为不完全燃烧，会产生大量浓烟，含有大量烟尘、二氧化硫、一氧化碳、氮氧化物以及苯乙烯，对空气造成严重的污染。

三、让绿色成为银耳产业高质量发展的底色

绿色可持续发展是当前银耳产业的必然要求，也是解决银耳产业问题的根本之策。在国家政策的大背景下，银耳产业作为一种传统而又现代的农业产业，有着天然的优势。其“不与农争时，不与粮争地”，利用农业废物等特点，银耳产业注定成为绿色农业的一个重要组成部分。同时，银耳产业发展潜力巨大，不只是国内市场规模，银耳产业在农业工业服务业产业联动、开拓国际市场等方面具有较大的产业优势。提升银耳产业的综合实力，实现银耳产业绿色升级，使银耳产业成为我国经济社会发展新的增长点，有利于实现产业转型升级与供给侧结构性改革。

如今，我国银耳产业正在经历绿色化革命，废弃菌料包、废水、废气造成的环境污染以及加工副产物再利用、林业资源的协调等都是目前我国银耳产业需要进一步解决的问题，应积极推进银耳产业的可持续循环发展，减少加工损失，增加产业附加值，推广银耳产业绿色电商模式，促进绿色银耳消费，进一步构建银耳产业高质量发展新格局。

（一）加强绿色生产技术创新，推进“三品一标”的提升

搭建银耳绿色技术创新平台，强化科技创新主体地位，推行银耳绿色生产方式。加强、加深与科研院校的合作，布局一批国家级、省级重点实验室，重点开发绿色高效生产技术。建设银耳绿色产业示范平台，推动科技成果与绿色产业有效对接，建立绿色发展科技成果转化激励制度，推动企业和种植户学习绿色生产技术，全面推进银耳清洁生产。

优化栽培配方，减少棉籽壳使用率，实现银耳有机农产品认定。从栽培料的配方上出发，拓宽栽培料配方可采用的原料，原始栽培料中棉籽壳的比例常在 80% ～ 84%，加大价值更高的替代原料开发和提高其他原料的比例，如中草药渣、莲子壳、牡丹壳、不同来源的废木屑、棕榈丝、甘蔗渣、玉米芯、米糠和谷壳等。近年来，宁德古田县本草银耳的发展是一个很好的例子，本草银耳采用药食同源的中草药植物经过配比后制作栽培料培育，深受消费者喜爱，其栽培方式实现了种植银耳原料的高端化和定制化，也为银耳创造了响亮的品牌和卓越的经济价值。

全面实施有害生物的绿色防控。绿色防控是建设“资源节约，环境友好”两型农业产业的重大举措，是持续控制病虫灾害、保障生产安全的重要手段，是促进标准化生产、提升农产品质量安全水平的必然要求，是降低农药使用风险、保护生态环境的有效途径，有

利于银耳生产安全、银耳产品质量安全、银耳产业生态安全与贸易安全的建设。目前，银耳生产过程中主要采用物理防控措施预防病虫害，采取诱杀、阻隔、高温灭菌、硫黄熏蒸等物理方法控制养菌房的病虫害。应针对螨虫和真菌污染等已发生情况，需要用药防治时首先考虑生物农药，不断寻找研究开发无毒无害病虫害防治措施。同时，应加强对农户银耳栽培者的有害生物绿色防控办法的宣传教育，提升银耳产品质量安全水平与品质稳定性。

推进银耳“三品一标”建设。即建设银耳无公害农产品、绿色食品、有机农产品和地理标志农产品。深入贯彻落实中央农村工作会议和2021年中央一号文件精神，坚持产品质量第一，推进银耳标准化生产，健全银耳质量标准体系要求，落实银耳质量监管条例，以市场主导，充分发挥市场在资源配置中的决定性作用，致力于银耳地理标志打造、品牌提升与建设，建设高质量绿色标准化银耳生产体系。

（二）强化标准引领，建立系统绿色发展标准体系

建立健全银耳质量检测标准与食品安全监管体系，完善银耳加工标准体系，加快银耳产地环境、栽培原料标准、农药残留、银耳初加工与深加工产品、储运保鲜、品牌打造、分等分级等关键环节相关标准的制定、修订，推动建立健全现代银耳全产业链标准体系。建立家庭农场和农民合作社管理系统，提升农户栽培银耳的质量，推进银耳农户生产的规模化、标准化、高质量化，实现小农户零散生产转变为大规模标准化生产，实现生产集约、产品稳定。

（三）推行绿色加工，发展综合利用加工减损增效

推动大型银耳精深加工企业的发展，开展研发一批集智能操作、精准控制、自动化分级、动态保鲜、节能烘干等实用技术，进一步提升银耳精深加工层次，增加银耳附加值，减少资源浪费和营养流失。在此基础上，推进银耳加工工艺和配套设备的创新和制造，以大型企业引领高效益，引导银耳加工设备研发机构和生产企业的积极性，开发一系列智能化、清洁化、节省能源、高效益低消耗的银耳加工设备，提升银耳产品品质，降低加工的物耗和能耗，从而提高银耳精深加工水平，实现银耳产品绿色标准化生产。推进银耳副产物的综合利用，引导银耳深加工企业应用低碳低耗、循环高效的绿色加工工艺；综合利用银耳蒂头、烘干碎耳、罐头银耳预煮水等副产物，开发银耳蒂头面包、碎耳再出售、提取银耳粗多糖等方法，推广使用副产品生产沼气、发酵堆肥等方式提高银耳及其副产物的综合利用效率，减少资源浪费，增大银耳附加值。

（四）推动银耳循环式生产、产业循环式组合

推进产业集聚循环发展，推动形成节约适度、绿色低碳的生产方式。按照生态保护红

线、环境质量底线、资源利用上限等要求，合理规划产业区域布局，推进产业集聚循环发展，具体体现在以下两点：一是加速菌包生产集中化、工厂化、标准化的建设，在减少菌包污染的同时，解决农户零散式生产造成的原料剩余变质的问题，一定程度上降低了银耳栽培的入门台阶，实现了菇农—企业双赢的良好发展局面。二是加快培育银耳产业龙头企业，扶持一批龙头产业牵头、家庭农场和农民合作社跟进、广大小农户参与的银耳产业化联合体，带动大规模银耳绿色标准化生产，减少资源浪费，打造利益共同体。

促进产业废弃物资源化、产业化、高值化利用，推动低碳循环。废菌包塑料袋的数量庞大，对于聚苯乙烯塑料薄膜的处理方式，需要综合考虑环境因素、经济因素、人为因素和现实情况来选择最佳的废弃塑料处理方法。现今对于废菌包袋的处理方式广泛应用的是将其制成塑料粒子后再次回收利用制成塑料制品，可实施性强，应加大对废菌包循环利用企业的支持，加强废菌包塑料袋回收再利用的宣传力度，完善废菌包袋的回收制度及相关规划，建立健全废菌包袋处理体系，实现有力有序有效治理塑料污染。

推广栽培废料再利用，实现绿色农业生态系统良性循环。银耳栽培废料营养丰富，现已发现多种绿色高效的银耳栽培废料二次利用的方法，减少污染的同时还能创造一定的收益，实现绿色农业生态系统良性循环，具体有以下几点：一是利用银耳栽培废料二次生产鸡腿菇、猴头菇等其他食用菌，银耳栽培废料富含营养，可将其灭菌后与其他材料混合作为生产其他食用菌的培养料。二是利用银耳栽培废料做饲料，银耳采收结束后，其中还残留银耳和香灰菌丝，其营养丰富且具有银耳特有的香味，具有良好的适口性。将其粉碎后，可以作为配料直接饲喂牲畜，能够提高畜禽的抗病能力。三是利用银耳栽培废料做有机肥料改善土壤，银耳栽培废料中富含植物生长所需的营养物质，且疏松多孔，具有良好的透气性、保水性便于植物利用，将其制成有机肥后，其有机质及氮磷钾的含量不仅有效提高了作物的产量，还可以在园艺和土壤修复方面有所应用。四是利用栽培废料作燃料，其中剩余的培养基质通过热压干化可以制成生物质燃料，用于代替其他燃料，也可将其投入沼气池制成沼气。五是从银耳废菌包中提取黑色素，由于天然黑色素具有防止紫外线辐射、清除自由基的功能，可用于化妆品工业中，也可用于延长杀虫剂的有效期。所以，利用银耳废料开发天然黑色素有着十分广阔的应用前景。

合理进行段木采伐，规划银耳经济林。林业资源是极为重要的可再生资源，在利用时，需要注意合理规划。在采伐段木银耳栽培的段木材料时，应当注意遵守森林采伐管理，结合实际分析林地树木生长规律和现阶段的生长情况，同时需要根据森林的自我调节能力来决定林地采伐数量，才能在保证林地健康的同时，可持续地利用林业资源。此外，应注意砍树方法的得当，"叶黄砍树"有利于树桩（如栎木类）的萌芽再生，从而维持生态平衡。按照"综合开发，协调发展"的方针，组织建设段木银耳经济林，为银耳产业发展提供稳定的原料林资源，减少对原始森林资源的破坏。

加快实现银耳深加工污水处理全覆盖。据研究表明，银耳深加工处理的污水可生化性好，BOD/COD 比值高，有毒、有害物质少，其中，有机物占 80% 以上，富含大分子蛋白、小分子寡糖、有机酸和盐类等物质，是一种典型的高浓度有机废水，因此，目前主要采用一级絮凝沉淀、二级生化处理、三级曝气生物滤池的工艺来处理，经此处理可达到国家一级排放标准。为全面推进银耳产业清洁生产，目前应该加大对银耳深加工企业污水排放的监管力度，建立健全企业污水处理设备的基础建设，同时组织研发对该污水的二次利用方法，促使企业更快、更好、更全面地处理深加工污水，实现银耳深加工污水处理全覆盖。

加大监管力度，实现废气无害化处理。银耳生产中主要采用锅炉尾气处理设备，目前除尘方式有电除尘、袋式除尘以及旋流板湿式除尘，脱硫方式主要有炉内脱硫、烟气干式脱硫、烟气湿式脱硫等。环保部门认可的最成熟的方法是碱吸收法或双碱法。该方法节水节电、维护简单且除尘脱硫效果好。为实现银耳产业全面废气无害化处理，应加大政府与环保局监管力度，制定完善的对于废菌包燃烧产能的制度体系。特别强调需除袋处理，加大废气处理设备的使用，减少或消除废菌包直接燃烧的处理方式，同时加大对废菌包二次利用的宣传力度，从根源上解决废气污染问题。

（五）节能低碳产品精深加工技术集成，发展银耳精深加工减损增效

促进银耳产品精深加工技术发展，重点支持发展银耳加工业，引导加工企业合理加工银耳及其副产物，避免资源浪费和营养流失。对于银耳本身，开发冻干银耳羹、银耳羹罐头、银耳馅饼、银耳曲奇、银耳鲜露等新型健康现代化食品，增加营养成分，提升经济效益。对于银耳蒂头与碎耳，开发银耳蒂头面包、碎耳分拣二次出售、银耳蒂头粗多糖提取再利用制作银耳护肤品、手工皂等产品，减少加工损失，增加银耳的附加值。在此已开发利用的基础上，鼓励引导科技型企业挖掘银耳的多种功能价值，提取其活性物质和功能成分，开发养生保健、食药同源的加工产品，提高深加工层次，创造高收益。

（六）优化产业空间布局，地区统筹布局银耳生产、加工和流通

近年来，银耳生产加工产业呈现出旺盛的生命力和强大的带动力，有聚集发展的势头，生产企业数量增加，区域特色明显。应进一步加强银耳加工产业布局，使生产场地与加工场地高效衔接，其一，以创新、协调、绿色新发展理念为引领，按照“三品一标”的要求和重点任务，推动银耳产业由规模扩张向转型升级、由要素驱动向创新驱动、由分散布局向地区统筹布局转变，强化银耳产业的科技引领与装备支撑。其二，应科学编制规划，优化结构布局。对银耳生产整体与加工整体进行整合，科学合理布局产业园区，引导产业不仅内部整合，且要与其他产业整合，产生 1+1>2 的效果，降低流通成本与配套加工出售成本。其三，搭建公共平台，提供优质服务。坚持政府搭建平台，平台聚集资源，搭建仓储物流、劳动用工、出口代理等产业公共服务平台，为银耳产业的发展集结人才与劳

动力。其四，完善政府扶持政策。强化条件建设推动现行银耳产品加工业扶持政策落实有效，形成以财政补贴为导向，以税收减免为杠杆，以金融支持为主体的政策扶持体系，引导金融机构支持银耳生产“三品一标”。在新政策的支持下加快建设地区统筹布局型银耳产业园区。其五，推动聚集发展培育产业联盟。定位好银耳产业园区发展方向和重点，合理设置入园门槛，吸纳产业关联度高、品牌知名度高、科技含量高的重点企业和有潜力的成长型企业，实现产业链条拓展，强化不同类型企业和组织间的利益联结，形成企业间优势互补，抱团发展。

（七）建立完善产业绿色发展保障机制

培育健全银耳绿色产业链，需要建立完善的产业绿色发展保障机制。完整的产业链条对提高银耳产业各环节的整体效益至关重要，通过健全产业绿色发展的保障机制，形成强力有效的激励效应，确保绿色生产者获得更多的效益，从而推动银耳绿色产业链的建设。为实现这个目标：其一，要建立银耳产业绿色发展保障的配套政策。以构建资源节约、环境友好、生态文明的绿色生产体系为目的，针对废菌包的无害化处理、银耳经济林建设、废水废气清洁化处理等问题，结合银耳产业发展实际情况，制定一系列个性化、精确的管理体系，逐步建立起与生态环境承载力相持平的生态银耳产业新格局。其二，要坚持以市场需求为导向。以提高农业供给体系的质量效率为主攻方向，不断提升银耳产品质量和产业绿色发展水平，强化科技支撑产业骨架，加强银耳精深加工工艺研发力度，推进银耳产业发展绿色化，构建现代银耳产业体系、生产体系、经营体系，提高银耳产业的效益和竞争力，同时实现资源利用高效、生态系统稳定、产地环境良好、产品质量安全的目的。

第十三章 银耳产业保鲜加工的高质量发展之路

李佳欢[1]，陈剑秋[1]，孙淑静[1]，林少玲[3]，赖谱富[2*]

1. 福建农林大学生命科学学院；2. 福建省农业科学院农业工程技术研究所；3. 福建农林大学食品科学学院

摘要：银耳作为一种常见的食药用菌，具有很高的营养价值和生物活性，生鲜银耳及银耳加工产品深受市场的欢迎。本章分别介绍银耳保鲜、初加工、深加工、精细化加工产业的相关技术、产品及研究现状，合理分析当前银耳保鲜及加工产业存在问题，并提出了相应的对策建议，并指出我国银耳保鲜加工产业未来发展趋势，旨在为银耳保鲜加工产业的提质增效和高质量发展提供借鉴和帮助。

关键词：银耳保鲜加工产业；存在问题；对策建议；发展趋势

我国是银耳栽培大国，随着银耳栽培技术的不断提升，产量逐年递增，银耳产业已成为部分地区的支柱型产业。2019 年，我国银耳产量为 541 739.7 t，同比增长 3%；2020 年，前三季度我国银耳（干）出口数量为 2 372.7 t，出口金额为 3 375.8 万美元。银耳作为我国特色食用菌品种之一，其生产种植规模和技术工艺始终保持世界领先地位。传统银耳主要以干品销售为主，作为一种营养健康、做法多样的食品，深受消费者的喜爱。近年来，由于银耳出口规模受到国际贸易环境和新冠肺炎疫情的影响有所减少，大量银耳囤积于国内仓库，国内市场无法消化如此庞大的库存，导致了银耳供大于求，价格降低，工厂、合作社和农户等收入大大减少。但在大健康和消费升级的驱动下，人们对于食品的需求向高品质、高营养、易加工等方面转变，生鲜银耳及各种银耳加工产品开始逐渐进入人们视野，被社会消费主流所关注。

2021 年，农业农村部印发《关于拓展农业多种功能　促进乡村产业高质量发展的指导意见》共提出 3 项重点任务，其中第一项就是做大做强农产品加工业。乡村振兴战略的推进，构建新发展格局的迫切需要，都为银耳加工产业的发展带来难得的机遇。随着城乡融合发展步伐加快，乡村基础设施、公共服务等条件大幅改善，资金、人才、技术等资源要素加速向乡村汇聚，为农产品加工业加快发展注入新动能，如何将“初字号”加快转型升级为“深字号”“精字号”，则是银耳加工产业提升质量效益和竞争力的关键所在。

一、银耳保鲜技术及产业现状

新鲜银耳口感滑嫩、细腻且富含黏稠胶质的口感获得了广泛认可，但由于其含水量较高，组织幼嫩，在采后储运、销售过程中极易产生水分损失、物理损伤、微生物感染等问题，有时银耳虽未变质，但已降低或失去商品价值，所以对银耳保鲜技术的研究是推动银耳安全鲜销的关键。

（一）银耳保鲜技术研究进展

目前，随着食品科技的迅速发展，各类新型的贮藏与保鲜技术不断涌现，依据采后生理特征不同，主要通过减少水分散失、降温、控制湿度及抑制呼吸作用等方式来实现保鲜效果。根据不同工艺，目前可应用于新鲜银耳的保鲜技术主要分为物理保鲜、化学保鲜和生物保鲜，基于物理的方法有低温贮藏、气调包装、辐照处理和超高压等；基于化学方法的有保鲜剂处理等；基于生物的保鲜方法则主要是利用天然提取物、生物酶等方式处理，各类方法的研究进展如表 13-1 所示。

表 13-1 鲜银耳主要保鲜工艺介绍

类别	保鲜方法	保鲜原理	优点	缺点
物理保鲜	低温贮藏	降低贮藏温度，抑制银耳的新陈代谢，抑制有害微生物的生长	成本低、操作简单，适用于采后短期贮藏	贮藏温度过低易导致对银耳的低温伤害
	自发气调保鲜	通过包装材料的渗透作用改变银耳所处的气体环境，达到抑制呼吸速率的效果	成本低、操作较简便	不能根据被保鲜物调整其最佳贮藏气体环境，保鲜期较机械气调短
	机械气调保鲜	在密封包装中充入一定比例气体，提供最佳贮藏气体环境降低银耳呼吸作用	贮藏效果较好	工艺较复杂，管理难度大，投入较大
	辐照保鲜	利用 ^{60}Co、^{137}Cs 等放射源产生的 γ 射线、高能电子束或短波紫外线，对农副产品进行处理	处理时间短、操作简便、营养成分损失小	投入较大，成本较高
化学保鲜	化学保鲜剂保鲜	利用化学添加剂等抑制被保鲜物的新陈代谢	成本低、操作简单	用量不当可能存在残留的问题
生物保鲜	涂膜保鲜	利用多糖、脂类、蛋白类等的成膜性在银耳表面形成一种可减缓水分蒸发和阻隔气体交换的薄膜，达到保鲜的效果	无毒害、无残留、无副作用，提高商品价值	成本较高，操作烦琐，成膜厚度不易控制等

选择合理的保鲜方法可以有效延长新鲜银耳的货架期，保持其品质，确保食品安全。

不同的保鲜技术一定程度上均可以实现对鲜银耳的保鲜效果，但部分方法仍具有一定局限性，例如化学保鲜方法可能会对银耳的营养价值产生影响，用量不当会存在残留的问题，而辐照保鲜技术现阶段成本投入较大、推广难度较大等。未来，可以考虑不同保鲜技术的联合应用，例如冷藏—气调保鲜、冷藏—涂膜保鲜等方法，同时，加强对运输过程和销售过程等保鲜方法的开发，建立生产—运输—销售保鲜技术体系，推进银耳鲜品产业的健康发展。

（二）银耳保鲜技术产业应用情况

近年来，随着全国冷链物流产业的不断发展壮大，银耳保鲜技术的不断突破，福建省农业科学院农业工程技术研究所在预冷、包装、冷链运输等技术集成的基础上，形成了一整套生鲜银耳包装、贮藏及冷链运输技术规范。2020 年 11 月 19 日，国家标准化管理委员会下达 2020 年第三批推荐性国家标准计划的通知（国标委发〔2020〕48 号），国家标准《生鲜银耳包装、贮存与冷链运输技术规范》获批立项，实施周期为 24 个月。2021 年 7 月 26 日，“生鲜银耳包装、贮存于冷链物流技术”被福建省农业农村厅列为 2021 年农业主推技术（增值加工类）。

新鲜银耳通过规范的包装、冷藏、运输至用户手中，保证了卫生、质量要求，获得了消费者的广泛认可。银耳产业结构在悄然发生变化，目前，新鲜银耳所占销售比例逐年上升，打破了以往干银耳一统天下的局面；新鲜银耳通过冷链物流送至实体商超或快递电商直接送至消费者手中，实现了鲜银耳的销售，畅销国内市场，有效提升了银耳的品牌价值，不仅促进了市场的繁荣兴旺，满足了消费的需求，同时也使农民增产增收，在惠农富农方面起到了积极的作用。在新鲜银耳的销售市场中，2020 年仅古田生鲜银耳通过批发和电商渠道全年销量就达在 3 000 万朵以上，产值亿元以上。

二、银耳加工技术及产业现状

受传统消费模式、饮食文化、加工技术和设备等因素影响，我国的银耳加工产业主要以初加工产业为主，产品主要为干制品、罐制品。近年来，随着科学技术的进步与加工产业的飞速发展，银耳的精深加工技术难题逐渐被攻克，但相关产业仍处于起步阶段。

（一）初加工产业：主导加工行业的关键“角色”

在我国市场上销售的食用菌产品中，有 90% 为干品和罐头，干制、罐制也是目前应用最为广泛的加工技术，目前，银耳初加工干品、罐头、饮料占据主导地位。

1. 银耳干制品

新鲜银耳的保质期较短，为延长银耳的采后货架期，需将银耳简单去除杂质、筛选、干燥后制成干品再投放市场。主要干制工艺如图 13-1。

新鲜银耳进场 ⟶ 摊晾 ⟶ 削耳基（小花银耳削耳基后，需要掰分）⟶ 浸泡（丑耳不浸泡）⟶ 清洗（丑耳不清洗）⟶ 排筛 ⟶ 沥干 ⟶ 烘干 ⟶ 出厢 ⟶ 装袋 ⟶ 贮存

图 13-1 银耳干制工艺流程

目前，银耳的干燥方式以热风干燥为主，由于微波真空干燥、真空冷冻干燥等方式设备价格昂贵、效率较低等原因，现阶段产业上应用较少。近年来，联合干燥方式因能结合各种干燥方式的特点，具有保证产品品质、提高生产效率、降低风味损失等优点，成为研究热门（表 13-2）。

表 13-2 银耳主要干燥工艺介绍

干燥工艺	干燥原理	优点	缺点
自然风干	在天气晴朗时，将削除耳基并清洗干净的银耳平铺于竹筛上，利用阳光提供热量，自热风带走水蒸气，达到干制的目的	成本低、绿色环保	受天气、环境等条件影响大，效率低，可控性差
热风干燥	通过热空气对银耳进行干燥，利用热力、电力等提供热量，热空气将银耳表面的水分汽化后，由风机将水蒸气带走，干燥期间传质传热同时进行，但方向相反	操作方便，干燥温度易于控制	热敏性物质损失大，营养损失大，干燥时间长
微波真空干燥	通过微波干燥和真空干燥结合两种干燥方式的优点，提高产品品质，缩短生产时间，提高生产效率，同时又能克服微波干燥温度高以及真空干燥传热慢的特点	能保留银耳原有营养成分、风味物质和活性成分，效率高、干燥速度快	对干燥物的尺寸薄厚的要求较高
真空冷冻干燥	将预冷后银耳中的水分在真空状态下直接升华成水蒸气的干燥方式	能很好地保留银耳的营养物质、色泽质地，复水性好	干燥时间周期长，能耗高、成本高
红外辐射干燥	利用波长较长、穿透能力强的红外线，渗透至加热银耳内部，使分子内部摩擦产热，蒸发水分的干燥方式	减少干燥对干品质量的破坏，干燥时间短，能耗低	由于银耳的薄厚不同，容易出现焦煳、受热不均
联合干燥	采用两种或两种以上的干燥方式，合理优化组合后进行干燥的复合型干燥方式	提高干燥速率，降低能耗，提高产品品质	设备不成熟，无法大规模工业化应用

2. 银耳饮料

在传统工艺中，银耳经常被做成羹汤类菜品。当前，银耳饮料是银耳加工的主要形式之一，相较于银耳干制品，开瓶即食的银耳饮料省去了清洗、泡发、烹饪等工序，更受消费者喜爱。将银耳与各种原料搭配，添加各种辅料制成不同口味的饮料，如冰糖银耳、莲枣银耳、酥梨银耳等，这些产品目前已实现工业化生产，在各种超市、商场、副食品店中均有售卖。进入 21 世纪后，随着银耳加工技术的不断发展以及人们对自身健康的关注度提高，银耳饮料产品呈现出健康化、安全化趋势，人们更加注重产品的功能性。关于银耳饮品的研究逐渐多元化，当前已研发出银耳功能型饮料、银耳茶饮料、银耳固体饮料、银耳果冻、银耳软糖、即食银耳脯等产品，但是市场接受度及品牌知名度较低，因此在市场较少出现。

（二）深加工产业：提升银耳附加值的主要"动力"

近年银耳深加工技术不断发展，出现了包括休闲产品（以烘焙类为主）、银耳即食产品等的银耳深加工及创新产品。

1. 银耳休闲产品

银耳相关的休闲产品主要有银耳曲奇、银耳馅饼等，将中国传统的烘焙工艺与银耳有机结合，将银耳完美地融入传统的糕点中，制备工艺简单，消费者容易上手制作。

银耳曲奇：银耳曲奇在生产过程中，加入了破壁银耳，投入市场后的反馈良好。破壁银耳即银耳经过破壁处理，破坏银耳细胞外壁和内膜囊，能使银耳细胞内的物质渗透出来，更易被人体吸收。

银耳馅饼：以新鲜银耳作为馅料，包裹酥皮，烘焙而成的银耳馅饼口感清甜不腻、软糯晶莹，层层酥脆。

2. 银耳即食产品

随着社会生活节奏的加快，以冻干银耳羹为代表的银耳即食系列产品应势而生，该类产品兼具营养、方便、保质期长、复水性好等优点，经 –50℃ 预冻后，经过真空冷冻干燥后得到成品，保留了银耳等物料的营养成分和风味口感，使用开水冲泡后的产品胶质浓稠，口感嫩滑，与红枣、枸杞、莲子等营养配合，相得益彰。目前，冻干银耳羹系列产品已实现工业化生产，市场反响热烈。

（三）精细化加工产业：行业高质量发展的重要"引擎"

当前，基于银耳的各种生物活性，出现了如银耳营养功能食品及保健品、银耳发酵产品、银耳日化品等产品。

1. 银耳多糖

银耳多糖是当前科学研究的热门之一，多种生物活性功能已被发掘并通过提取、浓缩、醇沉、纯化、干燥等工序制备得到。近年来，通过对各道工序优化提取率或生物活性不断提高（表 13-3）。

表 13–3　银耳多糖制备工艺介绍

工序	方法	研究实例
提取	热水浸提	Chen（2022）对热水浸提工艺进行优化，确定了萃取温度 100℃、萃取时间 4.5 h、料液比 1 ：5（V/V）的条件下多糖的得率最高（3.08%）
	酶法辅助	蔡淑妮等（2014）加入复合酶后，在提取温度 80 ℃，提取时间 3.5 h，料液比 1 ：40（g/mL）的条件下，银耳多糖得率 34.92%，超过文献值
	微波辅助	Chen 等（2022）对微波辅助工艺进行优化后，提取时间 60 s、微波输出功率 750 W、料液比 1 ：20 为银耳多糖提取的最佳条件，平均实验多糖产率为 65.07%±0.99%

续表

工序	方法	研究实例
提取	超声辅助	张小飞等（2016）利用 Box-Behnken 响应面法对超声波辅助提取银耳多糖工艺进行优化，确定超声波功率为 360 W，超声时间为 23 min，液料比为 45 ： 1（mL/g）为最佳工艺，得率为 20.4%±1.8%
	酸碱法	王艺涵等（2019）通过酸碱法提取银耳多糖，发现酸提银耳多糖的多糖含量高、相对分子质量小，而碱提银耳多糖的灰分高，二者都具有良好的醇溶性，但化学性质和物理特性有所不同
	亚临界液体提取	高丽萍等（2016）采用亚临界水提取技术提取银耳多糖，在最佳工艺条件（提取温度 138℃、提取时间 30 min，液料比 30 mL/g），得率为 34.58%，较传统的热水浸提法得率提高 84.23%
醇沉	利用乙醇、甲醇、丙酮等有机溶剂沉淀	
脱蛋白	Sevage 法	彭云飞（2017）使用酶法提取后，Sevage 法脱蛋白，此时蛋白质脱除率 85.1%，多糖损失率为 14.2%
	鞣酸法	张黎君（2020）采用复合酶—鞣酸法脱蛋白，银耳多糖的蛋白质脱除率为 31.12%
	酶法与 Sevage 法联用	马素云等（2013）采用酶—Sevage 法去蛋白，经过得到由甘露糖、葡萄糖醛酸、木糖和岩藻糖 4 种单糖组成的均一银耳多糖
脱色素	活性炭脱色	张达成等（2019）采用活性炭脱色法，确定了银耳多糖脱色最佳条件为：时间 45 min，温度 60℃，活性炭用量 1.5%，pH 值为 5，脱色率达到 87.6%，多糖保留率为 83.1%
	等电点沉淀	孙东（2015）通过等电点沉淀法去除了银耳多糖中大部分蛋白质，确定最适宜沉降 pH 值为 2.25，蛋白质脱除率为 87.91 %
	离子交换树脂	薛蔚（2020）通过对其他方法，认为离子交换树脂法更适用于银耳多糖脱色素
分离纯化	有机溶剂分级沉淀	魏正勋（2015）利用 30%、60%、80% 的乙醇溶液分级沉淀得到 3 种银耳多糖 TFP30、TFP60、TFP80，总糖含量分别为 40.32%、45.31% 和 72.13%
	季铵盐沉淀	何伟珍等（2008）采用季铵盐沉淀法获取银耳精多糖，发现了该法简便易行且成本较低，纯化后银耳多糖含量达 76.28%
	离子交换层析和凝胶柱层析	颜军等（2005）也采用 DEAE—纤维素和 Sephadex G-200 纯化得到了均一的酸性银耳多糖 TPP2
	超滤	罗惠波等（2003）采用超滤法生产出纯度高的银耳多糖，且产率、产量都有大幅度的提高
干燥	冷冻干燥或低温干燥为主	

2. 银耳营养功能食品及保健品

基于银耳及银耳多糖的多种功能，银燕、冰糖银耳、桃胶银耳保健饮品等产品的出现丰富了银耳产品市场。相比其他食用菌的相关产品如胶囊、滴丸、片剂等，银耳营养功能食品及保健品的技术含量较低，产品比较单一。

3. 银耳发酵产品

在食品发酵的过程中加入银耳多糖，微生物可通过将银耳多糖分解、利用、转化等作用，生成其他风味和营养物质，显著提高了发酵产品的附加值。目前，银耳发酵产品主要有银耳黄酒、银耳酸奶等。

4. 银耳日化品

银耳多糖具有良好的保湿功能，有研究表明，0.05% 的银耳多糖保湿效果已优于 0.02% 的透明质酸，同时银耳多糖兼具的抗衰老功能，使之具有了作为日化品的开发潜力。目前，市场上银耳面膜、银耳手工皂等日化用品十分受欢迎。

5. 银耳胶

近年福建农林大学（古田）菌业研究院专家团队开发出一种由银耳提取所得的胶体，具有性价比高、方便携带、生产成本低等优点。研究发现银耳胶与其他胶体复配后，能很好地减轻盐离子、酸碱环境对胶体表观黏度的影响，并具有较好的冻融稳定性，例如将其加入酸奶后能显著提升口感，因此，在食品、日化和医药领域都有广泛的应用前景。

三、我国银耳保鲜加工产业发展存在的问题

我国银耳加工产业仍以初加工为主，由于基础理论研究薄弱、精深加工技术和加工装备匮乏、传统消费模式饮食文化等因素制约了银耳加工产业的发展。尽管近年来逐渐出现各类深加工产品，但精细化加工产品仍旧极少，且价格昂贵，此外，深加工和精细化加工企业的规模小，制备技术和加工设备未达到工业化水平。

（一）保鲜技术落后，配套基础设施不够先进

当前生鲜银耳的保鲜基本还是冷库保鲜，配合包装及冷链运输在一定程度上减少了银耳储运过程中的水分蒸发，有利于延长银耳的保鲜期，冷藏保鲜期基本只能 5 d 以内，保鲜时间短。同时，企业不重视基础设施建设，导致生鲜保鲜储运基础设施落后，生鲜银耳品质无法得到有效保证。储运环节损失较大，影响了银耳的保质增值，并且存在食品卫生和质量安全隐患。

（二）原料来源广，加工物性数据不明确

由于培养基原料差异、栽培方式不同等原因，银耳的营养成分、微观结构、口感风味、生物活性等方面存在差异，从而影响银耳下一步加工，目前，银耳加工产业缺少需要经过大量研究才能获得的基础数据，未深入了解银耳的加工特性，无法为后面银耳的各种加工技术和相关设备的研发提供理论支持。

（三）初加工为主，产业链较短

市场销售的银耳产品技术含量低，附加值少，而银耳深加工和精细化加工产品十分稀缺。深加工企业规模小，数量少，研发投入少，加工设备缺乏，导致市场上产品同质化十

分严重。以古田县为例，银耳加工企业相关研发投入在5%以下，且产品同质化，多家企业主打产品均为各种口味的冻干银耳羹，仅有少量如银耳曲奇、银耳馅饼等产品，加大了同行间的竞争，不重视研发，不利于企业的长久发展。

（四）精深加工技术与装备的应用水平低、精度低

银耳加工产业也存在加工损失率高的问题，在加工过程的损耗通常超过10%，有些甚至达到20%，过度加工造成了极大的资源浪费和营养流失，产品生产对于机械设备的专业化要求高，目前的银耳精深加工设备缺乏，因此，研发和应用适合银耳的精深加工技术和设备十分关键。

（五）缺乏品牌影响力大的龙头企业

银耳产业规模较小，组织化程度较低。当前，除银耳生产企业外，银耳初加工产品多来自农户、合作社和小型加工厂，此外，多数银耳加工的小企业没有专门的生产线，需要寻找代加工工厂合作，不同工厂生产的品质各不相同，也影响了产品销售。目前，银耳加工企业的品牌知名度大多较低，缺少宣传，产品销量较少，缺少强有力的龙头企业。

四、我国银耳保鲜加工产业未来发展趋势

（一）银耳加工原料专用化

随着市场和加工用途的细分化，银耳加工将越来越倾向于选择专用的原料品种。我国银耳品种资源丰富，品种较多，但由于加工工艺的不同，所需要的专用原料有所区别，而只有优质专用原料才能生产出高质量的加工制品。例如用于鲜食加工的银耳原料要求保质期更长，用于多糖提取的银耳原料要求多糖含量高。可利用不同品种的专用化作用，带动整个银耳产业链的健康、高效发展。

（二）银耳保鲜加工技术及装备高新化

目前，传统简单粗放的保鲜加工方式对银耳效益的提升效果已不明显，高值化保鲜加工是提高银耳产业经济效益的必然途径，而高值化保鲜加工需要借助现代高新技术、设备的普及和应用。例如DENBA+鲜度静电场处理能够显著抑制了鲜银耳在采后第8天的菌落总数，维持鲜银耳食用安全性，抑制其在贮藏期间水分损失，较大程度地维持鲜银耳原有的水分含量；同时，显著抑制鲜银耳表面褐变和质构的变化，有效维持鲜银耳的外观品质，满足消费者对鲜银耳的感官需求。鲜度静电场处理作为鲜银耳采后贮藏保鲜的一种新方法，无化学和辐照残留，无加热效应，设备简单，可以作为冷藏的有效辅助方法。现代高新技术、设备可用于改变银耳的口感、品质、加工适应性，开发快速即食食品或功能保健食品，例如

利用挤压膨化技术生产黏弹性优越的银耳五谷米、速溶银耳方便食品等，利用超微粉碎技术生产速溶银耳超微粉和纳米粉等。此外，高新技术在银耳活性成分提取和纯化方面的应用也将更加普遍，例如生物酶解技术、超声技术、微波技术、超高压技术、膜技术等用于提高银耳多糖的提取效率，液体深层发酵技术提高银耳活性成分的得率和产量等。

（三）银耳资源利用高效化

银耳栽培和加工过程中会产生大量副产物，例如采摘银耳后的废菌糠和加工过程中切除的蒂头，由于技术等条件所限过去经常直接排放到环境中，既浪费了资源，又污染了环境。银耳菌糠含有非常丰富的真菌菌丝体等多种代谢产物，拥有较大的比表面积和吸附性，可作为吸附水体染料的新型吸附剂，例如吸附印染废水中亚甲基蓝达到“变废为宝，以废治废”的目的。银耳菌糠富含疏松多孔的木质纤维基质和菌丝残体蛋白，还可用于制备高性能的高氮掺杂量的生物质基三维多级孔炭材料。菌糠中的银耳菌丝也含有与子实体类似的生物活性成分，可提取具有抗氧化活性的天然黑色素。银耳蒂头是银耳加工工程中的常见废料，据估算仅古田县银耳蒂头的年产量就在 5 000 t 以上，其营养成分和活性成分含量与子实体极为相似，部分成分含量甚至高于子实体，可加工后开发不同的产品，如提取银耳多糖，制备炭微球，生产银耳蒂头饼干、果冻、速溶粉等。对于银耳副产物的高效利用不仅可以解决环境污染问题，还能创造新的价值，增加银耳产业的经济效益，成为新的经济增长点，促进银耳产业的健康可持续发展。

（四）银耳产品加工多元化、场景化

“宅经济”兴起，使食品工业与餐饮业的边界趋于模糊，亦为银耳加工食品的创新带来新的源泉，银耳早餐类、点心类、菜肴类等越来越多的家庭品类产品将崛起。同时，随着消费人群的细分和消费场景日益增多，围绕单身一族、多口之家、上班族等细分消费人群，研发适合特定场景食用的创新产品，顺应美味和健康的双层需求，以及“简约不简单”和天然绿色的消费趋势。

（五）银耳产品包装环保化、双碳化

银耳产品的包装创新将注重“内外兼修”，产品包装力求实用性、功能性和创意性的结合，将更加注入环保理念，应用更易回收的淀粉基餐具和包装、食品级牛皮纸等材质，追求环保和双碳结合（碳达峰、碳中和），使包装更具亲和力。

五、结语

中国作为银耳产业大国，在世界的银耳产业中发挥极其重要的作用。银耳保鲜加工之

路是提升银耳附加值的必由之路，但目前我国银耳保鲜加工技术还相对落后，初加工产品所用技术均为20世纪所开发，精深加工产品在市场上相对较少，由于各方面原因，各种保鲜及精深加工技术仅停留在实验室研发阶段。随着科研水平以及物质生活水平的提高，智能化时代的到来，依托各种新兴技术和各种政策，必将为银耳保鲜加工行业带来深刻的变革，为我国银耳保鲜加工产业高质量发展奠定坚实的基础。

第十四章 “后疫情”时期银耳的品牌建设和营销

孙淑静[1]，刘佳琳[1]，赵伟超[1]，席美娟[1]，刘自强[2]，李临春[3]
1. 福建农林大学生命科学学院；2. 中国食品土畜进出口商会食用菌及制品分会；
3. 深圳九能品牌管理有限公司

摘要：新媒体的传播和发展使得各产业的营销方式不断优化升级，银耳产业也不例外，本章通过分析当前银耳市场的营销状况、行业 Top 店铺、受众群体等讨论银耳新媒体营销的多样性，并对“后疫情”时期银耳品牌建设、新媒体传播和营销提出建议。
关键词：品牌建设；新媒体；营销；“后疫情”时期；银耳

一、银耳产业的品牌理念、使命和目标

（一）银耳产业的品牌（发展）理念

银耳产业是关乎人民美好生活的大健康产业，也是精准扶贫、乡村振兴的支柱产业。银耳产业以打造方便、快捷、高效、天然、优质、营养、健康产业的匠心理念，不断让消费者真正地感受到银耳所带来的高级体验。

（二）产业使命

在现有产业基础上，引导农户、相关企业、流通领域和商业体系，为消费者提供更安全、更放心、更便捷、更有科技含量的优质银耳产品，不断实现产品多元化、绿色化、有机化，让更多人认识银耳，了解银耳，养成享用银耳健康养生的好习惯，推动中国银耳的品牌化、国际化发展，实现“中国银耳，世界共享”的愿景。

（三）发展目标

1. 区域覆盖

中国食用菌产业区域品牌的发展瓶颈大约在30亿～40亿元的规模，古田银耳、庆元香菇、泌阳花菇、平泉香菇、东宁黑木耳等头部区域品牌都处于这个位置，说明粗放的发展模式已经告一段落。分析这些县域的产业结构发现，大部分县域的一二三产比例在1∶2∶2左右，严重滞后于全国平均水平，按照国家统计局的报告，2021年全国三产的占比约为1∶5∶7。也就是说，以食用菌产业为主的县域，仍陷入在以种植业增长的循环中，而“一产”同质化竞争严重，增值空间十分有限，价格战又让菇农失去了积极性，投入的边际效益递减；二产、三产严重滞后，也拖了县域经济的后腿。整个食用菌产业正面临重新洗牌的过程，只有创新发展模式，再上台阶才有未来。

新模式中随州香菇已经走在了前面，2021年随州香菇的菌袋、菌棒生产企业已经达到83家，产品覆盖了18个省；出口贸易额7亿美元，16家食用菌专业设备制造企业产值超2亿元，设备还出口韩国、俄罗斯、越南等国；深加工产品香菇多糖（药用、保健品用）、浓缩香菇汁（天然鲜味剂）等实现了产品的大幅增值，摆脱了初级农产品的价格竞争，裕国菇业在2021年8月投产了香菇多糖，2个月出口就达到了900万美元。随州香菇一产规模与其他几个区域相当，但成功实现了二产、三产的增值转型，思路和做法清晰，综合产值达到了300亿元，几乎实现了其他区域10倍的GDP。

银耳产业也应该加快实现产业转型，让产品覆盖更多的国家（地区）。

2. 产业GDP

随州模式说明，产业升级可以给县域经济带来10倍的GDP。一产为初级银耳产品，产品增值空间有限；二产是深加工产业，银耳除了可以做方便食品外，还可以开发出功能性好的保健品、化妆品甚至是药品，可以带来4～8倍的增值空间；三产是服务及营销，高端银耳产品也将是一个很好的挂钩，可以使服务业增值十倍乃至百倍，从而带动地方经济快速发展，例如美容业大幅拉动韩国经济。总结起来，产业升级可以概括为“四轮驱动”模式。

（1）第一只轮子　建立外向型产业思维（二产＋三产）。抓好银耳及深加工产品的出口贸易：建立自有品牌，开发国外市场，摆脱初级银耳产品的价格竞争，一方面可以提高产品附加值和利润；另一方面，出口换汇后不断升级换代装备水平，并做好消化吸收功课。向国内、外输出整体解决方案（二产＋三产）：在消化吸收的基础上，研发装备、设施、菌棒、菌袋等产品，全面输出整体方案和技术服务，将市场向外扩张10倍乃至百倍。

（2）第二只轮子　抓创新，向纵深要效益（二产）。筛选、优化菌种，增加整体输出优势，品牌力的根本在品质。联合有实力的药厂共同开发具有保健、药用价值的产品，与大型日化公司合作开发高端化妆品，这部分产品市场前景广阔，产值高，门槛高，竞争少，容易形成市场壁垒。加大机器替代人力的比例，研发、引进先进设备，提高行业竞争力。

（3）第三只轮子　抓好线下核心市场及线上到家的供应链条。从需求端重塑商品属性，制定工艺路线，做好差异化优势营销，重视线上产品到家的路径。过去60岁以上的群体很少网购，疫情改变了很多人的购物习惯，老年人网购的比例大大增加。改造传统的批发市场，古田批发市场的运行模式几乎与二十年前没有两样，已经不能适应发展的需要，未来要做延伸转型、数字化转型、信息化转型，成为2B物流集散中心和2C到家链条中不可或缺的配单中心。

（4）第四只轮子　抓好人才梯队建设及政府支持机制。所有要素中，人是最重要的要素，产业升级需要打破原来人员专业结构，要大量引进跨学科人才和跨领域合作，也可以与高校联合办学，培养更专业的、更实用的人才。在政策支持方面，仅靠政府拨款行业是发展不起来的，政策支持只能是个撬动杠杆，要建立帮扶机制，采用政府拨款+产业发展基金+整合项目等，多方面筹措发展资金的模式。

抓好"四轮驱动"的产业升级，3～5年内再造一个地方经济的GDP是完全可能实现的。

二、用品牌带动产业发展

（一）质量体系

"三流企业做产品，二流企业做品牌，一流企业做标准。"任何产业要走出去，必须坚持"标准先行"的战略。为保证银耳生产的稳定与产品品质，必须不断强化标准制定和监督机制。全国银耳标准化工作组（SAC/SWG9）于2008年9月经国家标准化管理委员会批准在古田县成立，直属于国家标准化管理委员会，是全国唯一的银耳标准化技术归口管理组织，也是全国食用菌标准化领域中最具权威的技术性组织，工作组主要负责银耳等领域的国家标准制定修订工作，工作组成立以来共制定修订银耳国标、地标等15项，制定并完善了银耳标准体系，为全国银耳产业规范化可持续发展发挥了重要的作用。完善的标准制定和质量监管强化利于品牌的维护与发展，以"古田银耳"为例，2005年，福建省成立了福建省食用菌产品质量监督检验中心，于2013迁入古田县，检验能力居国内领先水平，检验中心不定期进行菌种和加工环节质量监督检查工作，每年随机抽检全省40个银耳样本，加强对银耳品质质量的监管力度。在古田银耳生产标准化示范区内则实行全过程的监控和记录制度。2015年，古田县荣获"国家级出口食用菌质量安全示范区"称号，成为福建省首个国家级出口食用菌质量安全示范区。古田县强化食用菌质量管控，规范菌种生产，在全县范围内推进"一品一码"全程追溯体系建设，并不定时赴全县主要市场开展银耳产品质量安全方面巡回宣传，引导银耳生产者、经营者加强质量安全意识不断增强，重视"两品一标"、质量认证与品牌培育。从2016年起至2022年3月，有备案的1 083批次与银耳产业相关的食品安全检验和抽查的合格率达到了100%。

（二）创新发展

高度重视科技研发，创新驱动产业发展，自主创新与产学研相结合，以精益求精的态度挖掘银耳产品的价值，不断推出新产品，提高产品品质，提升品牌影响力。应借鉴仙芝楼以品质为本，以创新为魂，以全球化视野精心打造"仙芝楼"品牌，坚持用产品品质说话，让老百姓吃上健康有效的灵芝产品，践行"一心只做好灵芝"的初心发展银耳产业。

（三）市场表现

银耳目前品类划分中排第10位，2020年，全国年产鲜品约55万吨，产值约30亿元，2019年，全国银耳产业农民人均纯收入约3.5万元，全产业链价值近200亿元以上，近几年银耳产业链不断延伸，加工产品市场表现良好，价值不断上升。

（四）品牌权益

"三品一标"建设情况相对比较落后，只有古田银耳和通江银耳获得了国家知识产权局的证明商标权。到目前为止，与银耳产业相关的专利1 875件，商标740件，登记的作品著作权693件，软件著作权44件，国际专利4件。而与银耳同样历史悠久的优秀菌菇灵芝产业相关的专利有11 758件，商标4 962件，国际专利83件，灵芝在深厚的文化背景下品牌影响力大，科技创新和国际标准塑造世界灵芝品牌，并持续推动了灵芝中医药国际化进程。由此可见，保护知识产权能够为企业带来巨大经济效益，增强经济实力，只有拥有自主知识产权，才能在市场上立于不败之地，同时有利于促进对外贸易，引进外商和外资投资。

（五）社会责任

近年银耳企业在履行社会责任方面取得了巨大的进步，涌现出大批积极履行社会责任的企业代表，在环境保护、精准扶贫、乡村振兴、抗击疫情等多方面、多层次履责，未来银耳产业发展中，更要在"节能减排""精准扶贫""乡村振兴""同心抗疫""一带一路""低碳环保"等方面积极作为，承担起应有的社会责任，持续为乡村建设、社会和国家作出贡献。

三、品牌现状

（一）区域品牌现状

1. 古田银耳

"古田银耳"这一金字招牌，早在2001年就成功注册驰名商标，先后获得"中华人民共和国地理标志保护产品”“中国驰名商标”等称号。目前，古田县正通过专项扶持、技术革新等手段，全力打造“古田银耳”品牌。每年安排专项资金扶持商标品牌创建，培育了“十方田”古田区域农产品公共品牌和“美唐”“三朵银花”“俏佳小倪”“湖心泉”“金燕耳”“盛耳”等知名企业品牌。

2. 通江银耳

2019年，“通江银耳”荣登四川“一城一品”金榜，入选中国农产品目录2019农产品区域公用品牌（第一批）价值评估榜单，品牌价值达40.41亿元。2020年，通江县通江银耳被农业农村部、国家发展和改革委员会、财政部等9部委认定为中国特色农产品优势区。“品通江银耳、享绿色天珍”广告在中央电视台14个频道滚动播出，通江银耳真正成为享誉全国的知名品牌。2020年，通江银耳（食用菌）产量产值创历史新高，通江银耳产量达到375吨（干品），有效带动8 000多户20 000余名贫困群众脱贫致富。

（二）企业品牌现状

1. 企业品牌现状

根据企查查平台数据，截至目前，全国现有与银耳相关的企业2 361家，其中，经营异常的58家，曾受行政处罚的企业行为393条。总体来看，目前银耳相关企业品牌国际化程度低，缺乏品牌经营战略意识，以中低档产品为主，缺乏核心竞争力，缺乏品牌维护，价值评估较少。

2. 品牌价值评价

品牌价值评价是将品牌虚拟资产资本化的一项工作，是展示企业品牌形象、传递企业实力和发展能力的重要手段，可以让品牌的价值在市场竞争中具有横向比较和定位。品牌价值一般从5个维度来进行评价。

（1）产品质量　质量是品牌长久发展的基础。

（2）创新　创新可以不断地满足新的消费需求，甚至是引领需求，给品牌注入活力。

（3）市场占有率及盈利水平　企业盈利才能生存，才有能力保证其他方面健康发展。

（4）法律权益　知识产权是品牌建设中重要部分，不侵权和不被侵权有重要的法律意义。

（5）社会责任　社会责任是品牌美誉度的体现。例如有些企业做得很大，但没有参保人员，这种企业就无法谈品牌价值。

品牌价值评价为企业融资提供了第三方依据；为商家简化了产品和品牌的比较成本，为产品进入销售渠道提供了信誉背书；大大降低消费者的选择成本；便于企业找到发展差距。

截至目前，食用菌领域还没有真正意义上的品牌价值评价，中国食品土畜进出口商会食用菌分会曾宣布在 2021 年 11 月“中国食用菌全产业链创新博览会”上发布第一届食用菌领域的品牌价值榜，但因为疫情会议取消，期待食用菌领域品牌价值榜能早日与大家见面。

四、目前银耳市场分析

银耳市场目前销售情况（主要基于淘宝 + 天猫数据来源分析）。随着信息时代的发展，网络已经成为现在最大的信息平台，在银耳的宣传推广上起到至关重要的作用，很多品牌商初尝电商，希望完成线上分销或线上采购，利用网络经营达到对商品更好地推广，使商品达到更好的营销效果。

随着网络营销平台的增多，大众的购物选择也趋于多样化。2021 年中国电商平台排行中天猫商城、淘宝、京东商城位居前三位，其中，最大众化的淘宝平台依然拥有强大的生命力，符合众多消费者的消费需求。

1. 主要销售类型

银耳如今已经逐渐走入大众视野并且在食用菌市场上占领一席之地。与 2020 年相比，2021 年不同类型银耳的销售额总体呈增长趋势，其中，鲜银耳呈负增长，可能由于保藏及新冠肺炎疫情期间运输成本增加（图 14-1）。干银耳作为传统的银耳的销售类型，销售额遥遥领先。此外，冻干银耳羹（冲泡）常搭配红枣、枸杞、百合、莲子、雪梨等配料销售。

对不同银耳产品形式分析，银耳加工产品是目前消费升级的重要产品，除了传统的鲜银耳、银耳干品以外，以冻干银耳以及一些鲜炖银耳产品逐渐受到广大消费者的青睐，银

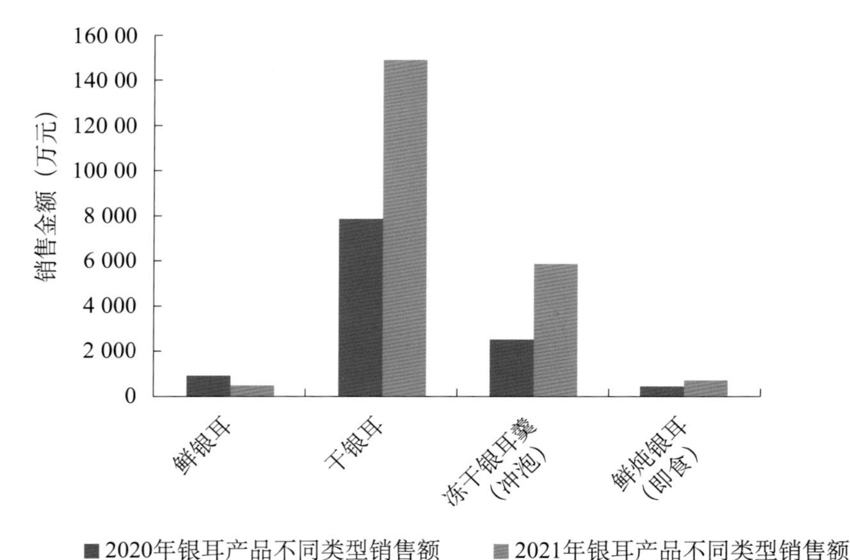

图 14-1 销售额 TOP100 的银耳产品类型

耳销售中干银耳、鲜银耳、冻干银耳羹、即食银耳占比较大。其中，干银耳（整朵）的销量位居第一，其次是冻干银耳羹（冲泡），鲜炖银耳（即食）作为众多厂商目前尝试的重点，还没有被部分消费者接受，销量暂时较低。根据以上数据分析可以看出，目前消费者的选择还是倾向于干银耳（整朵），干银耳经过脱水处理后可以长时间放在干燥通风的地方保存且相较于鲜银耳不易出现发霉、变质，说明消费者的购物选择更倾向于朵型完整且耐存放的银耳产品。

值得注意的是，银耳产品逐渐受到主流年轻人群的关注。冻干银耳羹（冲泡）这一便捷的代餐产品因更好地适应了消费者快节奏的生活方式，销量也日趋上升；鲜炖银耳作为健康饮品的代表，它的出现让银耳产业从传统干货迈向了现代潮流饮品的进击之路，2021年比2020年呈增长趋势，所以店铺应注意鲜炖银耳这个具有潜力的市场，着力推广鲜炖银耳，使其步入消费者的视野，占领早期市场。

2. 银耳市场大盘趋势

新冠肺炎疫情对全球经济产生冲击，疫情之下，银耳产业展现了它顽强的生机，以银耳产品中最具代表性、销量最高的银耳/冻干银耳作为案例。2020年，全年交易额227 583 219元，2021年，全年交易额361 269 490元，同比增长58.741%。就银耳近两年市场大盘走势图可以看出（图14–2），银耳销售额全年大体呈增长趋势，11月涨幅最大，是银耳销售的高峰期。从单一月份分析，11月销售额的飞速增长应受电商节“双11”的影响，10月销售额的下跌有可能是消费者为了冲击“双11”做的准备，下降的消费额会在11月回涨补偿；从季度分析，相比于前两个季度较为平稳的销售额，第三、第四季度销售额涨幅较大，主要原因是银耳作为逐步进入大众视野的滋补营养品，其滋养润肺等功效和人们秋天对补品的需求相符合，所以第三季度销售额有着明显增长。第四季度既包含如今已经成为全民习惯的“双11”消费狂欢节，又包含中国传统的年节，而银耳产品作为走亲访友送礼的佳品，迎来销售热潮。

3. 两年交易金额分析

根据近两年加购收藏率和支付转化率折线图（图14–3、图14–4）可以看出收藏加购率直接影响支付转化率，两条折线变化趋势大体相同，这也就意味着良好的收藏加购率可以给商铺带来的支付转化率较佳，交易量更大。2021年收藏加购率比2020年有所降低，主要原因可能是大部分稳定客户已经对产品进行了加购，老顾客群体较为稳定，但是新的客户群体开发较差。因此，电商应注意在维护回头客源的同时招揽新客户。

4. TOP店铺分析

根据生意参谋平台数据（图14–5、图14–6），2020年、2021年两年TOP3店铺都是金燕耳旗舰店、盛耳旗舰店和好想你官方旗舰店，其中，金燕耳旗舰店粉丝数17万，盛

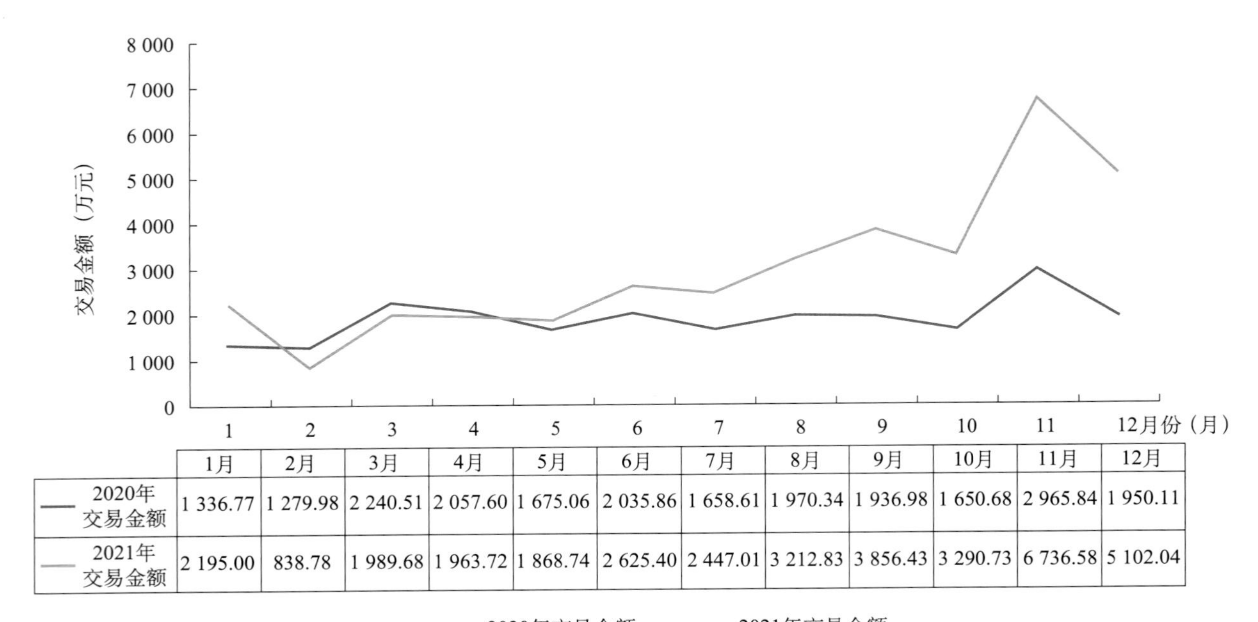

	1月	2月	3月	4月	5月	6月	7月	8月	9月	10月	11月	12月
2020年交易金额	1 336.77	1 279.98	2 240.51	2 057.60	1 675.06	2 035.86	1 658.61	1 970.34	1 936.98	1 650.68	2 965.84	1 950.11
2021年交易金额	2 195.00	838.78	1 989.68	1 963.72	1 868.74	2 625.40	2 447.01	3 212.83	3 856.43	3 290.73	6 736.58	5 102.04

图 14-2　淘宝银耳市场大盘分析

耳旗舰店粉丝数 20.4 万，好想你官方旗舰店粉丝数 245 万。相比以银耳及其深加工产品为主打产品的金燕耳旗舰店和盛耳旗舰店，好想你官方旗舰店的主打产品其实是红枣等干果。但是依靠庞大的粉丝数，以及明星代言加成，使得好想你官方旗舰店在一众主营银耳的店铺中稳居前三位。

金燕耳旗舰店和盛耳旗舰店销售额在 2020 年差距并没有很大，但是在 2021 年产生了巨大的营业额差，可以说在其他品牌依旧维持在 2 000 万元左右销售额的时候，金燕耳旗舰店一骑绝尘，营业额直冲上亿元。进入金燕耳旗舰店店铺，就可以发现和其他店铺有着很明显的不同。店铺页面布局精美，全店销售量最高的产品是“金燕耳高山生态有机银耳干货 80 g 特级白木耳古田冻干即食羹”，券后 208 元，月销 20 000 余盒；盛耳旗舰店相似产品售价 178 元，月销 700 余盒，分析主要原因是金燕耳旗舰店在淘宝有主播随时带货、页面布局精美、销售者认可度高、和天猫深度合作、搜索曝光度高等。

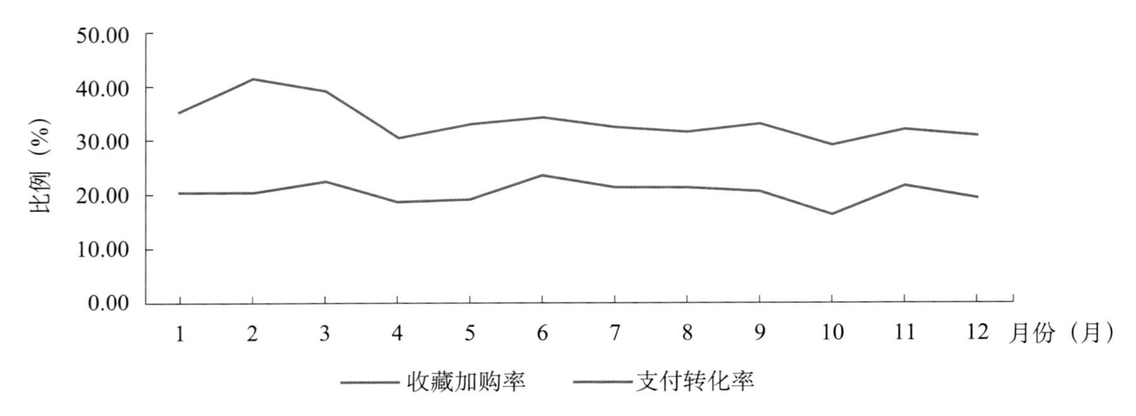

图 14-3　2020 年银耳收藏加购率和支付转化率对比

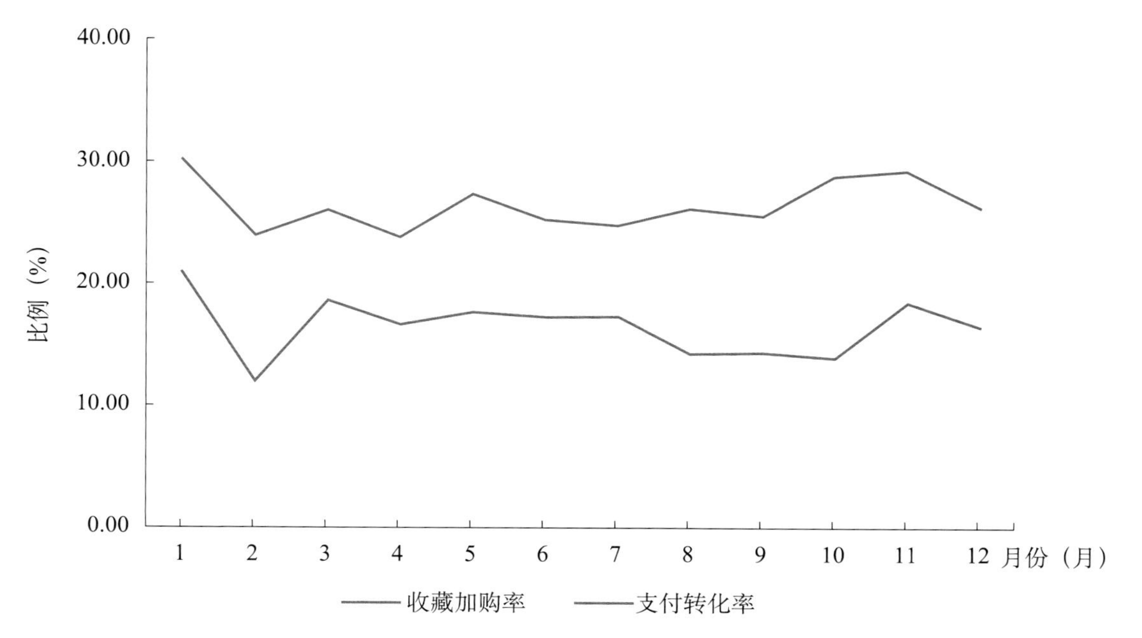

图 14-4　2021 年银耳收藏加购率和支付转化率对比

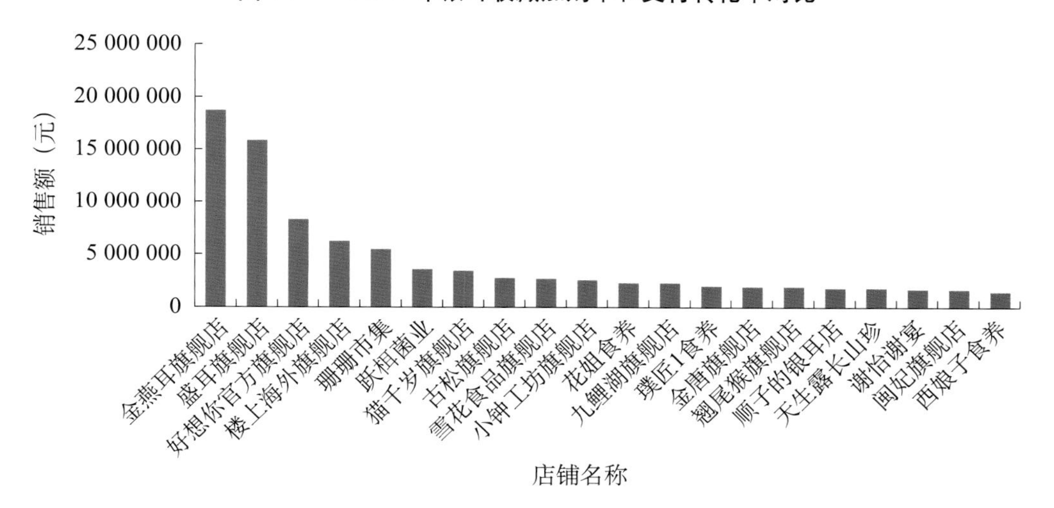

图 14-5　2020 年销售额 TOP20 店铺汇总

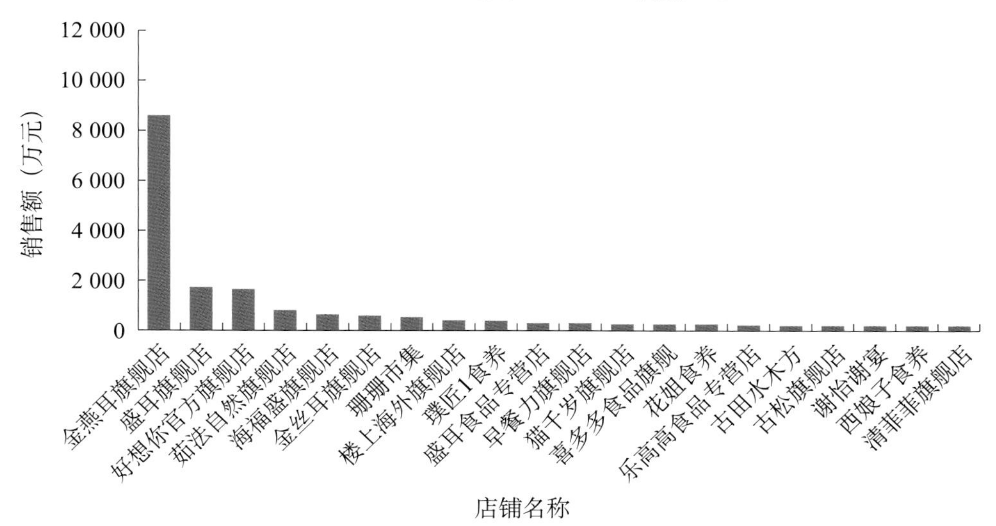

图 14-6　2021 年销售额 TOP20 店铺汇总

数据表明，2021 年清菲菲旗舰店闯入银耳销售 TOP20，作为好想你 A 股上市公司，新一代健康食品清菲菲，主打产品为银耳。在成体系的运营下，迅速抢占银耳市场。

5. 消费人群分析

2021 年银耳消费者画像刻画如图 14–7、图 14–8、图 14–9、图 14–10、图 14–11。分析结果表显示，2021 年，银耳消费市场中，女性消费者占据主导地位，占比 84.57%，与我国公布的电商消费者主力相同；从年龄分析，30 ～ 34 岁是购买主力，40 ～ 49 岁次之，以公司职员最多，消费者从 25 岁开始有购买银耳产品的行为；从消费省份 TOP10 分析，江苏省、广东省、浙江省位列前三，这 3 个省份人口基数较大，人均收入较高，并且相对更注重养生；从消费者城市 TOP10 分析，上海市、杭州市、北京市银耳采购力较强，可以看出，人均消费水平高、发达繁荣的城市，采购力更强。

基于以上销售和消费对象情况，主要分析如下。

（1）银耳市场潜力大，价值链发挥不足　不同类型产品销售情况表明，银耳市场不断扩大，在健康消费与消费升级的双重驱动之下，银耳产品开始被主流消费群体关注。然而，市场上销售的银耳产品多数仍为几乎未经加工的银耳干品，其营养成分利用率较低，附加值小，且具有蒸煮时间较长、浪费时间、烹调不便等问题，不适应当代快节奏的生活模式，很大程度限制了银耳的食用。在保持银耳原有营养、口感以及新鲜度的前提下方便快捷地享有银耳，成为银耳行业的焦点。近年来，随着银耳多糖提取技术的应用，食用菌加工技术的不断发展与进步，各类银耳深加工产品也随之不断地被研发出来。全拓数据认为，银耳的营养价值丰富，是深受广大人民所喜爱的滋补类食物，随着经济的发展，居民消费水平的提升，以及对银耳营养价值认知的加深，我国银耳市场消费需求增长潜力巨大。其中，鲜炖银耳作为健康饮品的代表，其出现让银耳产业从传统干货迈向了现代潮流饮品的进击之路。但行业价值链依然不足，仍需加大力度开拓精深加工产业，积极布局线上渠道销售，才能使得行业更长久发展。

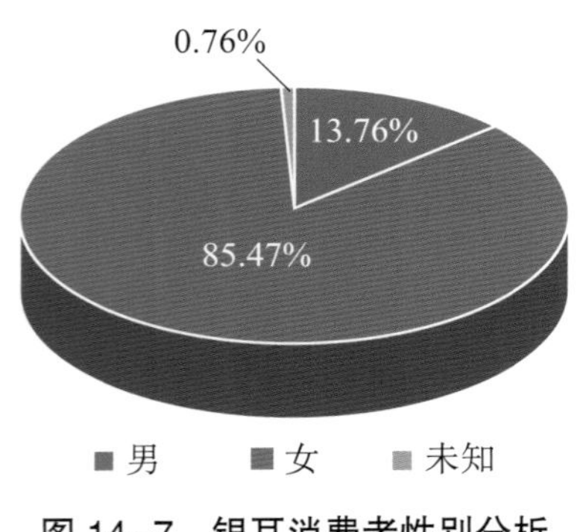

图 14–7　银耳消费者性别分析

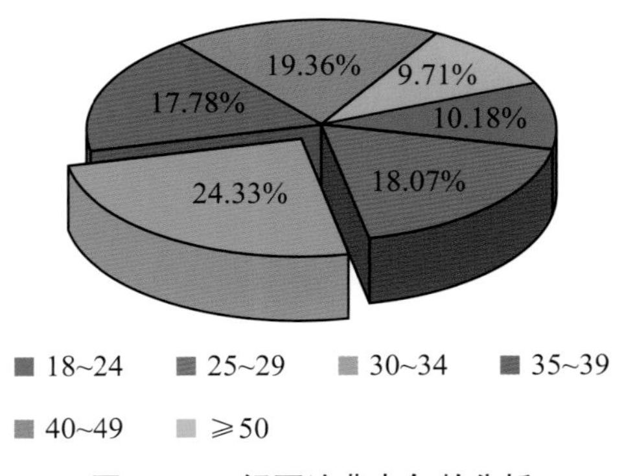

图 14–8　银耳消费者年龄分析

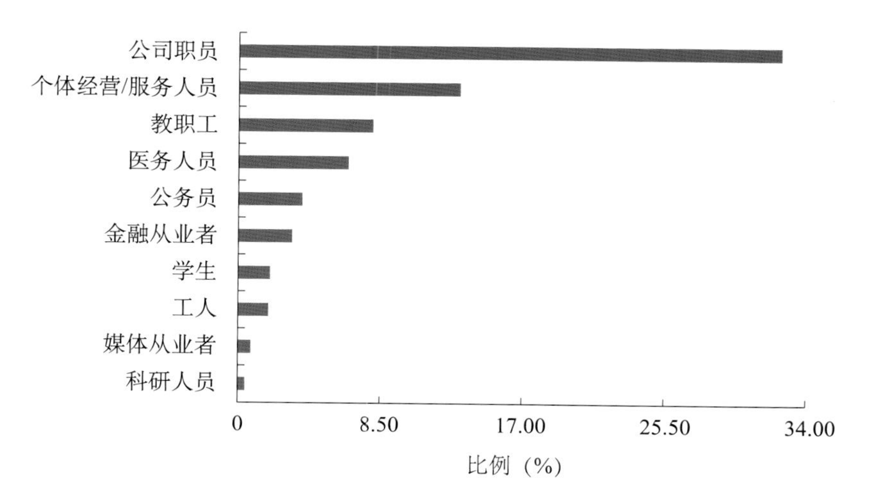

图 14-9 银耳消费者职业分析

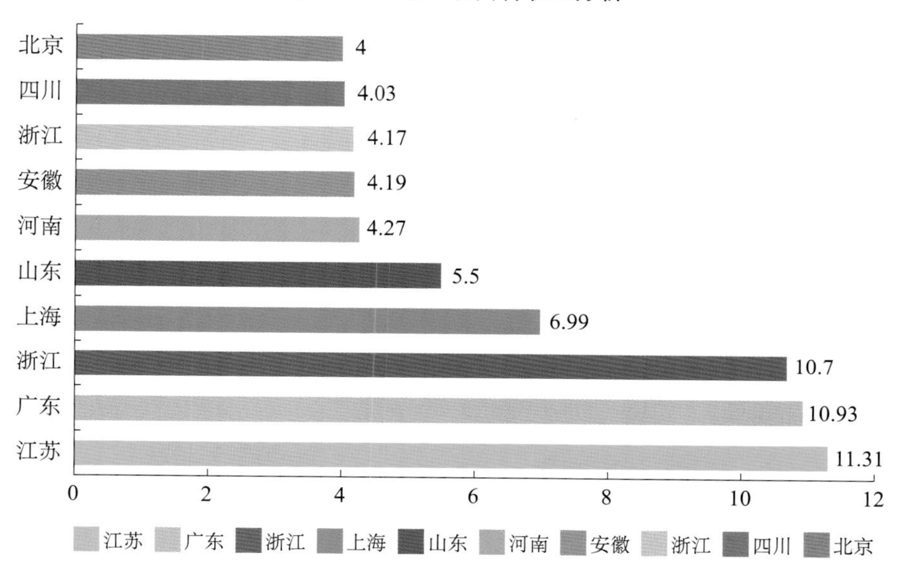

图 14-10 银耳消费者省份 TOP10

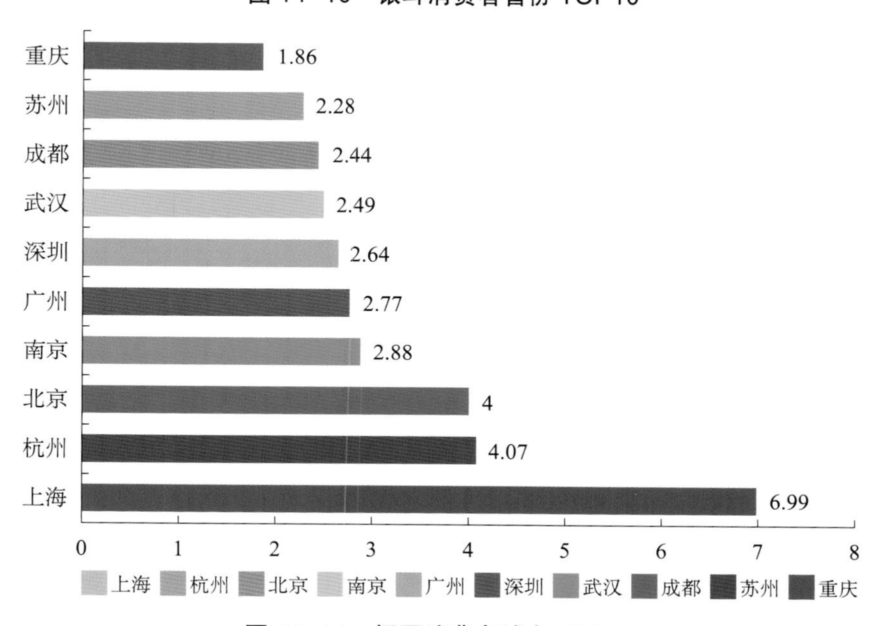

图 14-11 银耳消费者城市 TOP10

（2）销售产品依然单一，宣传热点相似度高，缺乏价值宣传与营销　目前，银耳加工产品相似性高，跟风生产情况十分严重，缺乏需求调查和精准定位，导致恶性竞争，利润空间不断减小。如今大部分的银耳营销是基于传统模式的营销，尽管也有电商销售，但是仅限于使用电商的形式，而没有摸索到其精准的内涵，宣传热点相似度高；软硬广告投放混乱，没有精准定位目标客户，销售渠道单一且互不连通，没有形成一体化购物模式，没有打造领军品牌，形成产业集群，商家间恶意竞争；没有打造银耳文化，不具备强大传播力。银耳作为近年逐步进入消费者视线的食用菌，尽管抓住互联网的顺风车，开启了线上线下共同销售，但是针对银耳的有效营销并没有合理有效地运作起来。

（3）客户追求高品质产品倾向明显　在健康饮品风潮四起的大背景下，鲜炖银耳出现在了消费者的视野里。随着人均可支配收入增长，人们对生活品质更加关注，消费者对新鲜健康的需求已经愈发渴望和迫切。特别是年轻消费者对健康、便捷和品质的追求越来越高，未来中式滋补类产品发展趋势呈现健康化、新鲜、方便的特征。同时，消费者追求品质生活的意愿增强，产品高端化日趋明显。因此，应不断推出高端产品和品牌，秉承“科技引领、品质至上”的理念，致力于为主要消费者打造兼具至臻品质和便捷的银耳产品，建立企业有效的价值链。

五、“后疫情”时期银耳新媒体营销策略

新冠肺炎疫情对全球各产业产生巨大影响，银耳产业也不例外，“后疫情”时期，银耳产业更应该迎难而上，加大营销力度，以线上＋线下共同销售为手段，精准定位目标客户群体，采取以产品为核心兼并多样化的营销策略，为整个产业寻找机遇。

（一）营销理念

以科技为依托，以市场为导向，以客户为中心，以质量信誉求生存、促发展，秉承生产过程产品质量安全标准、多产品类型创新、产供销一体化的理念，为消费者提供质优价美的银耳产品，打造消费者信得过的过硬产品和品牌。

（二）产品策略

1. 生产优质产品

质量是农产品的生命线，要在激烈竞争的市场中取得优势，必须要拥有核心科技支撑。应加大研发力度，优化品种，探究银耳更优质高效的规范栽培技术和多类型银耳产品研发途径，丰富产品线，满足消费者的多元化需求，增加目标客群。

目前，市场银耳主打商品是干银耳，但随着国家经济的发展，人民幸福度的提高，人

们逐渐对银耳商品提出了更多的要求，对银耳的需求逐步从初加工银耳到深加工银耳再向精加工银耳转化。此外，随着有机新生活观念的提出，人们又致力于采购有机银耳。因此，应兼顾三个方面的银耳产品生产，促进银耳产品多元化营销。

新冠肺炎疫情期间人们对银耳的购买偏向于便于存放的产品，在复工复产阶段，银耳生产企业要适度增强脱水、罐装等深加工产品生产的力度，深度研发速冻、真空包装和方便食品等新型的银耳产品，满足大量的市场需求。

2. 提供性价比优的产品

产品性价比是决定消费者消费行为的重要参考。目前，银耳食用菌市场供应总体充足，价格也较合理。作为常规食用菌商品，受众群体广，销售仍供不应求。

3. 产品多元化和迭代营销

银耳主要商品是干银耳，随着国民经济的发展，人民对高质量生活不断追求，银耳产品精深加工将以营养健康、个性快捷、新型食品代替传统产品，实现传统产品现代化、幸福度的提高。党的十九大报告提出，我国社会主要矛盾已经转化为人民日益增长的美好生活需要和不平衡不充分发展间的矛盾。人们逐渐对银耳的口感提出了更多的要求，随着科技水平的进步热衷于采购新鲜银耳，对银耳的需求逐步从干银耳转向冻干银耳。此外，随着有机新生活观念的提出，有机银耳逐渐进入人们的视野。尤其是随着中央厨房的兴起，银耳等菜品用冷藏车配送，全部直营店实行统一采购和配送的方式，更多的银耳加入配菜的菜单里，销售渠道不断增加。

疫情过后，人们对美食的消费进行了报复性的反弹，奶茶店也成为回春企业中的一员，将银耳做成奶茶配料，调配出独特的奶茶配方，促进银耳产业产品多元化营销。因此，在复工复产阶段，银耳生产企业要适度增强脱水、罐装等深加工产品生产的力度，例如深度研发速冻、破壁、真空包装和方便食品等新型的银耳产品满足市场需求。在开展深加工时，要考察现阶段消费市场各类银耳产品的比重，合理优化产品质量，提高品质优势。

目前，银耳即食便捷产品以线上销售为主，在这个互联网的时代，产品可能出现快速模仿和出现替代品，要围绕“快速换代”的主题来开发产品，以用户为导向随时演进。因此，在推出一个产品之后要迅速收集用户需求进行产品的迭代——在演进的过程中注入用户需求的基因，完成快速的升级换代，裂变成长，让用户体验保持在最高水平。不图一步到位，否则研发速度永远也赶不上需求的变化。

（三）品牌策略

一个优秀的品牌对其产品具有高附加值，也影响着客户的品牌忠诚度。银耳品牌辨识度在营销中具有极其重要的地位，品牌文化必须更加鲜明、更加具有针对性才能吸引更多的消费群体。一方面，应综合各方面考虑，打造 1 ～ 2 个优质品牌，从而在市场上获得区域竞争优势。另一方面，要注重知名品牌的差异化，不断强化自己品牌的独特性，营造出一种柔性的、协作式的竞争。

1. 文化营销

我国银耳文化历史悠久，但是我国对于银耳文化的继承和传播还不到位。进行文化营销一是可以将产品设计与中国传统的书法、绘画和雕刻艺术等形式图文并茂地展现和宣传，赋予银耳产品相关的民风民俗寓意，将中国元素融入产品，从而增加银耳品牌的辨识度。二是塑造银耳文化氛围，将银耳元素融入景观改造、乡村建设等实体，例如规划建设银耳文化博览园，打造体现中国银耳历史文化的中心载体和交流平台。三是立足市场、走进消费，大力开发银耳特色菜系，通过银耳美食园和美食一条街、银耳烹饪大赛、媒体宣传等方式，展现中国银耳的美食产品和文化。四是支持食用菌特色文化旅游带动县乡镇文化产业项目发展，实行"银耳为伴"乡村旅游精品工程，开发深度体验旅游项目。五是联合高校、企业等设计团队力量，挖掘银耳文化产业，构思开发系列具有银耳特色的宣传画报、文创旅游产品等。可以利用网络文化节，面向全国组织文创旅创商品评选和创意作品征集大赛，着力提升银耳文创的影响力，实现文化旅游商品提档升级。

2. 知识营销

在银耳营销过程中，应加入银耳的相关知识，提升知识含量，帮助顾客了解银耳的功效、口感，促进其购买欲望，从而达到销售商品、树立品牌、开拓市场的目的。同时，可以借助微信、微博、抖音、快手等网络平台，进行银耳知识科普或者健康讲座，甚至可以进行一些银耳栽培、加工的讲座，也可以做一些探厂视频，以边讲解边直播的方式让消费者进一步了解银耳。让更多的人了解银耳，为银耳行业引进新鲜血液。

3. 一二三产业融合创造领军品牌营销

在市场经济中，竞争是企业生存和成长的永恒主题。对于区域内的诸多同行业品牌，最主要的问题是解决产业内部个体企业之间、品牌之间的竞争与合作关系，即如何有效避免同类企业相互打架、竞相压价、恶性竞争的行为。建议银耳企业利用价格分段策略、差异化的品牌定位与营销技巧，探索避开单纯性能竞争和价格竞争的有效途径。

实行"生产基地 + 加工企业 + 商超或线上销售"的产销模式，通过固定标准化生产基地、特有品种，使标准化生产工艺从源头提供优质原材料，标准化、稳定的加工企业生产保证优质加工产品，最后通过线上线下销售，建立多形式利益联结机制，一二三产业融合创造高价值领军品牌。

（四）包装策略

依据产品档次、用途、营销对象等采用不同的包装，突出显示产品特点，采用分等级包装提高产品的附加价值，建立产品质量保障体系，保持同类包装产品质量的稳定性。

同时，目前银耳主要以相对平价实惠的袋装和罐装银耳为主，随着银耳作为保健佳品不断被推崇，礼盒装银耳销量渐高。因此，应在尽量削减包装预算。除去传统的袋装、罐装、礼盒装外，还可以在包装上拓展一些新的花样，例如针对银耳消费年轻人群的特点也可以在银耳的包装中加入如星座包装和包装留白等设计，让消费者可以自行填写。

（五）价格策略

在市场经济中，竞争是企业生存和成长的永恒主题。对于区域内的诸多同行业品牌，最主要的问题是解决产业内部个体企业之间、品牌之间的竞争与合作关系，即如何有效避免同类企业相互打架、竞相压价、恶性竞争的行为。应利用价格分段策略、差异化的品牌定位与营销技巧，探索避开单纯性能竞争和价格竞争的有效途径。

1. 数量折扣

"多购多折"，即根据顾客对食用菌产品需求量的多少给予不同的价格折扣，"多购多折"的方法在一定程度上能够提高产品的销量。

2. 统一交货定价

对不同的地区的客户（主要指合作的超市、会所等）都实行同样的价格，即按食用菌的出厂价加上平均运费定价，运杂费、保险费等均由合作方承担的一种定价策略。

3. 尾数定价

利用消费者对数字认识的某种心理制定尾数价格，使消费者产生价格优廉的感觉，同时还能使消费者觉得有尾数的价格是经过认真的成本核算才产生的，由此对定价产生信任感。

4. 分类、组合产品定价

银耳售价的高低除了与不同包装方式成本高低有关外，还与银耳的品质、朵型大小等分级标准有关，不同品牌同一包装方式银耳售价的差异可能与不同的分级标准有关。例如销售的银耳分为耳花、一级银耳、精品银耳和特级银耳等。

可以将相关的银耳食用菌产品组合销售，为它们定一个比分别购买更低的价格，进行一揽子销售。

（六）渠道推广策略——联网多元化营销

随着信息化的发展，网络已成为最大的信息平台，在银耳的宣传推广上起到至关重要的作用。在这个电商迅速发展、多个电商平台全面开花的时代，既要选取最适合银耳销售的平台，不同平台销售不同品级的产品。也要抓住最佳的时机，例如电商的购物节"双11""618"等，大力推广银耳产品，扩大市场面。

1. 短视频营销

随着抖音、快手乃至微博短视频的快速发展，短视频应用用户规模已经达到 5. 94 亿，占总体网民规模的比例高达 74.19%，单就抖音短视频平台来说，日活跃用户超 4 亿。短视频营销为勇于尝试的企业商家带来了惊人的收益，各大企业就抓住了这一时机，开始大力投放短视频。短视频营销所花费的成本和预算相对低廉，尤其适合资源有限的中小企业。作为视觉营销的一种形式，短视频营销更契合人类作为视觉动物的信息接受习惯。短视频的直观性、灵活性和软植入性可以满足消费群体的选择习惯。为银耳企业带来多元的盈利模式，例如将银耳产品的营养价值、食用方式和文化价值通过短视频的方式推送给消费者，增加消费者对银耳的了解，进而提高银耳的销量。甚至可以通过短视频平台教消费者如何烹饪银耳，促发消费者购买行为。

2. 直播平台营销

直播营销是基于互联网和快递行业的一种创新型销售形式，可以增强银耳的广告效应，从而传播银耳文化和吸引客户对银耳的关注。我们可以聘请一些自带高热度、高流量，以及高黏度客户群体的主播为我们打响招牌，利用其自身影响力和"明星效益"进行直播带货，在主播做客直播间时，可以将其热度和人气部分转化成我们的产品宣传热度，以此为基础，做出我们专属的银耳直播账户。

3. 微信公众号及微博平台营销

微信营销和微博营销已经成为市场营销方面最不可缺少的一项营销模式。我们可以联系具有千万粉丝的主播推广自己的品牌账号，也可以选用转发抽奖的方式来扩大宣传范围。新冠肺炎疫情期间，人们微信微博的使用频率明显增加，银耳企业要抓此机遇，拓宽营销渠道，更多地推广银耳文化，增加银耳产品的销量。

（七）软文化多元化营销

跨界营销具有以下几方面优势：其一，双方依托自身消费群体，激发市场活力，实现跨领域带货变现；其二，延伸 IP 覆盖领域，拓展市场，多方位吸引；其三，丰富 IP 内涵，双方取长补短，资源共享；其四，争取更强的品牌曝光度，传播覆盖面更广泛，利于聚集粉丝并将其社群化。

1. 与美妆品牌联名

银耳自身就有美容养颜、祛斑排毒等功效，可以参考悦木之源菌菇水，打造一款属于银耳的美妆品牌，也可以和一些美妆品牌联名推出一些美妆产品，如"银耳高光""银耳散粉"等更好地将银耳产品推广到美妆界。

2. 与热门游戏联名

银耳企业在跨界营销时，不仅可以选择与这种客流量较大的现象级手游出联名皮肤，也可以选择以其英雄动画形式授权包装产品，以周边的形式走入消费者的眼帘。

同时，也不拘泥于某一个游戏 IP，起步甚至可以选择一些小型手游，最好是囊括农场游戏的手游，例如摩尔庄园等，可以让游戏玩家在游戏中模拟银耳种植、采摘、深加工等，进而提升他们对银耳产品的兴趣，引发其购买行为。

3. 构建银耳 IP

在和其他 IP 联名后，也应该发展银耳自身文化，打造属于银耳产业自己的 IP。动漫艺术具有包容性和开放性，可以吸纳和融合中华民族传统文化精华，这就为银耳文化元素与动漫设计的融合创新提供了条件，在以动漫设计为媒介的平台上，借助拟人化的设计手法，设计一个个深入人心的动漫人物，寻求符合青少年发展价值观的剧本，绘制漫画，制作动画。动漫尤其受青少年的喜爱，这种传播方式可以使青少年主动接受银耳文化，从小对银耳有所了解。

同时，可以打造银耳虚拟偶像，例如 2008 年北京奥运会福娃的形象深入人心；2022 年冬奥会“冰墩墩”在全国乃至世界掀起了一场文化热潮；虚拟少女偶像“初音”是很多青少年心中的白月光；上海迪士尼本土人气玩偶玲娜贝儿带动迪士尼客流量。以此为鉴，可以打造 1 款有银耳特色的可爱虚拟玩偶形象。在“云吸猫”“云养狗”数字时代，打造银耳形象代言人，进而营销银耳产品。

第十五章 银耳全产业链数字化平台建设构想

裴晓东[1]，谭国良[3]，钱鑫[2]，郑峻[4]，孙淑静[2]

1. 云行君成（北京）数字科技有限公司；2. 福建农林大学生命科学学院；3. 福建省古田县食用菌协会；4. 福建省食用菌技术推广总站

摘要：在互联网全面发展的时代，全产业链数字化已经是发展的必然趋势，但是现有的银耳产业只在生产中存在小部分环节与大数据对接，对大数据的应用十分有限，没有形成真正全产业的银耳大数据平台。本章充分探讨了大数据时代如何建立银耳全产业链数字化平台，促进银耳产业发展，让中国银耳走向世界，为食用菌全产业链数字化平台的建设提供借鉴。

关键词：数字化；大数据；银耳产业；平台建设

一、银耳全产业链数字化平台建设目的与背景

在数字经济蓬勃发展的时代，相比中国工业和服务业的发展，中国银耳产业目前还处于“小、散、弱”的状态，产业发展水平落后，产业协同效率低下。建立银耳全产业链数字化平台有助于打通银耳产业链上下游，形成中国银耳产业互联网，实现数字化转型。通过全产业链银耳各个企业和实体的高效协同合作，实现一二三产业高度融合，让关键生产要素（如技术、资金、数据等）在全产业链实现自动流动，降低企业生产、流通和协作成本，提高生产效率，拓宽银耳产业发展边界和竞争边界，打造价值共同体、命运共同体，打造一个可持续发展、高质量的中国银耳产业生态系统，进一步推进中国银耳产业升级和乡村振兴，从而实现共同富裕。

数字经济已经成为新工业革命的核心，也是中国社会发展的新动能和经济增长的主要动力。《中国互联网发展报告 2021》指出，2020 年，中国数字经济

规模达到39.2万亿元，GDP占比达38.6%，北京、上海超过50%，美、英、德等发达国家的数字经济GDP占比已经超过60%，到2025年，中国数字经济规模占比预计将超过GDP的50%。

2020年4月，国家发展和改革委员会、国家互联网信息办公室发布了《关于推进“上云用数赋智”行动，培育新经济发展实施方案》，为产业数字化转型和产业互联网建设提供了政策指导。进入2022年，“十四五”规划正在引领各行各业进行数字化转型，产业数字化也成为中国高质量发展的重要国策之一。根据“十四五”规划，我国数字经济核心产业增加值占GDP的比重将由2020年的7.4%提升至10%，相比“十三五”时期从7%增长到7.4%，“十四五”期间数字经济核心产业年增长率将达11.57%，是GDP增长速度的2.3倍，而“十三五”时期我国数字经济核心产业的增长率是GDP增长率的1.2倍，足以看出国家对数字经济和产业数字化的极大重视和重点投入。

目前，中国的农业数字化正在和工业数字化同步进行。中国食用菌产量占全球产量的80%以上，全球银耳产量几乎都在中国，中国的食用菌产业也面临产业数字化和数字化转型的紧迫性，中国银耳产业亦是如此。产业数字化是数字经济建设的核心之一，产业数字化重塑生产力，提升生产要素的效率。数据已经成为关键生产要素，正在指数级赋能其他生产要素（如土地、人力、技术、资金）的发展。中国的工业和农业领域也在不断打造高质量的数据资产，建立数字化平台，实现数字化转型。

食用菌产业通过数字化转型可以打造行业数据资产，实现全产业链参与者的高效协同，优化产业资源配置效率，高效应对市场的不确定性，可以极大提升对外部环境的变化作出实时响应的能力。中国银耳产业建立全产业链数字化平台，大力推进银耳产业链上下游企业的数字化转型，可以优化银耳育种和产品研发、生产、采购、供应链管理、销售、财务、银耳精深加工、渠道管理、消费者洞察等各环节，实现全产业链上下游高效互联互通，从而打造一个可持续发展的中国银耳产业数字生态系统。

在数字化时代，企业的发展逻辑要从“竞争”转向“共生”，企业要做的最重要的事情已经不是满足需求，而是创造需求、扩大需求。银耳全产业链数字化平台的建设，不仅能提高银耳产业的“存量”资源配置效率，还可以打造面向未来的银耳产业“增量”创新体系，加速推进中国银耳产业创新升级，集聚银耳生态系统的重要资源和创新力量打造新的银耳产业价值空间，实现银耳研发和生产技术、新产品、增值服务以及新的商业模式的创新和持续迭代，从而推动银耳产业的数字化转型和高质量发展。

根据世界经济论坛和麦肯锡灯塔工厂报告，生产企业数字化转型可使关键运营指标获得最大200%的提升，在其对数字化灯塔工厂样本的调研，企业实施数字化后客户满意度提升30%～50%，库存持有成本降低20%～50%，采购成本降低3%～10%，人员工作效率提升20%～50%，物流成本降低10%～30%。银耳全产业链如果能通过数字化转型实现产业升级，通过全产业链数字化能力的高效聚合和对数字化技术（如人工智能、产业大数据、新型育种和栽培技术、数字化技术咨询和服务、数字营销、消费者数字化洞察等）深度应用，实现银耳全产业链数据驱动的运营和管理。并且通过实现银耳全产业链各环节、各个流程的业务自动化和智能化，打造和沉淀基于银耳全产业链的数据资产，以信息流带动技术流、资金流、人才流、物资流，实现生产要素的高效配置，提升工作效率，降低工作成本，实现银耳产业的升级和跨越式发展。

为了进一步推进中国2035远景目标的实现和加快中国数字经济的发展，中国政府对产业数字化转型列出了明确的时间表。工业和信息化部《“十四五”智能制造发展规划》明确提出，到2025年，规模以上制造业企业基本普及数字化，重点行业骨干企业初步实现智能转型。到2035年，规模以上制造业企业全面普及数字化，骨干企业基本实现智能转型。规模以上企业即年销售额在2 000万元以上的企业。银耳产业作为我国特色产业之一，加快产业数字化转型迫在眉睫，而建立全产业链数字化平台，打造以银耳生态系统高效协同为目标的产业互联网，有助于推进银耳产业的重点企业数字化进程，从而带动全产业提质增效，提升整个产业的价值创造能力以及服务客户和消费者的能力，同时也能为中国银耳产业的可持续发展培养数字化人才，积累和沉淀产业数字化转型经验，为中国银耳产业在数字经济的浪潮下进一步做强、做精、做细建立坚实的基础。

2020年的新冠疫情极大地促进了数字经济的加速发展，其中产业数字化是数字经济快速发展的原始动力。根据麦肯锡的研究，亚太地区数字化进程提前了10年，全球整体提前了7年。为促进中国银耳产业数字化升级，建立一个健康、可持续发展的银耳产业数字生态系统，集合中国银耳产业力量，借鉴中国工业数字化和农业数字化的成功经验，打造一个银耳全产业链数字化平台，通过数字化、智能化技术对产业链各个环节参与企业和农户进行全方位赋能，从而让中国银耳全产业链的参与者加入中国数字经济高速发展的浪潮，助力实现乡村振兴、共同富裕的中华民族复兴大业。

二、银耳全产业链数字化平台建设意义

建设银耳产业数字生态系统和全产业链数字化平台，可以实现全产业链协同发展，打造利益共同体、命运共同体，实现面向未来的共同发展。目前，中国银耳产业从业者分散，产业技术水平落后，成本高，产业链上下游企业协作效率低下，产业创新不足，产业品牌化、标准化、规模化能力弱，银耳全产业链存在“低、小、弱”现象严重，急需数字化转型升级。建设银耳全产业链数字化平台，可以建立银耳产业互联网，从而打造银耳产业数字生态系统，重塑银耳全产业链上下游协同方式，打通供应链上下游，实现线上线下融合，建立银耳全产业链数据资产，打破产业链上各企业之间的信息孤岛，实现深度互联互通，消除信息不对称，实现供需匹配和精准高效的连接，从而提升产业协同能力和生产

要素流通效率，降低协作成本，提升应对市场不确定风险的能力，进一步助力银耳产业高质量发展。

建设银耳全产业链数字化平台，可以帮助银耳产业实现价值协同、技术协同、效率协同和成本协同，充分发挥海量产业数据和丰富应用场景的优势，促进数字技术与银耳实体经济深度融合，赋能全产业链企业进一步推进自身的数字化转型升级，形成银耳第一产业、第二产业、第三产业的合力和深度融合，催生新产品、新服务、新技术、新产业、新业态、新模式，利用数字技术实现真正的产业创新、技术创新、产品创新和服务创新，真正为各企业务赋能与管理提效，帮助全产业链各企业及其上下游供应商解决痛点问题，持续推动全产业链的数字化升级。

数字化时代，“连接的价值已经远远大于拥有”，建立银耳全产业数字化平台可以实现产业实体数字化连接，提升产业协同效率，从而进一步优化银耳产业生态系统，增强各企业核心能力和产业协同能力，赋予产业更强生命力，可以让关键生产要素（如土地、人才、技术、资金、数据）跨企业流动，在数据资产的高效流动过程中，产生新的产品形态、新的服务模式、新的商业模式，从而实现生态系统价值“增量”，产生新的收入和新的业态。把银耳产业各企业的人才优势、技术优势、产品优势、服务优势、市场优势结合起来，形成产业生态化合作、跨企业、跨区域协同发展的共创共享新模式，实现优势互补、互利共赢，进一步实现银耳产业强链、补链、固链的生态化发展，并且可以打破政企研间、企业间、产业间的界限，做大生态圈，推动第一、第二、第三产业融合，从科学育种、数智化栽培管理、供应链管理、精深加工、物流销售等全流程赋能，用新经济培育提高全产业链的价值创造能力，实现可持续的产业高质量发展。

建立银耳全产业链数字化平台可以实现数据驱动的运营和管理，提升银耳全产业链各企业的决策质量和决策效率。通过建立银耳全产业链的数字化连接，沉淀产业链各环节的产业大数据，挖掘产业链研发、采购、生产、销售、消费的数据洞察，实现各业务环节数据的高效流通和业务的深度协同，进一步提升生态系统的数据分析预测、供需精准匹配、业务精准决策和风险控制能力，实现银耳全产业链数据驱动、运营和管理。

随着全产业链各环节业务数据、产品和服务交付数据、财务交易数据、履约数据的沉淀和积累，建立各产业参与企业的信用体系，为供应链金融风险控制和产业链交易规范提供基础保障。并且可以建立产业链各环节业务运营的产品、技术、质量、服务等行业标准和企业标准，推动银耳生态系统建立统一、标准化的行业规范，为产业各方进行可复制的规模化业务扩张、产品和服务的创新升级提供数字化技术和运营保障。

产业数字化转型往往是由基于数字化能力的决策革命和工具革命实现的，建立银耳全产业链数字化平台可以通过决策革命带动工具革命，实现真正的数字化转型和跨越式发展。尤其银耳产业的中小微企业在实现数字化转型缺乏技术、缺乏人才、缺乏资金，更需要有一个低风险的数字化转型方式，建立银耳全产业数字化平台可以赋能这些中小微企业，通过银耳产业互联网实现不同实体的数字化连接，不仅为他们打造数字化平台，而且能帮助他们培养数字化人才，建立企业自己组织的数字化能力，打造数字生产力，尤其通过样板工程、领军企业的数字化转型的示范效应，发挥其开路先锋、引领示范、突破攻坚的作用，带动全产业链各企业的数字化能力打造和数字化协同，从而建立一个银耳产业的数字生态和可持续发展的产业集群。

三、银耳全产业链数字化平台建设思路与设计

（一）银耳全产业数字化平台建设思路

银耳全产业链数字化平台的建设应包含银耳产业生态系统的关键参与者，包括原料生产或销售商（如棉籽壳等）、菌种厂、菌包厂、重点种植户、重点仓储企业、烘干厂等。这些银耳产业生态系统的重要参与者通过参与全产业链数字化平台实现了银耳生态系统各实体相互之间的数字化连接，不仅使其业务的交易和交付实现数字化转型，而且可以使不同实体之间的信息流实现端—端的透明化和自动流动，消除了信息障碍和信息孤岛，提高了产业协同效率，降低了产业协同成本（图 15-1）。

在银耳生态系统各实体实现数字化连接后，可以进一步激活各实体的价值贡献，让技术、产品、服务、数据甚至资金等在生态系统内相互流动，实现供需精准对接、产销动态平衡，从而赋能其他实体的产品和服务创新、业务增长和组织能力提升，实现一个基于“深度协同、价值共生”、可持续发展的数字生态系统。

当银耳产业生态系统通过全产业链数字化平台被深度激活后，可以基于数字化技术相互赋能，实现产品和服务的共创、共享、共赢，共同开发新产品、新服务、新技术、新模式等新业态创新，不仅提升全产业链参与者价值“存量”的运营效率，降低运营成本，而且实现全产业链价值“增量”的打造，实现业务创新升级。例如基于数字化技术，实现银耳产业数字生态系统内技术服务、咨询服务、生产服务、营销服务、管理服务等的产品化，各生态系统实体可以在线订购其他实体提供的服务，通过服务的线上和线下融合交付，实现更高层次的“协同共生”，真正创新并开发融合一二三产业数字化能力的数字经济新服务。

银耳全产业链数字化平台的具体建设路径，建议遵循《关于推进“上云用数赋智”行动，培育新经济发展实施方案》，方案指出“上云用数赋智”行动是指通过构建“政府引导—平台赋能—龙头引领—协会服务—机构支撑”的联合推进机制，带动中小微企业数字化转型。

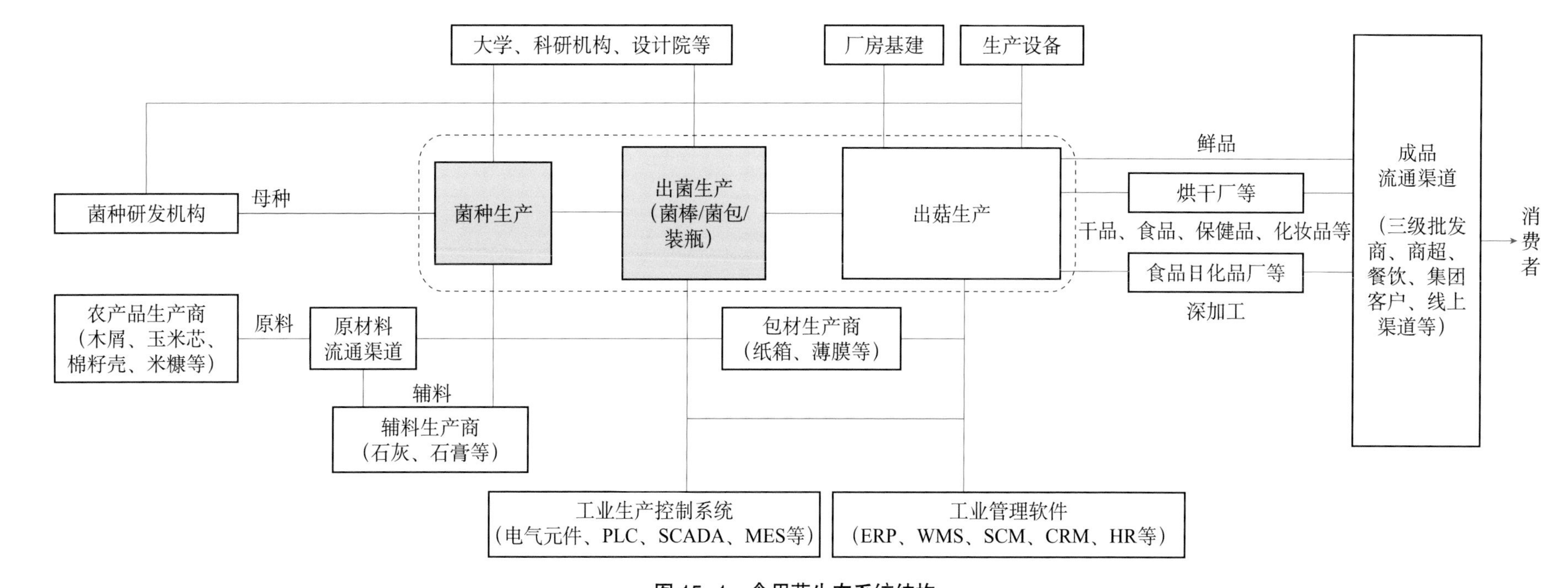

图 15-1 食用菌生态系统结构

"上云"重点是推行普惠性云服务支持政策，"用数"重点是更深层次推进大数据融合应用，"赋智"重点是支持企业智能化改造。"上云用数赋智"行动为企业数字化转型提供能力扶持、普惠服务、生态构建，有助于解决企业数字化转型中"不会转""没钱转""不敢转"等问题，降低数字化转型门槛。

通过"上云、用数、赋智"的技术实施路径，银耳全产业链数字化平台的实现可帮助平台的参与者打造数据资产，实现数据洞察，根据客户需求和市场需求动态优化业务，并支持新产品、新服务、新业务的创新开发，在生态系统内相互赋能，实现新的收入利润增长，从而实现真正的数字化产业升级，打造高质量发展的银耳产业数字生态。

工业数字化和农业数字化转型都是一个需要长期投入并坚持的技术变革，银耳产业数字化转型亦是如此。只有通过不断迭代优化生态系统的协同共生能力和合作效率，才能坚持长期主义的价值，才能有能力应对市场变化的不确定性，帮助企业穿越周期，实现企业的长期价值创造。所以银耳全产业链数字化平台的建设应该遵循快速启动、小步快跑、不断换代的原则，通过产品敏捷、业务敏捷，快速将产品和服务商用发布，快速发现问题，快速换代，这样才能保证数字化平台的产品和服务及时满足客户的需要，从而获得更好的客户满意度。同时，银耳全产业链数字化平台的建设需要避免重新发明车轮，需要借鉴其他工业或者农业行业数字化转型的成熟经验，降低技术风险和实施风险，减少试错成本，保护投资，从而将银耳全产业链数字化平台打造成一个可持续发展，具有自我换代、自我更新能力，面向未来的高质量数字生态系统和数字化平台。

（二）银耳全产业数字化平台需要达成的目标

第三方银耳平台运行后，数字化运营平台能够持续产出，如原辅料产量、价格现状，产业各环节生产能力、经营现状，各品类产品的当前库存、供给预测和品质情况，纳入管理的全国各类销售渠道，特别是增量销售渠道的需求情况和需求预测，以及具有面向各类渠道的营销体系对接和供需撮合能力、行情数据体系和纳入管理的销售数据。同时，能够为政府职能部门和各经营单位提供管控与经营手段，为产品的标准实施提供技术监控保障，为终端用户提供商品溯源支持，为区域和公共品牌提供基础规范，为金融机构提供供应链金融实施依据，为各经营主体提供相对低成本的金融服务，为大型销售渠道提供营销信息和工具，为各类中小微销售业态提供供应链服务。为原辅料供应商、菌包厂、烘干厂等生产服务主体，通过使用平台提供的硬软件系统，接受规范化的管理。为各经营主体提供相对稳定的销售渠道，分享标准与品牌所带来的红利。

（三）银耳全产业数字化平台各数据管理设置

产业数据管控的基础是获取产业各环节的真实经营数据。管控平台为产业链上游各环节提供业务执行工具，在工具的使用过程中逐步规范业务流程并积累实时数据，同时通过物联网识别、交叉比对等方式分析和估算各环节的真实经营情况，进而实现对产业数据的管控。产业数据管控平台在产业链各环节的运行机制如下。

1. 银耳原辅料价格数据管理建立

银耳主要以木屑、甘蔗渣、棉籽壳等农副产品为主要栽培原料，适当添加一些麸皮、米糠、石膏等为辅助原料。散户基本会选择就近采购，或者是批发市场进货。成体系的银耳厂商大多会采取固定批发商进货，但是栽培料价格波动，品质良莠不齐，大部分的生产原材料是从农户、林场、果园收集而来，没有统一标准，粉碎程度可能不规范，甚至有些栽培料中会混有杂质，如泥沙、碎石等，甚至有些栽培料会发霉变质。此外，价格没有统一标准，可能会根据产量导致价格波动，种类受限于地区也是一个大问题。就棉籽壳来讲，大部分来源于新疆、山东，而银耳主要生产地是四川、浙江、福建等，如何用最短的时间、最优惠的价格采购到这些原材料是亟须解决的问题。因此，要建立原辅料价格数据管理（图 15-2），收集历年各地主要栽培料的生产量以及价格，尽量精准到月份，根据月份、年份做出价格波动表以推断出何时从何地进货是最合理的选择。同时，对原辅料的采购量也要进行反馈，根据不同地区的采购量收集整理，可以预测某一地区某年产量，为后期的运输销售做好预案。需要提供简单易用的出入库管理工具，结合摄像头视觉识别、出入库地磅称重、MIS 系统数据等交叉比对，分析和估算库存数量、出货量等。

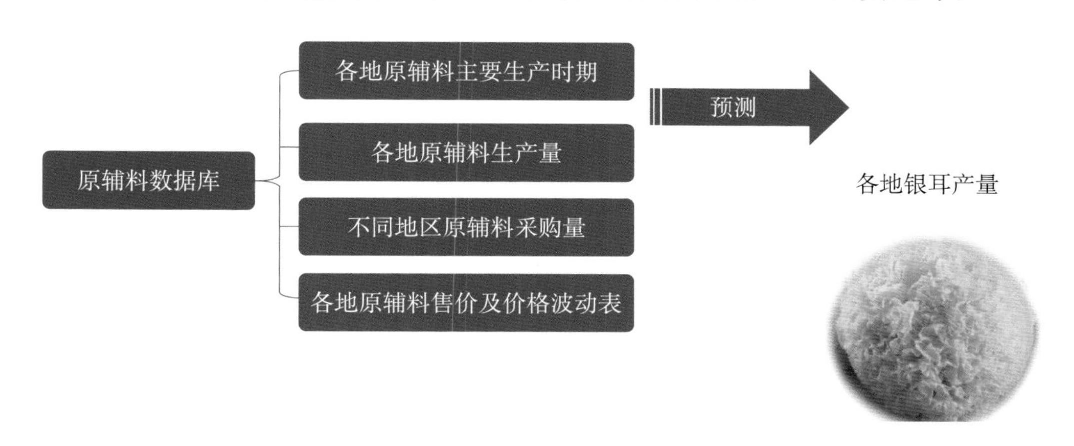

图 15-2　银耳原辅料数据管理建立设想架构

2. 银耳种植数据管理建立

银耳种植期间，有着诸多的流程和环节，其中任何环节的偏差都可能影响银耳最终的产量和品质。将银耳种植中重要环节的数据精准记录，如装袋时间、接种时间、温度湿度的控制变化、出菇情况、染菌率等，将这些数据结合上游菌包厂供应记录和下游烘干厂、仓库的相关记录进行分析整理，就可以估算出银耳厂商的生产数据。

银耳种植数据管理，需要提供简单易用的农事记录工具进行接种、出菇记录，有条件的可结合摄像头视觉识别，实现对银耳的种植、收储全程信息化管理，探索生产数据的自动采集，通过回顾式研究为银耳销售和加工提供决策依据。

3. 银耳产量数据管理建立

比起现有的银耳栽培工厂，散户种植银耳更加多、更加普遍。因为银耳种植散户多且混乱，没有统一的规范管理，所以每年银耳产量没有精准统计和预测，给后期银耳的销售和定价带来麻烦。因此，应建立银耳产量数据管理（图 15-3），前期做好数据收集工作，银耳栽培工厂产量、银耳散户种植产量等，在平台成熟后，根据历年银耳栽培工厂产量、银耳散户种植产量以及原辅料采购量对产量进行预测，以进一步指导银耳后期定价、加工、销售。提供简单易用的菇农和其他生产者委托加工记录和送货记录工具，结合上游棉籽壳供应数据和下游菇农种植数据比对，分析和估算生产数据和经营情况。提供简单易用的生产记录和送货记录工具，结合菌包厂供应数据和下游菇农种植数据，对以上环节数据的准确性进行交叉比对。

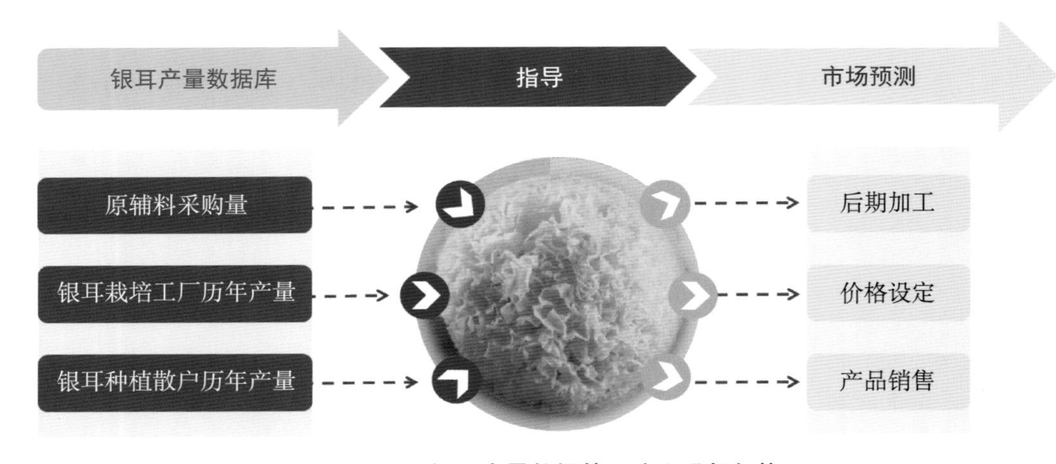

图 15-3 银耳产量数据管理建立设想架构

4. 银耳成品仓储数据管理建立

库存量对于有效延长银耳市场周期，助力银耳商品化和产品溢价，提升产地农民在银耳流通参与过程中的产品定价权，促进银耳产业链向全渠道、短链路方向发展，有着重要的现实意义和深远影响。在保证库存量的同时还要保证对库存量有足够的把控，需要精准收集入库量、出库量数据，才可以对上游反馈生产、对下游指导销售。

为全国所有存放银耳产品的仓库提供简单易用的库存管理工具和销售渠道对接工具，结合摄像头视觉识别，分析和估算库存数量、货物价值和经营情况，及时反馈数据。

5. 物流平台数据管理建立

目前银耳的配送模式传统且单一，大多是农户或银耳厂商自己送到批发市场或客户手中，在这种农户自营配送组织模式下，配送较为初级，主要是以满足货运的送达方式为目的；在公司为主的“农户 + 公司”的配送模式下，农户包括农户和银耳生产基地，公司包括与农户有采购关系的经销商、批发市场、配送中心（经销型的食用菌配送中心或者大型连锁超市的配送中心）、加工企业。这种模式中，公司负责从农户收购所需的所有银耳产品。在不同的配送主体模式中，目前以银耳批发市场运营商为主导的配送模式占的比重较大，以大型连锁超市为主导的物流模式比例较少，以大型银耳经营公司或加工企业为主导的配送模式比例最小，但是后两种物流模式将作为今后较长时期内银耳配送的主要方向。目前，我国银耳加工配送的专业业务刚刚起步，配送企业一般是产供销一体化经营，通常是基地加配送中心的形式，而非真正的第三方物流配送企业。

在我国智慧物流产业链全面爆发的当下，智慧物流的发展仍面临着智能设备质量参差不齐，大部分中小型物流企业以传统物流方式运营，高效的货物仓库管理系统、货物跟踪系统等信息化平台建设严重不足，所以应该全方位夯实智慧物流的基础，打造集物流体系运行监测、安全监管和数据共享等多功能于一体的物流信息平台，推动全国物流信息资源共享与协同的平台建设，为企业整合利用物流资源提供信息服务支撑，推进新兴技术和智能化设备应用，提高仓储、运输、分拨配送等物流环节的自动化、智慧化水平。

要建立完善的物流平台数据管理，不仅需要第三方物流公司在每一个节点做好数据收集、统计工作，还需要银耳厂商和物流公司做好数据信息对接工作，对每一批银耳出库状态做好记录，进而调控进一步的物流运输安排。

6. 银耳营销数据管理建立

现阶段，银耳行业产品营销的重点、精力多放在产品的营销与市场开拓上，但实际上银耳产品营销手段单一、守旧，缺少应有的开放包容的“大数据”营销思维。

现有的大部分银耳生产企业多使用传统渠道开展营销，营销手段单一且低效。在银耳产品营销过程中，银耳厂家缺少与时俱进的营销思维，影响了银耳产品的市场化营销。尽管部分企业发现电商平台的潜力，以电商为依靠，开展银耳的销售，但仅将其作为一种营销渠道，并没有把握住大数据营销的真正核心功效——利用大数据的整理收集，分析出目标消费人群和消费喜好。

银耳企业仍使用“节点”思维开展产品营销，缺乏全程营销、全链条营销思维。不能做到线上线下协同发展。银耳及其深加工产品营销缺乏精准定位，局限于推销产品自身，忽略对消费者数据信息、客户养成、客户服务、客户关系网等多个环节信息的分析融合，使银耳产品的营销面临困境。此外，银耳行业缺少协同意识和共享营销思维。由于银耳企业间缺乏有效协同，营销资源缺乏合理共享，造成了营销资源重复浪费，并且没有形成良好的良性竞争，影响了银耳产品利润点、价值点的有效“挖掘”。

建立银耳营销数据管理，就要有足够的、多样化的数据来源，多平台化的数据采集能使对银耳消费者行为的刻画更加全面而准确（图 15-4）。多平台采集可包含互联网、移动互联网、广电网、智能电视，未来还有户外智能屏等数据，尤其是近年占据消费主要市场的网购平台淘宝、京东、天猫等。同时，还要进行多样化采集，例如不同年龄段的消费水平、消费偏好、消费评价、回头率等，都是需要收集的数据。

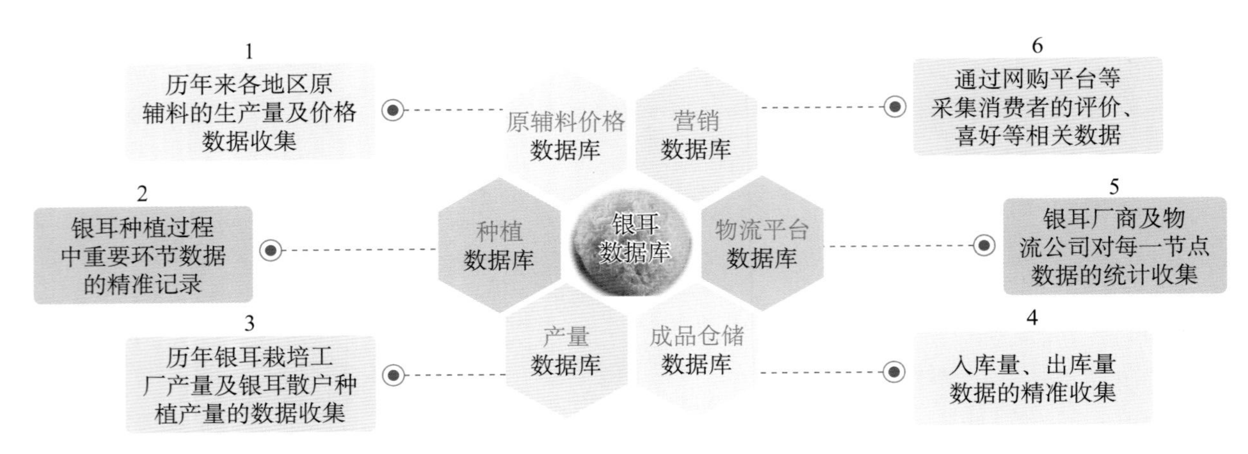

图 15-4 银耳大数据平台数据管理设想架构

（四）银耳全产业链数字化综合服务平台建设设想

结合以上分析，全产业链数字化平台建设，应包括银耳云平台、“智慧银耳”应用中心和原料基地平台、质量和食品安全管控平台等应用型平台。主要在科技创新成果、生产、销售、管理、溯源等方面全面进行信息化建设，实现“大数据 + 生产”“大数据 + 营销”等，具体设想见图 15-5。

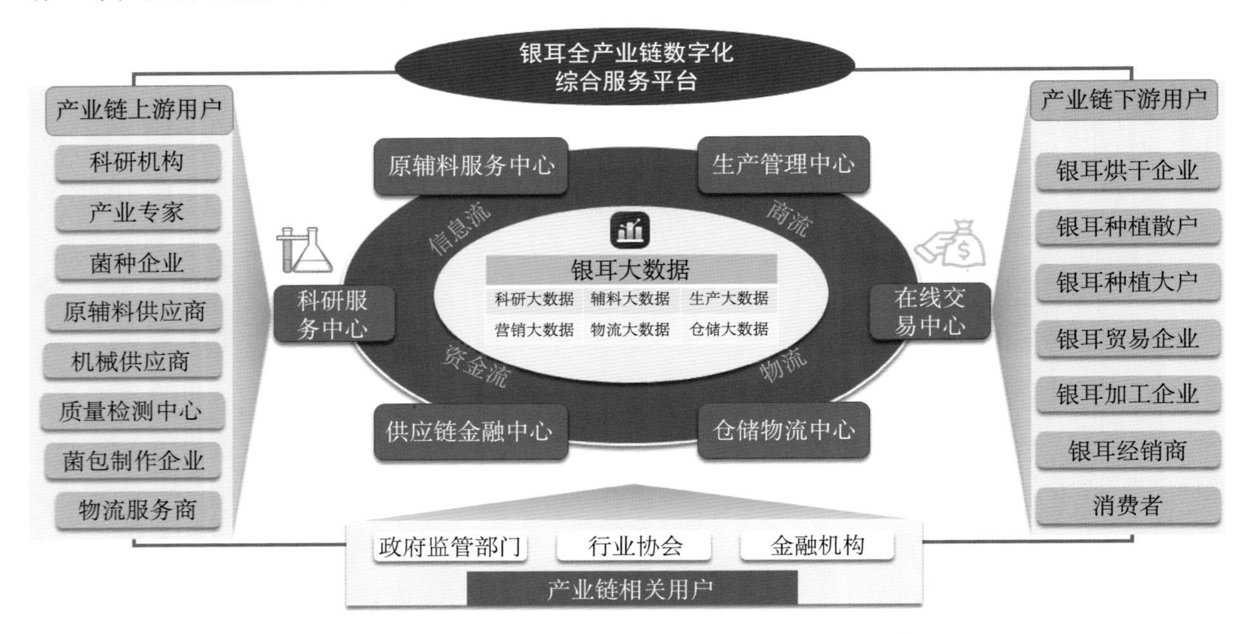

图 15-5 银耳全产业链数字化综合服务平台设想架构

（五）数据采集面临的问题和解决方法

1. 数据融通有障碍

问题：来自各个环节、各个渠道的数据口径不规范、标准不统一、时间不准确、可信度不高等问题较为普遍，数据质量堪忧及数据资源统筹管理不足的情况导致数据散而不聚、聚而不通、通而难用。

解决方法：制定规范成体系的数据采集要求，制定统一的采集时间、数据类型标准等，并且做到及时提供数据、更新数据。

2. 数据共享有困难

问题：银耳厂商数据、物流公司数据、各平台消费者数据共享开放的制度规章和政策措施还不健全，限制数据有序安全流动的体制机制障碍仍然存在，信息孤岛、数据壁垒问题突出，分级分类、权责清晰的数据管理制度体系还未建立；数据要素市场培育发展滞后，数据交易流通体系建设尚处探索初期，行业间数据共享开放不理想。

解决方法：平台运营商积极沟通各方，牵线搭桥，制定出合理的数据流动机制，在保障各方权益下实行数据共享，互利互惠。

3. 数据安全有隐患

问题：尚未建立起适用于大数据环境下的数据分类分级安全保护制度，个人信息保护和数据安全管理跟不上快速发展的形势需要，存在个人隐私泄露、数据泄露以及数据滥采滥用、不当使用和违规违法交易数据等风险。

解决方法：将数据进行隐私性分级，例如A类、B类、C类数据，建立安全保护制度和明确的保密制度，隐私程度级别最高的数据要进行加密处理。同时积极促进立法。

4. 数据监管有差距

问题：行业、企业及机构数据庞杂分散和集中集聚现象并存，某些企业头存在利用数据不公平竞争、限制竞争的垄断风险，针对大数据“杀熟”、平台“二选一”等问题的数据和算法监管相对空白。

解决方法：建立严格的监管制度，一旦平台的使用者中存在这个问题，必须严格处理。

四、银耳数字化平台运营设计

运营工作是推动平台产生价值和持续运作的关键，银耳大数据平台的运营工作由以下部分组成。

（一）建立流通环节的简易标准体系

制定：根据各流通渠道的实际需求，制定出一套在流通环节能够普遍认同和应用的简易标准体系。

应用：将上述标准体系应用于运营平台中，引导上游经营主体参照执行并控制标准的执行效果。

对接：在发展新销售渠道的过程中，把新渠道对产品品质的要求转化为上述标准体系。

通过运营工作制定和贯彻流通环节认同的简易标准体系，并由协会或平台公司做一定程度的背书。

（二）形成全国统一虚拟库存管理

接入：选择适合的经营主体接入平台，并协助持续规范化操作、留存数据。

生成：对纳入运营平台管理的菇农和烘干加工厂的产能和生产预测统一管理，形成全国规范化运营的虚拟库存。

发布：以平台为主体，对下游销售渠道发布纳入县域范围内管控的产品库存情况。

通过运营工作获取相对准确的虚拟库存，并由银耳协会或平台公司对下游渠道发布。

（三）对接优质销售渠道

选取部分适合初期对接的渠道，为产业平台中规范管理的农户和加工厂提供品质和信用背书，跳过一级批发商直接开拓需求量大、利润空间合理的优势渠道。将适应于双方的标准、流程、规范转化为平台的系统能力，并把这些资源和能力开放给平台的上游供给方。初期选择的传统渠道和增量渠道类型如下。

传统渠道：农贸批发市场的干货批发商。为降低管理和物流等成本，以相对集中的区域作为初期试点，如长沙红星农批中心、武汉白沙洲农产品大市场、南昌农产品中心批发市场等。

传统电商：为已经成立且有一定影响力的京东、天猫、淘宝商铺提供食用菌供应链服务，由店铺进行营销工作，平台负责对接供应商并且按店铺要求执行标准、包装和发货。

增量渠道：社区团购平台。为已有批发商合作伙伴和库存能力的区域对接盒马集市、兴盛优选、美团优选等社区团购平台渠道。

直播电商：为直播电商、供应链服务商或直播间提供食用菌品类供应链服务。

自媒体、微商、微博博主：为拥有私域流量的各类平台的自媒体和微商提供 SKU 和供应链服务，协助其进行私域流量变现。

大型企业、院校、部队、机关或中央厨房：与具有此类资源的生鲜供应商合作，提供食用菌品类供应链服务。

（四）实施供应链金融

在平台运营过程中持续发掘可以提供产业金融服务的场景，以平台为产业主体和金融机构搭建桥梁。供应链金融是建立在产业链真实经营状况之上的金融服务，一方面可以为产业上下游带来低成本的普惠金融服务，释放原有交易模式的利差空间，让菇农等经营主体得到实实在在的好处；另一方面，供应链金融实施过程能够及时准确地获取相关产业数据，为产业平台的运营提供有效支撑，为产业的洞察、引导、优化、规范建立基础。

供应链金融的实施可以从部分有意愿规范化运作的农户和企业开始启动，选择 1 ～ 2 个产业场景切入，形成示范效应后逐步吸引更多的经营主体参与，同时延伸到上下游更多场景。

（五）运营方式

银耳全产业链数字化平台建设的实施具有整体性和全局性，因此不能纯粹地采用市场运行的机制，必须要有政府各有关部门、乡镇及协会的参与与支持。同时，必须要有一家代表政府的国有公司（一定是银耳行业的龙头企业）作为组织实施者并持有股份，对平台建设与实施的成效进行评估与监督。

银耳全产业数字化平台的建设与运营管理具有很强的专业性，实施主体必须要有较强的责任心和工作主动性，否则很难实现建设的目标要求，因此，必须赋予其在管理上拥有较强的决策自主权、经营灵活性，为此运营实体必须拥有绝对的控股。

为保证实施效果、保障产业数据安全，做到可评估、可追溯、可追责，同时考虑到银耳大数据平台的建设是一个长期的过程，在前期的协议不可能做到细致规范，需要逐步完善。在平台搭建过程中，实施主体若自身的技术和经营力量不足，可以与其他有农产品数字化管理经营经验的企业合作，成立合资公司，具体建设、维护与经营。

五、总结

本章从银耳产业目前面临的问题出发，就实际生活中如何实现银耳大数据平台的构建进行了探讨，提出了需要主要构建的数据管理和银耳全产业链中各环节数据收集存在的问题及解决办法。

就目前来看，银耳产业数字化刚刚起步，从前期的数据收集到后期的智能分析、可视化云图处理都基本为零。为了满足对银耳全产业链数字化平台的目标和定位，需要尽可能多地联系厂家、种植户等，集成更多的数据。同时，要增强数字化思维，用好信息化手段，推进信息技术与生产、加工、流通、管理、服务和消费各环节的技术融合与集成应用，使数字化贯穿银耳的全产业链，为银耳产业的未来蓬勃发展奠定扎实的基础。

参考文献

安华明，陈力耕，樊卫国，等，2004. 高等植物中维生素 C 的功能、合成及代谢研究进展［J］. 植物学报，21（5）：608-617.

安玉发，陶益清，陈炳辉，2004. 东北地区工厂化农业经营模式比较［J］. 北方园艺（2）：4-6.

卞思静，闻庆，肖俊勇，等，2019. 银耳多糖液晶霜制备及其保湿功效评价［J］. 香料香精化妆品（4）：59-64.

蔡淑妮，王晓梅，张忠山，等，2014. 银耳多糖的提取工艺及鉴定［J］. 食品工业，35（7）：58-60.

常钦，2021. 让更多农产品加工由“初”转“精”［EB/OL］.（2021-11-12）［2021-05-31］. https：//article.xuexi.cn/articles/index.html?art_id=7313327164607849884&item_id=7313327164607849884&study_style_id=feeds_opaque&t=1636706651774&showmenu=false&ref_read_id=f875e0e9-8ddb-4a43-b1c0-3dfd0f74caae_1636729933159&pid=&ptype=-1&source=share&share_to=copylink.

辰曦，2021. 古田银耳的链式创新［J］. 海峡通讯（5）：46-47.

陈婵，黄靖，陈晓波，等，2019. 超声波提取银耳蒂头粗多糖工艺的优化研究［J］. 农产品加工（24）：43-46.

陈春花，2021. 协同共生论：组织进化与实践创新［M］. 北京：机械工业出版社 .

陈飞飞，蔡东联，2008. 银耳多糖的主要生物学效用研究进展［J］. 中西医结合，6（8）：862-866.

陈岗，2011. 银耳多糖的功能特性及其应用［J］. 中国食品添加剂（4）：144-148.

陈杭，罗孝贵，唐明先，等，2016. 高原段木银耳林下荫棚栽培技术［J］. 现代农业科技（17）：74，77.

陈剑秋，黄胜，赵伟超，等，2021. 银耳胶复配体系的流变学特性研究［J］. 生物技术通报，37（11）：1-12.

陈利丁，刘云超，孔旭强，等，2021. 银耳子实体及菌丝体胶质化产生的双核酵母状孢子萌发条件探索［J］. 中国食用菌，40（2）：11-18.

陈梅朋，1979. 银耳菌丝体分离培养菌种的研究［J］. 食用菌（3）：1-10.

陈鹏，颜军，梁立，等，2019. 银耳多糖的降解、磷酸酯化修饰及其抗氧化活性［J］. 食品工业科技，40（9）：34-37.

陈汝财，2021. 模糊数学综合评价法优化银耳蒂头面包制作工艺［J］. 福建农业科技，52（8）：17-23.

邓优锦，全宗军，黄勇云，等，2020. 银耳‘Tr2016’的选育报告［J］. 菌物学报，39（6）：1 187-1 189.

邓远建，汤彪，屈志光，2022. 农业经济“双循环”新发展格局的内在逻辑与实现路径［J］. 西北农林科技大学学报（社会科学版）（1）：106-114.

杜新华，2008. 古田凤埔：银耳蒂头废料再利用［N］. 福建日报，2008-12-17（6）.

福建农林大学科技处，2013. 福建农林大学（古田）菌业研究院正式成立［EB/OL］.（2013-10-09）［2022-05-31］. https：//kyy.fafu.edu.cn/ab/4f/c4681a109391/page.psp.

福建省发展和改革委员会，2018. 关于印发《福建省特色农产品优势区建设规划（2018—2020年）》的通知［EB/OL］.（2018-09-12）［2022-05-31］. http：//nynct.fujian.gov.cn/xxgk/ghjh/201809/t20180912_4494159.htm.

福建省农业农村厅，2019. 关于印发2019-2020年省现代农业产业技术体系建设工作方案的通知［EB/OL］.（2019-11-29）［2022-05-31］. http：//nynct.fujian.gov.cn/xxgk/zfxxgk/fdzdgknr/nyyw/nyzc/201911/t20191129_5142104.htm.

福建省农业农村厅，2020. 关于印发《“互联网+”农产品出村进城工程实施方案》的通知［EB/OL］.（2020-07-01）［2022-05-31］. http：//nynct.fujian.gov.cn/xxgk/zfxxgk/fdzdgknr/nyyw/nyzc/202007/t20200701_5313277.htm.

福建省农业农村厅，2021. 关于省政协十二届四次会议20211126号提案的答复［EB/OL］.［2021-07-22］［2022-05-31］. http：//nynct.fujian.gov.cn/ztzl/jyta/202107/t20210722_5653919.htm.

福建省人大常委会，2017. 福建省促进科技成果转化条例［EB/OL］.（2017-11-24）［2022-05-31］. http：//kjt.fujian.gov.cn/xxgk/zcwj/201907/t20190702_4911476.htm.

福建省人民政府，2017. 福建省人民政府关于深入推行科技特派员制度的实施意见［EB/OL］.（2017-02-16）［2022-05-31］. http：//www.fujian.gov.cn/zwgk/zxwj/szfwj/201702/t20170216_1469760.htm.

福建省人民政府办公厅，2016. 福建省人民政府办公厅关于加快实施农产品质量安全“1213行动计划”的通知［EB/OL］.（2016-07-18）［2022-05-31］. http：//www.fujian.gov.cn/zwgk/zfxxgk/szfwj/jgzz/nlsyzcwj/201607/t20160719_1477121.htm.

付立忠，吴学谦，吴庆其，等，2005. 我国食用菌种质资源现状及其发展趋势［J］. 浙江林业科技（5）：45-50.

高红艳，叶柏青，2020. 疫情影响下食用菌产业多元化营销思路探索［J］. 中国食用菌，39（8）：131-134.

高磊，张帆，王毅飞，等，2020. 银耳多糖研究进展［J］. 安徽农业科学，48（24）：13-16，19.

高丽萍，郑光耀，闫林林，等，2016. 响应面法优化亚临界水提取银耳多糖工艺研究［J］. 江苏农业科学，44（7）：339-342.

耿直，2013. 浅谈食药用菌的利用价值及前景［J］. 公共管理（499）：103-104.

古田发布古田县融媒体中心，2020. 古田县食用菌产业宣传歌曲《菇都之恋》［EB/OL］.（2020-01-04）［2022-05-31］. https：//m.thepaper.cn/baijiahao_5438497.

古田发布古田县融媒体中心，2021. 古田：科技特派团开发银耳新基质配方助力菇农创收［EB/OL］.（2021-01-20）［2022-05-31］. https：//mp.weixin.qq.com/s?__biz=MzIzOTExOTQ5Mw==&mid=2650153899&idx=4&sn=c7653a8ac952fe89a7fbdbc19016d417&chksm=f12c7e41c65bf757c1d1b41dd2b58637d8aa627c4c4e1812da8f466549802fd6931e7015d1a5#rd.

古田县地方志编纂委员会，1997. 古田县志［M］. 北京：中华书局.

古田县人民法院，2019. 古田县与新华社联手在北京举办古田银耳推介会和新闻发布会［EB/OL］.（2019-04-23）［2022-05-31］. https：//page.om.qq.com/page/ONALr_ZKiRRzuAA-drrtKFHA0.

古田县人民政府，2021. 古田县食用菌产业简介［EB/OL］.（2021-04-06）［2022-05-31］. http：//www.gutian.gov.cn/zjgt/zrdl/zrzy/201310/t20131021_281057.htm.

古田县融媒体中心，2019. 古田："关政合作"助推食用菌产业发展［EB/OL］.（2019-09-11）［2022-05-31］. https：//m.thepaper.cn/baijiahao_4411762.

古田县融媒体中心，2020. 古田县长党帅直播带货 为古田银耳代言［EB/OL］.（2020-04-24）［2022-05-31］. https：//www.thepaper.cn/newsDetail_forward_7141674.

国家发展改革委员会，中央网信办，2020. 关于推进"上云用数赋智"行动，培育新经济发展实施方案［EB/OL］.（2020-04-07）［2022-05-31］. http://www.ndrc.gov.cn/xxqk/zcfb/tz/202004/t20200410. 1225542.ext.html.

国家信息中心，2020. 信息化领域前沿热点技术通俗读本［M］. 北京：人民出版社 .

韩英，徐文清，杨福军，等，2011. 银耳多糖的抗肿瘤作用及其机制［J］. 医药导报，30（7）：849-852.

郝丽莉，傅南琳，2016. 中医药学概论［M］. 2 版 . 北京：科学出版社 .

何倩，2022."五一"假期盒马北京预制菜销量环比上涨 5 倍预制菜市场现状分析［EB/OL］.（2022-05-05）［2022-05-31］. https：//www.chinairn.com/hyzx/20220505/142841769.shtml.

何伟珍，吴丽仙，2008. 银耳多糖的提取分离与纯化［J］. 海峡药学（7）：33-35.

贺元川，陈仕江，张德利，等，2013. 银耳育种研究进展综述［J］. 食药用菌，21（3）：154-155.

侯建明，陈刚，蓝进，2008. 银耳多糖对脂类代谢影响的实验报告［J］. 中国疗养医学（4）：234-236.

黄坚航，2006. 福建银耳小考［J］. 亚太传统医药（10）：41-42.

黄年来，2000. 中国银耳生产［M］. 北京：中国农业出版社 .

黄毅，郑永德，2022. 当前食用菌企业困局的形成原因与突破路径探讨（下）［J］. 食药用菌杂志（1）：1-6.

季亚飞，2020. 基于微信的企业市场营销战略创新探讨［J］. 财富时代（9）：58-59.

贾身茂，郭恒，程雁，等，2005. 用法规和标准规范菌种质量和菌种市场的商讨［J］. 中国食用菌（4）：3-5.

金亚香，张研，刘天戟，2016. 银耳提取物抗抑郁活性研究［J］. 实用预防医学，23（14）：490-493.

景晓卫，赵树海，李晓，2015. 通江银耳产业发展竞争力对比分析［J］. 山西农业科学，43（11）：1 517-1 522.

景晓卫，赵树海，李晓，2016. 基于 SWOT 模型的通江银耳产业发展分析［J］. 湖北农业科学，55（19）：5 120-5 123.

景晓卫，赵树海，李晓，2016. 通江银耳产业现状及发展对策分析［J］. 农业科技管理，35（1）：3.

孔旭强，柳婷，刘云超，等，2019. 古田银耳 Tr01 和 Tr21 的生理生化特性及生产农艺性状比较［J/OL］. 食用菌学报，26（4）：39-49. DOI：10.16488/j.cnki.1005-9873.2019.04.006.

李媛媛，韩威威，韩瑞玺，2020. 食用菌知识产权保护探讨［J］. 中国种业（8）：12–14.

李国镔，2015. 古田获评国家级出口食品农产品质量安全示范区［EB/OL］.（2015–11–11）［2022–05–31］. http：//www.ndwww.cn/xspd/gtxw/2015/1111/2933.shtml.

李国光，2021. 银耳多糖益生元效应的研究［J］. 现代食品，3（62）：215–217.

李绩，2007. 我国食用菌菌种知识产权保护和现状分析［J］. 中国发明与专利（8）：48–49.

李剑宇，2020.“互联网 +”背景下农产品营销模式策略分析［J］. 中国市场（11）：128–129.

李巨，李长喜，2017. 以科技创新为抓手，助力菇农增收［J］. 食用菌，39（5）：7–10.

李湘利，刘静，魏海香，等，2019. 食用菌干燥技术的研究进展［J］. 食品研究与开发，40（6）：207–213.

李昕霖，卢铭，林岚剑，2021. 古田县食用菌产业一二三产融合发展模式探讨［J］. 福建热作科技，46（3）：56–59.

李玉，2011. 中国食用菌产业的发展态势［J］. 食药用菌，19（1）：1–5.

梁锐，2021.“互联网 + 农业”模式下食用菌的营销策略［J］. 中国食用菌，40（2）：4.

林杰，黄轮，陈菲，等，2002. 银耳增白菌株“9901”的选育［J］. 福建农业科技（2）：12–14.

林俊义，2011. 银耳自动化栽培及机能性产品的研究［J］. 食药用菌，19（6）：17–20.

林蕾，曾芳芳，2017. 福建古田银耳农业文化遗产地休闲农业发展研究［J］. 农村经济与科技，28（23）：93–95.

林升栋，黄合水，2011. 区域产业品牌化战略研究［J］. 厦门大学学报（哲学社会科学版）（2）：134–140.

刘方明，2017. 浅析古田银耳产业的发展［J］. 木工机床（2）：38–40.

刘卉，何蕾，2012. 银耳多糖与透明质酸的保湿性能比较［J］. 安徽农业科学， 40（26）：13 093–13 094.

罗惠波，左勇，2003. 超滤生产银耳多糖工艺初探［J］. 四川食品与发酵（1）：34–37.

罗杨，李娟，陈岗，等，2020. 壳聚糖生姜精油涂膜对鲜银耳活性氧代谢和组织超微结构的影响［J］. 天然产物研究与开发，32（8）：1 405–1 412.

马白果，2022. 日本 2022 灾害食品奖揭晓，这一届应急食品除了拼功能还能拼些啥？［EB/OL］.［2022–05–31］. http：//news.sohu.com/a/538100797_121287297.

马迪，2019. 基于 O2O 与电子商务的理论背景下的食用菌产品运营模式［J］. 中国食用菌，38（4）：105–107.

马素云，姚丽芬，叶长文，等，2013. 一种银耳多糖的分离纯化及结构分析［J］. 中国食品学报，13（1）：172–177.

马涛，张李躬，林钊，等，2019. 不同银耳产品主要营养成分分析与评估［J］. 中国食用菌，38（11）：57–60.

倪艺，2020. 手游与美妆品牌 IP 跨界营销策略思考——以“王者荣耀限量联名口红”为例［J］. 传媒论坛（21）：58–59.

牛贞福，国淑梅，殷兴华，2018. 文化视角下食用菌产业的创新发展研究［J］. 中国食用菌，37

（5）：87–89.

农经司，2022. 推进 6 种融合模式 打造乡村振兴新动能［EB/OL］.（2022–01–21）［2022–05–31］. https：//www.ndrc.gov.cn/fggz/nyncjj/njxx/202201/t20220121_1312568.html?code=&state=123.

农业农村部办公厅，2021. 关于印发《农业生产“三品一标”提升行动实施方案》的通知［EB/OL］.（2021–03–15）［2022–11–15］. http：//www.gov.cn/zhengce/zhengceku/2021–03/18/content_5593709.htm.

彭卫红，王勇，黄忠乾，等，2005. 我国银耳研究现状与存在问题［J］. 食用菌学报（1）：51–56.

彭云飞，2017. 银耳多糖酶法提取及生物活性研究［D］. 福州：福建农林大学 .

全拓数据，2021. 银耳消费需求增长潜力巨大，鲜炖银耳成市场新宠［EB/OL］.（2021–09–30）［2022–05–31］. https：//baijiahao.baidu.com/s?id=1712294898558336752&wfr=spider&for=pc

阮淑姗，姚益招，戴维浩，等，2007. 银耳新菌株 Tr01、Tr21 及栽培关键技术［J］. 福建农业（9）：19.

阮毅，戴敏钦，李升忠，2009. 银耳废菌糠高产栽培鸡腿菇技术研究［J］. 中国食用菌，28（5）：68–69.

山东拓源环保科技有限公司，2021. 食用菌罐头加工污水处理设备污水处理方案［EB/OL］.（2021–02–18）［2021–11–15］. http：//www.tuoyuanhuanbao.com/wushuichulijish/705.html.

圣香大数据，2021. 新消费人群报告 ［EB/OL］.（2022–05–05）［2022–05–31］. https：//zhuanlan.zhihu.com/p/502023484.

师萱，杨勇，谭红军，2013. 银耳废料综合利用及其应用前景［J］. 安徽农业科学，41（25）：10 430–10 432.

史宇，孙飞龙，王淑君，等，2022. 羊肚菌保鲜技术研究进展［J］. 包装与食品机械，40（2）：102–106.

孙东，2015. 银耳多糖提取工艺优化及其性质的研究［D］. 天津：天津科技大学 .

孙群群，张兴奇，姚志辉，等，2020. 银耳膳食纤维在运动代谢调节中的应用［J］. 中国食用菌，39（8）：65–67，71.

孙淑静，2020. 画说银耳优质高效生产技术［M］. 北京：中国农业科学技术出版社 .

托马斯·科洛波洛斯，丹·克尔德森，2019. 圈层效应：理解消费助理 95 后的商业逻辑［M］. 北京：中信出版社 .

王波，2021. 四川遂宁产业扶贫见闻②|“产联式”合作社激发各方活力壮大集体经济实现利益共享［EB/OL］.（2021–02–09）［2022–05–31］. http：//sd.iqilu.com/v7/articlePc/detail/7520504.

王颢澎，赵振智，2020. 基于大数据背景下的食用菌物流配送体系［J］. 中国食用菌，39（4）：3.

王乐乐，刘艳丰，王铁男，等，2021. 菌糠发酵饲料开发利用的研究进展［J］. 饲料研究，44（19）：4.

王丽芬，2015. 古田县银耳栽培设施的发展历程［J］. 食药用菌（1）：63–64.

王密，2021. 2020 年中国银耳发展现状及趋势分析：提升品质，扩大对外贸易 ［EB/OL］.（2021–01–03）［2022–05–31］. https://www.chyxx.com/industry/202101/920396.html

王文珺，2021. 福建：实施“千万”行动为乡村产业振兴添动能［N/OL］. 农民日报，2021-06-11. http:szb,farmer.com.cn/2021/20210611/20210611-003/20210611-003_6.htm
王艺涵，吴琴，迟原龙，等，2019. 酸碱法和酶法辅助提取银耳粗多糖的特性研究［J］. 食品科技，44（4）：200-204.
魏正勋，2015. 银耳子实体多糖的提取分离、结构鉴定及生物活性研究［D］. 杭州：浙江工业大学.
文丰安，2020. 推动农产品加工业高质量发展［N］人民日报，2020-05-12.
吴圣锦闽东日报融媒体中心，2021. 古田食用菌力争到 2025 年全产业链产值 350 亿元［EB/OL］.［2021-01-07］. https：//baijiahao.baidu.com/s?id=1688194578071076016&wfr=spider&for=pc.
谢开飞，2022. 集成冷链物流技术　福建古田生鲜银耳年产值超亿元［N］. 科技日报，2020-12-28.
谢娜，2009. 福建省食用菌种质资源数据库的构建［D］. 福州：福建农林大学.
薛蔚，2020. 银耳多糖提取纯化技术及功能性质探究［J］. 南方农业，14（21）：141-142.
闫新发，闫晓笛，2006. 食用菌固体菌种液化技术［J］. 食用菌，28（6）：2.
闫丕川，2021 年通江银耳的前世今生［N］，巴中日报，2021-08-21（2）.
颜军，徐光域，郭晓强，等，2005. 银耳粗多糖的纯化及抗氧化活性研究［J］. 食品科学（9）：151-154.
杨国良，2018. 我国食用菌总产量及工厂化生产问题探讨［J］. 食用菌，40（6）：18-20.
杨嘉丹，2019. 银耳多糖凝胶特性及银耳软糖生产工艺的研究［D］. 长春：吉林农业大学.
杨萍，张震，2009. 银耳的功能性及发展前景［J］. 食品研究与开发，30（7）：179-180.
杨文建，王柳清，胡秋辉，2019. 我国食用菌加工新技术与产品创新发展现状［J］. 食品科学技术学报，37（3）：13-18.
杨远帆，蒋炜煌，2018. 央视“广告精准扶贫”项目聚焦古田银耳［EB/OL］.（2018-06-12）［2022-05-31］. http：//www.ndwww.cn/xw/ndxw/2018/0622/88287.shtml.
姚清华，颜孙安，2019. 古田银耳主栽品种基本营养分析与评价［J］. 食品安全质量检测学报，10（7）：1 896-1 902.
佚名，2020. 决战脱贫：小银耳大能量，青冈木上开出致富花［EB/OL］. 光明网（2020-10-28）［2022-05-31］. https：//m.gmw.cn/baijia/2020-10/28/1301734050.html.
佚名，2020. 农产品如何突破低价值、同质化? 这样做增值三倍以上!［EB/OL］. 农民日报，（2020-06-28）［2022-05-31］. https：//www.sohu.com/a/404436223_120752328?qq-pf-to=pcqq.c2c.
英敏特，2021. 中国化妆品市场功效护肤品赛道崛起［J］. 中国化妆品（11）：72-75.
于传宗，2018. 锡林郭勒主要野生食用菌种质资源多样性及系统发育研究［D］. 呼和浩特：内蒙古农业大学.
于雷，2016. 大数据时代的数据管理技术应用之我见［J］. 数字技术与应用（11）：2.
曾繁莹，2021. 预制菜，下一个万亿餐饮市场?［EB/OL］.（2021-11-19）［2022-05-31］. https：//baijiahao.baidu.com/s?id=1716840385064917780&wfr=spider&for=pc.
曾秋玲，2020. 古田食用菌产业发展途径初探［J］. 广东蚕业，54（12）：129-130.
曾玉荣，2015. 福建省现代农业科技发展研究［M］. 北京：中国农业科学技术出版社.

张达成，秦允荣，2019. 银耳多糖的活性炭脱色工艺研究［J］. 广东化工，46（16）：40–42.

张开鑫，2014. 夏季银耳菌糠再利用栽培猴头菇技术［J］. 食药用菌，22（3）：168–169.

张黎君，2020. 银耳多糖的提取工艺及其在口红中的应用研究［D］. 郑州：郑州大学.

张琪辉，刘佳琳，李佳欢，等，2022. 银耳‘绣银 1 号’的选育报告［J］. 菌物学报，41（1）：163–165.

张小飞，果秋婷，孙静，2016. Box-Benhnken 响应面法优化超声波辅助提取银耳多糖工艺的研究［J］. 中国药师，19（6）：1 055–1 058.

中国居民膳食指南，2022. 平衡膳食八准则［EB/OL］.［2022–04–26］. http：//dg.cnsoc.org/article/04/J4-AsD_DR3OLQMnHG0-jZA.html.

中国食用菌商务网，2020. 福建古田县：现场观摩银耳生产新技术 促进银耳产业稳定高效发展［EB/OL］.［2020–11–19］. https：//zixun.mushroommarket.net/202011/19/194230.html.

中国网络空间研究院，2021. 中国互联网发展报告 2021（蓝皮书）［M］. 北京：中国工信出版集团.

钟长科，黄毅，2016. 古田银耳产业成功转型升级的启示［J］. 食药用菌，24（4）：217–219.

周金泉，2012. 椴木银耳前景广年年栽出好效益［J］. 农村百事通（17）：2.

周礼，2020. 丰科胜诉　我国首例食用菌菌种专利侵权案尘埃落定［J］. 食药用菌，28（2）：136.

周忠明，沈海霞，2022. 食用菌保鲜技术的研究进展［J］. 现代园艺，45（8）：178–180，183.

朱晓琴，孙涛，张庆琛，等，2021. 食用菌菌糠在农业种植中的再利用现状［J］. 北方园艺（16）：170–175.

宗锦耀，2017. 推进农村一二三产业融合发展着力打造农业农村经济发展升级版［J］. 农村工作通讯（5）：40–41.

宗锦耀. 优化产业布局促进融合发展［EB/OL］.（2016–04–05）［2021–11–15］. http：//www.xinhuanet.com/politics/2016–04/05/c_128862653.htm.

佚名，2009. 全国银耳标准化工作组在福建古田县成立［J］. 品牌与标准化（6）：34.

CHEN L，CHEN J，LI J，et al.，2022. Physicochemical properties and *in vitro* digestion behavior of a new bioactive *Tremella fuciformis* gum ［J］. International journal of biological macromolecules，207：611–621.

LIN Y，LAI D，WANG D，et al.，2021. Application of curcumin-mediated antibacterial photodynamic technology for preservation of fresh *Tremella Fuciformis*［J］. LWT food science and technology，147（3）：11 167.

ROSANOFF A，DAI Q，SHAPSES S A，2016. Essential nutrient interactions：Does low or suboptimal magnesium status interact with Vitamin D and/or Calcium status?［J］. Advances in hutrition，7（1）：25–43.

ROSANOFF A，WEAVER C M，RUDE R K，2012. Suboptimal magnesium status in the United States：are the health consequences underestimated?［J］. Nutrition reviews，70（3）：153–164.

SOUTHERLAND V，BRAUER M，MOHEGH A，et al.，2022. Global urban temporal trends in fine particulate matter （PM2.5） and attributable health burdens：estimates from global datasets ［J］. The lancet planetary health，6（2）：139–146.

附　录

附录 1　涉及银耳专业领域标准目录

（统计至 2021 年 11 月）

表　涉及银耳专业领域标准目录

序号	标准名称	标准编号
1	植物类食品中粗纤维的测定	GB/T 5009.10—2003
2	食品中有机磷农药残留量的测定	GB/T 5009.20—2003
3	生活饮用水卫生标准	GB 5749—2006
4	食用菌术语	GB/T 12728—2006
5	食用菌品种选育技术规范	GB/T 21125—2007
6	包装储运图示标志	GB/T 191—2008
7	包装用聚乙烯吹塑薄膜	GB/T 4456—2008
8	天然石膏	GB/T 5483—2008
9	食用菌杂质测定	GB/T 12533—2008
10	食用菌中总糖含量的测定	GB/T 15672—2009
11	压缩食用菌	GB/T 23775—2009
12	食品安全国家标准　预包装食品标签通则	GB 7718—2011
13	环境空气质量标准	GB 3095—2012（XG1—2018）
14	银耳菌种生产技术规范	GB/T 29368—2012
15	银耳生产技术规范	GB/T 29369—2012
16	食品安全国家标准　作用食品中镉的测定	GB 5009.15—2014
17	食品安全国家标准　食品中总汞及有机汞的测定	GB 5009.17—2014
18	食品安全国家标准　食用菌及其制品	GB 7096—2014
19	食品安全国家标准　食品营养强化剂　富硒食用菌粉	GB 1903.22—2016
20	食品安全国家标准　食品中水分的测定	GB 5009.3—2016
21	食品安全国家标准　食品中灰分的测定	GB 5009.4—2016
22	食品安全国家标准　食品中蛋白质的测定	GB 5009.5—2016
23	食品安全国家标准　食品中总砷及无机砷的测定	GB 5009.11—2014
24	食品安全国家标准　食品中二氧化硫的测定	GB 5009.34—2016
25	食品安全国家标准　食品中米酵菌酸的测定	GB 5009.189—2016

续表

序号	标准名称	标准编号
26	食品安全国家标准　食品中污染物限量	GB 2762—2017
27	食品安全国家标准　食品中铅的测定	GB 5009.12—2017
28	食用菌速冻品流通规范	GB/T 34317—2017
29	食用菌干制品流通规范	GB/T 34318—2017
30	银耳干制技术规范	GB/T 34671—2017
31	银耳菌种质量检验规程	GB/T 35880—2018
32	农产品基本信息描述　食用菌类	GB/T 37109—2018
33	袋栽银耳菌棒生产规范	GB/T 39072—2020
34	银耳栽培基地建设规范	GB/T 39357—2020
35	食品安全国家标准　食品中农药最大残留限量	GB 2763—2021
36	食品安全国家标准　预包装食品中致病菌限量	GB 29921—2021
37	段木银耳耳棒生产规范	GB/T 39922—021
38	银耳干品包装、标志、运输和贮存	GB/T 40635—2021
39	生鲜银耳包装、贮存与冷链运输技术规范	20203877—T—442
40	银耳	NY/T 834—2004
41	绿色食品　食用菌	NY/T 749—2018
42	地理标志产品　古田银耳	DB35/T 1096—2011
43	银耳栽培种质量检验规程	DB35/T 1203—2011
44	段木银耳生产技术规程	DB51/T 440—2012
45	银耳专用术语	DB35/T 1333—2013
46	袋栽银耳工厂化生产技术规程	DB14/T 1141—2015
47	商城炖菜烹饪技艺　桂花银耳莲子羹	DB41/T 1095—2015
48	富硒银耳生产技术规程	DB43T 1114—2015
49	银耳段木栽培技术规程	DB41/T 1300—2016
50	鲁菜　冰糖银耳	DB37/T 2903.63—2017
51	电子商务交易产品信息描述规范　银耳	DB35/T 1839—2019
52	食用菌栽培原料　棉籽壳	DB35/T 1312—2021
53	古田银耳栽培基地建设规范	NDS/T 007—2014
54	地理标志产品　通江银耳	DB511921/T 2—2010
55	通江银耳等级规格	DB5119/T 14—2020
56	银耳多糖产品中多糖含量的测定	T/SFABA 3—2018
57	银耳多糖	T/SFABA 4—2018
58	古田银耳干品分类分级	T/GJX 001—2021

附录 2　银耳领域标准体系框架

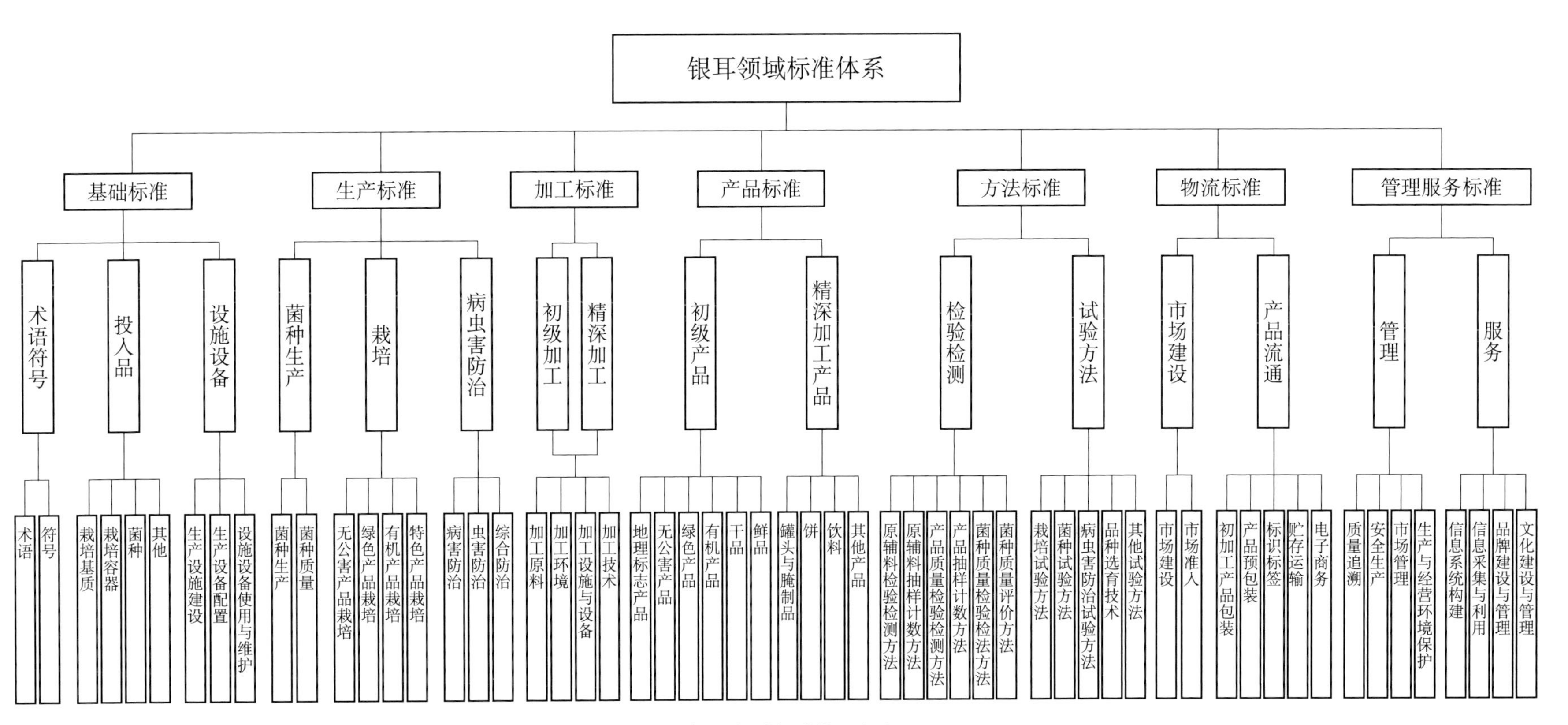

图　银耳领域标准体系框架

注：本标准框架由 2019 年全国银耳标准化工作组年会审议通过

附录3　银耳领域涉及的法律法规及规范性文件

- 《中华人民共和国标准化法》
- 《关于加强农业标准化工作的指导意见》
- 《国家标准立项评估简明实用手册》(2021版)
- 《国家标准制修订经费管理办法》
- 《中央财政科研项目专家咨询费管理办法》
- 《全国专业标准化技术委员会管理办法》
- 《全国专业标准化技术委员会考核评估办法(试行)》
- 《国家标准管理办法》
- 《福建省地方标准管理办法》
- 《团体标准管理规定(试行)》
- 《推荐性国家标准立项评估办法(试行)》
- 《国家标准涉及专利的管理规定(暂行)》
- 《国家标准外文版管理办法》
- 《中国标准创新贡献奖管理办法》
- 《国家技术标准创新基地管理办法(试行)》
- 《国家农业标准化示范区管理办法(试行)》
- 《农业标准化示范项目经费管理暂行规定》
- 《国家农业标准化示范项目绩效考核办法(试行)》
- 《中华人民共和国食品安全法》
- 《中华人民共和国农产品质量安全法》
- 《食用菌菌种管理办法》
- 《农产品包装和标识管理办法》

附录 4　银耳体系涉及的标准明细

名称	分类序号	序号	标准名称	标准号	标准状态
1 基础标准	1	1	银耳专用术语	DB35/T 1333—2013	现行
	2	2	食用菌栽培原料用棉籽壳	DB35/T 1312—2013	现行
	3	3	银耳栽培基地建设规范	GB/T 39357—2020	现行
	4	4	银耳栽培原料　棉籽壳		待制定
	5	5	银耳栽培原料　麦麸		待制定
	6	6	袋栽银耳容器　塑料袋		待制定
	7	7	段木银耳栽培载体　段木		待制定
	8	8	袋栽银耳设施栽培房建设规范		待制定
	9	9	银耳菌种生产设施建设规范		待制定
	10	10	银耳菌种生产设备配置规范		待制定
	11	11	银耳菌种生产设备使用与维护		待制定
	12	12	银耳菌种保存与运输规范		待制定
2 生产标准	1	13	银耳生产技术规范	GB/T 29369—2012	现行
	2	14	银耳菌种生产技术规范	GB/T 29368—2012	现行
	3	15	袋栽银耳菌棒生产规范	GB/T 39072—2020	现行
	4	16	段木银耳耳棒生产规范		报批中
	5	17	袋栽银耳（丑耳）栽培技术规范		待制定
	6	18	段木银耳生产技术规范		待制定
	7	19	袋栽银耳无公害产品栽培技术规范		待制定
	8	20	袋栽银耳绿色产品栽培技术规范		待制定
	9	21	袋栽银耳有机产品栽培技术规范		待制定
3 加工标准	1	22	银耳干制技术规范	GB/T 34671—2017	现行
	2	23	银耳产品冻干技术规范		待制定
	3	24	银耳产品热泵烘干技术规范		待制定
	4	25	银耳产品精深加工原料质量要求		待制定
	5	26	银耳产品精深加工场地与环境要求		待制定
	6	27	银耳产品精深加工设施建设规范		待制定
	7	28	银耳产品精深加工设备配置与使用、维护规范		待制定
	8	29	银耳多糖提取技术规程		待制定
	9	30	银耳茶生产技术规范		待制定
	10	31	银耳饮料生产技术规范		待制定
	11	32	银耳饼生产技术规范		待制定
	12	33	银耳产品烹饪技术规程		待制定

续表

名称	分类序号	序号	标准名称	标准号	标准状态
4 产品标准	1	34	食品安全国家标准　食用菌及其制品	GB 709—2014	现行
	2	35	地理标志产品　古田银耳	DB35/T 1096—2011	现行
	3	36	地理标志产品　通江银耳	DB 511921/T 2—2010	现行
	4	37	银耳	NY/T 834—2004	现行
	5	38	绿色食品　食用菌	NY/T 749—2018	现行
	6	39	袋栽银耳干品		待制定
	7	40	段木银耳干品		待制定
	8	41	袋栽银耳鲜品		待制定
	9	42	段木银耳鲜品		待制定
	10	43	银耳腌制品		待制定
	11	44	银耳饮料		待制定
	12	45	银耳茶		待制定
	13	46	银耳饼		待制定
	14	47	银耳多糖	T/SFABA 4—2018	现行
	15	48	银耳化妆品		待制定
5 方法标准	1	49	食品安全国家标准　食品中米酵菌酸的测定	GB 5009.189—2016	现行
	2	50	银耳多糖产品中多糖含量的测定	T/SFABA 3—2018	现行
	3	51	银耳菌种质量检验规程	GB/T 35880—2018	现行
	4	52	银耳栽培种质量检验规程	DB35/T 1203—2011	现行
	5	53	银耳栽培原料棉籽壳质量检验方法		待制定
	6	54	银耳栽培辅料麦麸质量检验方法		待制定
	7	55	袋栽银耳栽培试验方法通则		待制定
	8	56	袋栽银耳菌种试验方法通则		待制定
	9	57	银耳病虫害防治方法通则		待制定
	10	58	银耳品种选育技术规范		待制定
6 物流标准	1	59	银耳干品包装、标志、贮存和运输		退稿
	2	60	银耳产品批发市场建设规范		待制定
	3	61	银耳产品批发市场管理规范		待制定
	4	62	银耳产品批发市场准入规则		待制定
	5	63	银耳初级产品包装规范		待制定
	6	64	银耳产品预包装		待制定
	7	65	银耳干品贮存与运输规范		待制定
	8	66	银耳鲜品贮存与运输规范		制定中
	9	67	食用菌包装及贮运技术规范	NY/T 3220—2018	现行
	10	68	电子商务交易产品信息描述规范　银耳	DB35/T 1839—2019	现行
	11	69	电子商务　银耳产品经营服务规范		待制定

续表

名称	分类序号	序号	标准名称	标准号	标准状态
6 物流 标准	12	70	电子商务　银耳鲜品的贮存和运输		待制定
	13	71	电子商务　银耳干品的贮存和运输		待制定
7 管理 服务 标准	1	72	银耳产品质量追溯规范		待制定
	2	73	银耳安全生产管理规范		待制定
	3	74	银耳原辅料经营市场管理规范		待制定
	4	75	银耳产品批发市场管理规范		待制定
	5	76	银耳生产、经营环境保护规范		待制定
	6	77	银耳生产废弃物管理规范		制定中
	7	78	银耳产业信息系统建设		待制定
	8	79	银耳产业信息采集与利用规范		待制定
	9	80	银耳品牌建设规范		待制定
	10	81	银耳品牌使用与管理规范		待制定
	11	82	银耳产业文化建设规范		待制定
	12	83	银耳产业会展、技术交流与合作规范		待制定
	13	84	银耳博物馆管理规范		待制定